"十四五"国家重点图书出版规划项目

国家出版基金项目
NATIONAL PUBLICATION FOUNDATION

碳达峰与碳中和丛书

何建坤　主编

案例城市碳达峰情景研究

许光清　等　著

东北财经大学出版社
Dongbei University of Finance & Economics Press　大连

图书在版编目（CIP）数据

案例城市碳达峰情景研究 / 许光清等著． 一大连：东北财经大学出版社，2023.4
（碳达峰与碳中和丛书）
ISBN 978-7-5654-4773-0

Ⅰ．案… Ⅱ．许… Ⅲ．二氧化碳－节能减排－案例－研究－中国 Ⅳ．X511

中国国家版本馆CIP数据核字（2023）第021821号

东北财经大学出版社出版发行

大连市黑石礁尖山街217号 邮政编码 116025

网　　　址：http：//www.dufep.cn

读者信箱：dufep＠dufe.edu.cn

大连天骄彩色印刷有限公司印刷

幅面尺寸：185mm×260mm 字数：281千字 印张：19.25

2023年4月第1版 2023年4月第1次印刷

责任编辑：李　季　刘东威　吉　扬　刘　佳　责任校对：刘扬佳

封面设计：原　皓 版式设计：原　皓

定价：99.00元

前言

　　当前"双碳"目标已成为各级政府、企业界和学者们关注的焦点。党的十八大以来，党和国家高度重视生态文明建设，遏制了二氧化碳排放过快增长的态势，但是我国依然处于工业化、城市化快速发展的时期，各地发展不均衡的现象仍然突出，很多城市依然处于工业化中期阶段。在这样一种背景下，如何实现广泛而深刻的经济社会系统性变革，如何将碳达峰、碳中和纳入生态文明建设整体布局，从而在2030年前如期实现碳达峰、2060年前实现碳中和的目标，具有一定的挑战性。

　　我国是世界上最大的发展中国家、第二大经济体和主要碳排放大国。一直以来，我国积极参与全球气候治理，设定减缓碳排放的目标并采取有力行动，展现了实现全球长期目标、维护全球生态安全、构建人类命运共同体的责任担当。

　　自2001年加入世界贸易组织以来，我国充分利用比较优势，以劳动力、自然资源、资本等要素投入作为重要增长引擎，实现快速但粗放的经济社会发展。"十二五"以来，内外部条件的变化使得我国原有增长模式越来越受到制约，在新的国内外形势下，传统经济发展模式面临增长动能不足、资源约束趋紧、生态环境恶化等诸多挑战。在2018年开始的新一轮中美贸易争端中，我国传统经济增长方式缺乏动力的问题以及技术创新能力不足的痛处凸显出来。我国经济社会发展需寻求新的增长动力。实现从粗放增长到集约增长、从高速增长到高质量发展的转变，提高生产力和竞争力水平，加快从"要素驱动"到"效率驱动"最终到"创新驱动"的转型，是跨越"中等收入陷阱"乃至在高收入阶段保持良性增长的重要法宝。

　　城市是经济发展和区域增长的重要引擎，也是我国能效提升、能源转型和生态环境保护等各项政策实施的行动中心，是我国实现绿色低碳发展的主要推动力。作为主要探索者和实践者，城市实现碳达峰对我国实现碳达峰乃至碳中和目标具有极为重要的意义。

　　本书在总结"双碳"目标的政策沿革与政策清单的基础上，选取石家庄市、西安市和宁波市等城市作为案例。这三个城市各有特点，石家庄市是华北平原重工业城市，也是京津冀及周边地区"2+26"城市中除了北京和天津两个直辖市之外的代表性城市，具有经济发展水平不高、煤炭占比高、大气污染较严重的特点；西安市是关中平原城市群的代表性城市，具有大气污染严重、生态环境脆弱、化石能源占比高、近年经济发展较快等特点；宁波市是东南沿海港口城市的代表，具有经济较为发达、以化石能源和传统制造业为主的特点。这三个城市具有区域经济中心属性强、人口多、实现碳达峰面临的压力大、减污降碳协同效应显著等共性，通过系统梳理各地在节能减排、治理大气污染、创建低碳城市等进程中的各项政策措施，利用系统动力学模型，采用情景分析的方法，综合考虑我国2035年基本实现社会主义现代化所要求的经济发展速度、各地"十四五"或"十五五"期间实现碳达峰的目标以及各项生态环境约束，通过模拟生产生活方式绿色转型的不同情景，从而试图总结城市在碳达峰过程中的最佳经验和可能面临的问题等，为我国实现人与自然和谐共生的现代化做出一些探索。

许光清　张子彤　陈晓玉　吴静怡　陈梦瑶

2022年7月

目录

第 1 章　绪论

1.1　研究背景

1.1.1　全球范围内的气候变化

"一个严峻的选择摆在人类面前：要么我们阻止灾难，要么灾难阻止我们。答案只有一个：阻止灾难。"在《联合国气候变化框架公约》第二十六次缔约方大会（COP26）上，联合国秘书长对于加快气候行动、应对气候变化发出呼吁。《巴黎协定》确定了将全球平均气温较工业化前水平的升幅控制在2℃以内并努力控制在1.5℃以内的目标。而目前，全球地表平均温度较工业化前已经高出约1℃，其签署以来的6年被证明是有记录以来最热的6年。人类活动致使气候以前所未有的速度变暖，大气、海洋、冰冻圈和生物圈发生了广泛而迅速的变化。海平面上升的速度已达30年前的两倍，海洋加速升温和酸化；多年冻土加速融化，冰川雪线进一步退缩；热浪、强降水等极端事件的强度与频率迅速增加，近40亿人在过去的10年里遭受了与气候有关的灾害……种种迹象表明，全球范围内的碳排放导致的气候变化问题成为迫在眉睫的威胁，人类正处于全球变暖急剧升级的危险临界点与阻止巨大气候灾难降临的紧要关头。

政府间气候变化专门委员会（IPCC）第六次评估报告表明：除非在未来几十年内大幅减少二氧化碳和其他温室气体排放，否则，21世纪温升超过1.5℃乃至2℃将不可避免，导致不可挽回的全球系统性、灾难性变化。COP26中提出"在减排方面必须具有更大的雄心，并且立即采取具体行动，从而到2030年将全球碳排放量减少45%"。一些国家和地区，如美国、欧盟、英国、日本等，承诺到21世纪中叶实现净零排放，全球有700多个城市正带头努力实现碳中和。世界各国携手采取有力行动，积极应对气候变化挑战，共同寻求可持续发展，彰显了减缓碳排放的国际态度。

我国是世界上最大的发展中国家、第二大经济体和主要碳排放大国。2018年，全球范围内温室气体排放总量为524亿吨二氧化碳当量左右。其中，中国温室气体排放总量为140亿吨二氧化碳当量左右，能源消费造成的二氧化碳排放量近100亿吨。中国温室气体排放总量占全球排放总量的比重达到了26.7%。[①]我国作为一个负责任的大国，减缓碳排放刻不容缓。

一直以来，我国积极参与全球气候治理，设定减缓碳排放的目标并采取有力行动，展现了实现全球长期目标、维护全球生态安全、构建人类命运共同体的责任担当。我国碳排放控制目标可以分为以下三个阶段：

（1）第一阶段为碳排放强度下降目标，追求经济增长对碳排放的依赖性降低，实现碳排放相对"脱钩"。2009年，我国在哥本哈根会议上提出到2020年将二氧化碳排放强度削减40%～45%的目标，并开始探索实施碳排放强度目标责任制。2013年发布的《国家适应气候变化战略》以及2014年发布的《国家应对气候变化规划（2014—2020年）》中明确了相应的能源强度和二氧化碳排放强度下降的目标，至2021年正式发布的"十四五"规划中二氧化碳排放强度下降依然是重要的约束性目标。实践证明，二氧化碳排放强度目标确立、分解与考核是强有力的碳减排手段，促使我国碳排放增长减速，呈现经济发展与碳排放相对"脱钩"的趋势。二氧化碳排放强度目标更多地强调碳排放的增长速度相较于经济增长速度下降，并不对碳排放总量做出直接要求。

（2）第二阶段则在二氧化碳排放强度目标的基础上增加总量控制目标，强化碳减排指标约束，实现强度和总量"双控"。2014年，我国在《中美气候变化联合声

---

① 联合国环境规划署. 2020年排放差距报告［R］. 2020.

明》中提出的"计划2030年左右二氧化碳排放达到峰值且将努力早日达峰",是设立总量峰值目标的开端。2015年6月30日,在向联合国气候变化框架组织(UN-FCCC)提交的2020年后气候行动方案中,中国在又一次承诺碳排放在2030年左右达到峰值的基础上,承诺争取尽早达到峰值。这一阶段的总量控制目标更多强调"总量峰值"的概念,即碳排放总量不再增加。达到峰值后总量逐渐下降或是有所波动,甚至保持不变,只要不超过峰值都是符合预期目标。

(3)第三阶段则将总量控制目标深化为总量下降目标,对碳达峰的界定更加严格,且提出碳中和,追求经济增长与碳排放的绝对脱钩。2020年9月22日,在第七十五届联合国大会一般性辩论上,我国明确要采取更加有力的政策和措施,首次向国际社会提出了碳中和目标:"二氧化碳排放力争于2030年前达到峰值,努力争取2060年前实现碳中和。"这一目标要求达峰后碳排放总量开始下降,并逐步实现净零排放。碳中和的提出意味着总量减排成为工作重点。作为应对气候变化国家自主贡献的关键内容,确定并宣布碳中和目标是我国经济社会可持续发展乃至世界应对气候变化挑战具有里程碑意义的一件大事,进一步展现了我国在全球气候治理进程中的决心和魄力。

我国碳排放控制目标的设立进程体现了从"强度控制"到"总量控制"、从"相对脱钩"到"绝对脱钩"的变化,对碳排放的要求逐渐深化,约束更加严格。从碳达峰到碳中和,欧盟、美国、日本分别将用71年、43年、37年的时间,而中国给自己规定的时间只有30年。中国将用全球历史上最短的时间实现从碳达峰到碳中和,并完成全球最高碳排放强度降幅,足以体现我国应对全球气候变化的雄心和大国担当精神。

1.1.2 "双碳"目标与经济社会发展

目前,我国经济发展向好,但存在诸多挑战。2020年,我国国内生产总值突破百万亿元,人均国内生产总值连续两年超过1万美元,城镇化率达到63.9%,第二产业增加值占国内生产总值的比重从2015年的40.5%下降到37.8%,服务业增加值占国内生产总值的比重从2015年的50.5%上升至54.5%，经济稳步增长，产业结构趋于优化。我们正面临难得的历史机遇，同时也面对各种风险与挑战。

中国正处于跨越"中等收入陷阱"的关键时期，经济增长驱动力转型为重要突破口。自2010年我国人均国内生产总值突破4 000美元、正式跻身中等偏上收入国家行列以来，人均国内生产总值的增长率由10.1%逐渐下降到5.7%[①]。而根据世界银行2020年最新标准，我国仍属于中等偏上收入国家，尚未达到高收入国家水平。纵观拉美、东亚和中东一些国家的发展，自脱离低收入行列或较快进入中等偏上收入国家行列后，便落入了增长与回落的循环之中或较长时期处于增长十分缓慢甚至停滞的状态，一直徘徊在中等收入区间，陷入"中等收入陷阱"[②]。其症结在于难以转变增长方式，经济转型缺乏动力，这也是很多实践经验所证实的重要突破点。

我国自2001年加入世界贸易组织（WTO）后，利用比较优势，以劳动力、自然资源、资本等要素投入作为重要增长引擎，实现快速但粗放的经济社会发展。"十二五"以来，内外部条件的变化使得我国原有增长模式越来越受到制约，经济发展开始进入新常态：世界经济复苏乏力，外部需求对中国经济的拉动作用明显弱化；我国劳动力成本优势逐渐减弱；新兴经济体工业化步伐加快，国际要素市场竞争加剧；国内供给侧无法适应需求结构的变化……在新的国内外形势下，传统经济发展模式面临增长动能不足、资源约束趋紧、生态环境恶化等诸多挑战。

同时，我国也面临着国际利益冲突和战略竞争的压力。美国哈佛大学教授格雷厄姆·艾利森在2017年指出：国际利益冲突和战略竞争的压力与主导国或崛起国的动机无关，而是来自对于国际秩序领导地位的竞争所产生的结构性压力。[③]在当

---

① 此为2019年数据，由于疫情影响，2020年数据（2.0%）不予比较。
② 郑秉文. "中等收入陷阱"与中国发展道路——基于国际经验教训的视角［J］. 中国人口科学，2011（1）：2-15，111.
③ 宋伟. "修昔底德陷阱"真的存在吗？［N］. 中国社会科学报，2021-10-14（006）.

前的国际局势下，中美实力对比、战略地位、国际关系的变化，以及中美两国采取的不同态度，深刻影响着两国甚至世界格局的走向。在2018年开始的新一轮中美贸易争端中，我国传统经济增长方式缺乏动力的问题以及技术创新能力不足的痛处凸显出来。要破解这一世界百年变局中的难题，必须先解决自身经济社会发展的缺陷和问题。

为了应对国际形势的变化，我国经济社会发展需寻求新的增长动力。实现从粗放增长到集约增长、从高速增长到高质量发展的转变，提高生产力和竞争力水平，加快从"要素驱动"到"效率驱动"最终到"创新驱动"的转型，是跨越"中等收入陷阱"乃至在高收入阶段保持良性增长的重要法宝。

习近平总书记在党的十九大报告中指出："我国经济已由高速增长阶段转向高质量发展阶段。"这意味着要彻底改变过去主要靠要素投入、规模扩张，忽视质量效益的粗放式增长。而"双碳"目标的提出对我国实现经济高质量发展具有重大意义，二者具有高度的内在一致性。其一，实现"双碳"目标要求从"高碳增长"转向"绿色发展"，要依靠经济社会发展全面绿色转型，推动经济走上绿色低碳循环发展的道路，本质上是要求经济社会发展与碳排放逐渐"脱钩"。其二，实现"双碳"目标需要从"要素驱动"转向"创新驱动"。未来全球都将实现绿色低碳发展和碳中和，低碳发展能力、低碳先进技术和低碳经济体系将成为各国经济发展的核心竞争力，要素驱动型发展模式已经到了必须改变的阶段。基于这两方面的要求，碳中和将成为未来40年我国经济增长的新动能。"双碳"目标通过绿色发展和创新驱动顺应了现代化发展进程，有助于实现经济发展和应对气候变化的共赢。

1.1.3 "双碳"目标与生态环境

改革开放以来的40多年，中国经济有了飞速发展。但高速发展的背后，是对资源的高度依赖和对环境的破坏，一度造成了严重的生态环境污染。党的十八大以来，我国大气污染防治取得了明显成效，能源产业和工业领域内二氧化硫、氮氧化物和颗粒物等常规大气污染物的末端治理设备应用广泛，"十三五"规划纲要确定的生态环境9项约束性指标和污染防治攻坚战阶段性目标任务圆满完成，大气环境方面重污染天数明显减少。

2020年，在全国337个地级及以上城市中，依然有135个城市环境空气质量未达标，占全部地级及以上城市数的40.1%。严重的大气污染很大程度上是由化石燃料的燃烧造成的，占比在80%左右，且其中很大一部分是由煤炭的消费造成的。"末端治理"已经难以达到大气污染防治的要求，必须重视"源头防治"，转变经济发展方式，优化产业结构和布局，调整能源结构。此外，在一些资源型地区和城市，煤炭、石油等的开采和开发过程中造成的地表沉陷、植被破坏、水土流失、水资源污染等生态环境问题难以恢复、整改不足，给当地生态环境和生产生活留下巨大问题。打赢污染防治攻坚战，持续改善环境质量仍是建设美丽中国的主要任务。可以说，我国长期以来以化石能源为主的经济发展模式所造成的生态退化和环境污染问题已经使我们触摸到了发展的天花板。

"双碳"目标可以推动"源头治理"，促进经济增长模式转变、产业结构优化以及能源结构的清洁低碳转型。碳排放与大气污染物排放具有"同根、同源、同过程"的特点：①"同根"指除了少量工业排放外，都主要来自化石燃料，我国70%以上的常规大气污染物和近90%的二氧化碳排放都与化石能源的燃烧利用紧密相关；②"同源"指从同一设备/排放口排出；③"同过程"指同时形成于燃烧发生过程中。这一特点决定了碳与其他大气污染物是分不开的，"减污"和"降碳"具有协同效应。近年来我国能源利用的二氧化碳排放量处于缓慢增长的平台期，由于二氧化碳的收集与封存设施价格昂贵，适用条件严苛，中短期内难以大规模应用。只有大力发展可再生能源，提高能源结构的低碳化程度，才能同时大幅减少二氧化碳和常规大气污染物的排放。如今大气污染物治理越发严格，协同推进"减污降碳"可以在降低治理成本的同时加速实现减碳目标。实现减污降碳协同效应，从根本上强调坚持生态建设与经济发展协同推进和同向共赢。故而，碳中和实际上是实现大气污染治理的终极方案。

1.1.4 "双碳"目标与能源革命

从经济社会发展和生态环境两部分的阐述中,可以发现经济增长和环境问题的背后很大程度上是能源问题。"能源-环境-经济"(3E)系统是一个不可分割的整体,这三个部分互相依存、互相影响,存在矛盾和统一的辩证关系。实现"双碳"目标必须加快能源结构低碳化,而加速推动能源转型变革、从源头推动减污降碳协同治理则是经济社会高质量发展、生态环境高水平保护的解决之道。

我国能源结构以煤为主,煤炭在一次能源结构中长期处于主导地位,20世纪50年代煤炭消费占全部能源的比例曾高达90%。近年来,在一系列大气污染控制政策和措施的制约下,煤炭消费比重逐步降低,2012年煤炭在能源消费中的比重为73.1%,2018年首次降至60%以内,2021年该比重为56%。煤炭消费仍占据总量的一半以上,远高于全球能源消费结构中的煤炭占比。中国是世界上煤炭生产和消费的第一大国,2021年中国的煤炭消费占全球煤炭消费总量的53.8%。

在我国,石油是仅次于煤炭的重要一次能源,2021年占能源消费总量比重为18.5%,较上年下降0.4%,近年来基本保持稳定。根据自然资源部《中国矿产资源报告2020》与BP的数据,按一桶石油0.137吨的重量计算,2020年我国石油查明储量为35.57亿吨。而根据BP发布的《世界能源报告》中的数据,2020年我国的石油储量已排名全球第八位。2020年我国石油产量为1.95亿吨,消费量为6.7亿吨。[1]中国原油进口量较大,2021年我国进口石油总量为5.13亿吨,同比下降5.4%,对外依存度高达72%,涉及能源安全、国际关系等复杂问题。石油是碳排放较高的化石能源,过度依赖石油不符合国际气候治理和经济可持续发展的要求。

---

① 中华人民共和国自然资源部.中国矿产资源报告 [R]. 2021.

我国能源消费中天然气的占比逐年上升，2021年达到8.9%，较上年提升0.5个百分点，仍远低于世界能源消费结构中24.7%的平均水平。天然气作为一种清洁能源，不仅能够满足重工业用能需求，也能推动环境质量改善和能源效率提高。在可再生能源发展尚未成熟时，天然气将发挥重要的替代和过渡作用。《中国天然气发展报告（2022）》显示，2022年上半年我国天然气产量1 120亿立方米，同比增长7.9%，天然气进口量741亿立方米，同比下降19%，我国天然气产量迅速增长但对外依存度仍然较高。同时，天然气属于碳基化石能源，其生产消费伴随二氧化碳排放且存在可持续性问题。故而，也需警惕过度依赖天然气的问题。

我国非化石能源消费占比逐年上升，2021年达16.6%，同比上涨0.7%。非化石能源的发展在实现"双碳"目标的过程中将起到举足轻重的作用。2021年10月24日，中共中央、国务院发布的《关于完整准确全面贯彻新发展理念做好碳达峰碳中和工作的意见》中明确了"十四五"时期、2030年和2060年时间节点的重要目标：到2025年，非化石能源消费比重达到20%左右；到2030年，非化石能源消费比重达到25%左右；到2060年，非化石能源消费比重达到80%以上。这充分彰显出我国向以非化石能源为主体的能源结构转变的巨大决心。我国在风能、太阳能、生物质能等可再生能源的发展上具有良好的基础。2020年，我国可再生能源开发利用规模达到6.8亿吨标准煤，相当于替代煤炭近10亿吨。累计装机容量9.3亿千瓦，占总装机的比重达到42.4%，占全球可再生能源总装机规模的1/3以上。我国已形成较为完备的可再生能源技术产业体系，新型光伏电池等技术处于世界领先水平，成为全球可再生能源发展的中坚力量。

除可再生能源之外，核能也成为推动碳中和的积极力量。2021年10月26日，国务院印发的《2030年前碳达峰行动方案》中提出"积极安全有序发展核电""积极稳妥开展核能供热示范"。2020年，我国核电装机容量约为5 103万千瓦，平均利用小时数高达7 427小时，具有发电量大、稳定且低碳的优势。目前，我国的核电技术正在向更加安全、高效、稳定、低成本的第三代核电技术过渡，有望成为替代火电的重要力量之一。而核能集中供暖作为可替代燃煤供暖的新形式,能够解决供暖过程中的污染和碳排放问题,也具有极大的发展前景。2021年10月,山东省海阳市国内首个核能清洁供热项目正式落地,海盐县核能供暖节能工程示范项目等多个项目也在推进建设中,展现出巨大的发展潜力。

2000—2020年中国能源消费结构如图1-1所示。

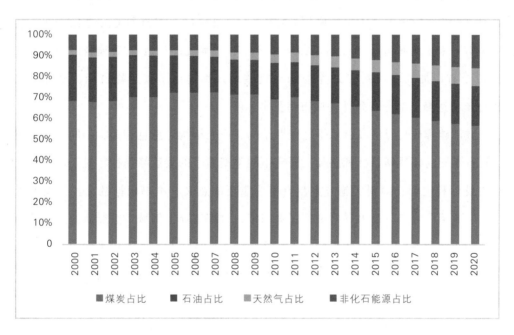

图1-1 2000—2020年中国能源消费结构

1.1.5 关于案例城市的选择

2021年4月22日,习近平总书记在领导人气候峰会上指出:"中国将碳达峰、碳中和纳入生态文明建设整体布局,正在制定碳达峰行动计划,广泛深入开展碳达峰行动,支持有条件的地方和重点行业、重点企业率先达峰。"这对推动城市率先实现碳达峰具有深刻的指导意义。城市是碳排放的主要来源。IPCC的报告指出,城市分别贡献了全球总能源消费量的67%~76%和能源相关二氧化碳排放量的71%~

76%。[1]在我国，城市同样是能源消费和温室气体排放的主要来源，贡献了全国85%的直接碳排放。[2]同时，城市是经济发展和区域增长的重要引擎，也是我国能效提升、能源转型和环境保护等各项政策实施的行动中心，[3]是我国实现绿色低碳发展的主要推动力。作为主要探索者和实践者，城市实现碳达峰对我国实现碳达峰乃至碳中和目标具有极为重要的意义。

2015年9月15日—16日在第一届中美气候智慧型/低碳城市峰会上，中美与会的省州市联合发表了《中美气候领导宣言》，中国的11个省市和美国的18个州市共同提出了未来的减排行动计划。2016年第二届中美气候智慧型/低碳城市峰会上又有12个省市加入，现共有23个省市。这些地区都提出了碳达峰目标，全部将在2030年前达峰，部分有条件的城市将更早达峰。

城市碳排放与经济发展水平、能源结构、产业结构等息息相关，不同类型的城市具有不同的碳达峰目标和路径。研究不同类型城市的碳达峰路径，对于城市制定相关目标和规划、编制实施方案具有极为重要的意义。本书根据社会经济发展阶段、能源消费特点以及大气污染情况等因素，合理选择案例城市进行研究。

从经济发展水平、产业结构、一次能源消费结构以及空气质量来看，我们选择的案例城市——石家庄、西安、宁波，在不同类型的城市中具有代表性。下面进行简要概括，具体分析可见第5、7、9章。

石家庄市是华北平原重工业城市以及京津冀及周边地区"2+26"城市中除了北京和天津两个直辖市之外的代表性城市，具有经济发展水平不高、煤炭消费占比高、大气污染严重的特点。石家庄市位于华北平原腹地，是河北省省会城市，也是京津冀一体化布局中的重要组成部分。2019年，石家庄市总人口为1 103.12万人，

① IPCC. AR5 climate change 2014: mitigation of climate change: contribution of working group Ⅲ to the fifth assessment report of the Intergovernmental Panel on Climate Change [M]. Cambridge: Cambridge University Press, 2014.

② 郭芳，王灿，张诗卉.中国城市碳达峰趋势的聚类分析 [J].中国环境管理，2021, 13 (1): 40-48.

③ 胡敏，杨鹂.中国城市能源转型和碳排放达峰现状与展望：2017年中国城市绿色低碳发展指数 (LOGIC) 报告 [R]. 2018.

从城市规模来看属于超大城市。[①]地区生产总值为 5 800 亿元（现价），人均地区生产总值低于全国水平。第三产业占比高于第二产业，虽然属于后工业化阶段，但其近年来第二产业比重的大幅下降是由于实施大气污染治理以来，大量高耗能、高污染企业的关停和迁出，其第三产业中生产型服务业的发展还不到位。其一次能源消费中煤炭占比为 66.2%，石油占比为 31.1%，化石能源占比极高，且仍是以煤为主的能源结构。同时，石家庄市空气污染相对较严重，优良天数仅占 50.7%，在全国168 个重点城市中，环境空气质量排名 166 名，排在倒数第三位。

西安市是关中平原城市群的代表性城市，具有大气污染严重、生态环境脆弱的特点。西安市位于汾渭平原，地处关中地区，为陕西省省会，是承东启西、连接南北的重要枢纽城市，也是关中平原城市群的中心城市。2019 年，西安市总人口为 1 020.35 万人，为超大城市，地区生产总值为 9 300 亿元（现价），第三产业占比大于第二产业，属于后工业化阶段。其一次能源消费中以煤为主，煤炭占比在 50%左右，但其能源消费主要依靠外部调入。西安市优良天数占比为 61.6%，空气污染也比较严重，2019 年 1—10 月处于全国 168 个重点城市排名的第 136 位。

宁波市是东南沿海港口城市群的代表型城市，具有经济较为发达、以化石能源和传统制造业为主的特点。宁波市位于浙江省东部，是我国东南沿海重要的港口城市和经济中心之一。2019 年，宁波市总人口为 821 万人，为特大城市，地区生产总值为 1.2 万亿元（现价），人均地区生产总值较高，第二产业占比高于第三产业，处于向工业化后期转变的阶段。受港口条件的影响，其一次能源消费以石油为主，煤炭占比为 35%，石油占比为 58.5%。宁波市优良天数占比为 87.1%，空气质量较好。

这三个案例城市具有许多共同点。其一，石家庄市、西安市、宁波市都是对应区域的经济中心。其二，这三个城市都是大气污染治理重点城市。其三，从煤耗的角度看，我国地均煤炭消费量较高的城市主要分布在河北、山东、山西以及长三角等地区。该区域可表示为以"北京–西安–杭州"为顶点的高煤耗三角区，涵盖了

---

① 人口数量大于 500 万而小于 1 000 万的为特大城市，人口数量大于 1 000 万的为超大城市。

大部分地均高煤耗城市；而地均高煤耗城市的空间分布在一定程度上与PM$_{2.5}$年均浓度较高区相吻合，即都可表示为以"北京-西安-杭州"为顶点的三角区，从而也可以证明煤炭消费对大气污染的贡献。尽管宁波市的煤炭消费比例低于石油消费比例，但是作为区域工业中心的宁波市的能源消费量比较大且城市面积狭小，导致其地区平均煤炭消费量比较高。其四，石家庄市、西安市和宁波市的前三个共同点决定了这三个城市要实现碳达峰进而实现碳中和，将面临着巨大的挑战。同时，这三个城市也具有不同的特点。首先，它们的经济发展状况不同，石家庄市的经济水平相对于西安市和宁波市较为落后；其次，它们的产业结构不同，宁波市的第二产业仍高于第三产业，而石家庄市和西安市已经实现了三产对二产的超越；最后，它们的能源结构不同，石家庄市、西安市以煤为主，而宁波市以石油为主。

由此，我们选择石家庄市、西安市、宁波市三个城市作为案例城市进行城市碳达峰路径的研究。

1.2 研究目标

我们紧密结合案例城市的社会经济发展现状和面临的资源、环境约束，结合国家、区域和城市层面碳达峰碳中和目标、能源"双控"目标、大气污染治理目标，通过情景分析的方法，合理设立案例城市2019—2035年期间煤炭控制目标、能源消费总量与强度、非化石能源占比目标等，测算能源消费情况、案例城市碳排放峰值年份和排放量。分析案例城市2019—2035年（重点是"十四五"期间）实现"双碳"目标的战略、技术选择和政策路径，推动其能源低碳转型、产业结构优化，从而实现经济转型、节约资源和保护环境的多重目标。通过对案例城市的剖析，我们发现不同类型的城市面临的挑战和困境不同，并且在经济新常态下也有发展转型的新机遇，从而为地方团队开展碳达峰碳中和的规划研究提供技术支持。

1.3 研究内容

我们主要分析案例城市的资源禀赋和所处的经济发展阶段,分析其目前发电、供热、工业和居民生活等主要用途的能源消费状况,分析影响案例城市未来能源消费和碳排放的主要因素,以及实现"双碳"目标的有利条件和不利因素;分析影响案例城市未来能源消费量及碳排放量变化的主要因素,包括各种驱动因素,如经济增长速度的变化、产业结构的变动、能源结构的变动、能源利用效率的提高、生活方式的变动等;应用系统动力学模型和情景分析法,以 2018 年或 2019 年为基准年(基准年的确定要取决于案例城市的具体情况),2035 年为目标年,重点分析"十四五"期间各种因素的变化对案例城市能源消费和碳排放的影响,合理设立案例城市 2019—2035 年期间能源消费总量和强度目标,测算能源消费情况;测算案例城市碳排放达峰年份及排放量。研究提出在不同时段,案例城市碳达峰的主要路径及政策建议,从而向案例城市的地方团队提供碳达峰规划的建议。主要由以下五个部分组成:

1.总结当前我国城市层面"双碳"目标及能源"双控"政策的沿革与政策措施

(1)我们通过查阅资料,厘清我国城市层面"双碳"目标以及能源"双控"的缘起与发展;

(2)我们对当前城市已经出台的与能源"双控"相关的政策进行总结,并列出城市层面碳达峰碳中和的措施清单。

2.案例城市的基本情况

我们根据收集整理的资料,综述案例城市的基本情况,包括地理位置、行政区划等内容。

3.案例城市的社会经济、能源消费情况和环境状况

(1)我们结合案例城市的统计年鉴等相关文字资料,对案例城市的社会经济状况进行论述,以从整体上了解案例城市,为后续与能源相关的论述,以及情景的设

计奠定基础。

（2）我们结合调研数据和收集到的数据，通过处理得出案例城市的能源消费结构、产业结构。

（3）我们论述案例城市空气污染情况、解析 $PM_{2.5}$ 来源情况等，以论述案例城市能源"双控"的必要性和紧迫性。

4.基于系统动力学模型的案例城市碳达峰情景分析

（1）我们总结论述案例城市具体的能源"双控"等措施，并对案例城市的能源"双控"措施进行评述。

（2）我们总结论述案例城市能源结构调整的有利条件和不利因素。

（3）我们搭建系统动力学模型，并对不同情景下的碳达峰方案进行模拟仿真。

5.研究总结与建议

我们结合前面的研究和模拟结果，针对案例城市的碳达峰提出合理的建议。

1.4　研究方法和研究思路

1.4.1　研究方法

本书采用的主要研究方法如下：

第一是文献研究。对已有文献进行系统的综述和分析是进行研究的基础。

第二是实地调研。通过对案例城市的实地调研、调查访谈，从直观上了解案例城市的经济发展情况、能源消费情况。

第三是通过计量经济学方法对案例城市进行生产函数的构建，得到劳动力、资本的产出弹性和全要素生产率，从而与系统动力学模型衔接。

第四是建立案例城市优化方程。

第五是运用系统动力学模型进行情景分析。首先根据案例城市的现实情况构建案例城市"双碳"目标的系统动力学模型，然后分别对基准情景和"双碳"情景进行模拟仿真，得出政策建议。

1.4.2 研究思路（如图 1-2 所示）

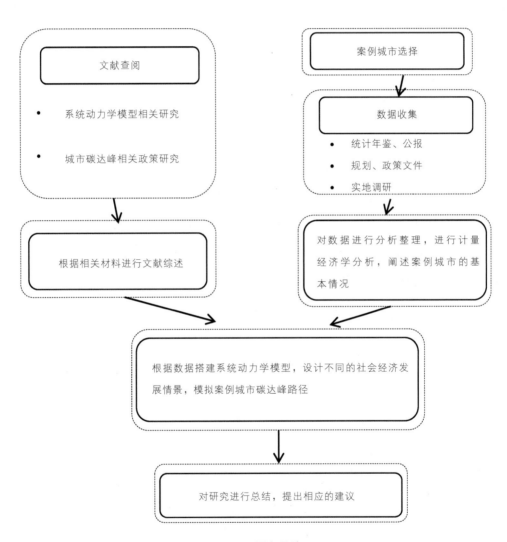

图 1-2 研究思路

第2章 文献综述及模型结构

2.1 相关经济学理论及方法综述

我们在研究城市能源消费问题或者碳排放问题时，不能脱离城市的经济发展本身而一味地要求降低煤炭或者其他化石能源的消费，我们需要研究城市的经济发展情况，比如案例城市在经济增长的过程中地区生产总值与各生产要素的关系以及案例城市所处的工业化阶段等。本书主要用到的经济学理论及方法包括经济发展阶段理论、经济增长理论和增长核算方程。

2.1.1 经济发展阶段理论

城市在不断发展演化的同时，会呈现出明显的阶段性特征，处于不同发展阶段的城市，在产业结构、发展路径等方面有很大区别。通过对经济发展阶段的划分，有助于认识城市发展的规律或趋势，形成一般化认识，从而对所要研究的城市进行预测和指引，这是城市研究的重要理论思想。[①]

英国政治经济学家威廉·配第在《赋税论》中把区域经济发展分为五个阶段，他认为随着发展阶段的递进，劳动力在各产业间的比重会有规律性的变化，二产尤其是三产的比重将会有增长的趋势[②]。亚当·斯密在《国富论》（1776）中沿用了罗

---

① 杜芳芳.经济视角下的城市发展阶段理论研究［D］.上海：上海师范大学人文与传播学院，2014：1-2.

② 配第 W.赋税论［M］. 邱霞，译.北京：华夏出版社，2006：14-19.

马时期对人类经济生活"狩猎、游牧、农耕"的划分。[1]卡尔·马克思（1859）从历史唯物主义的视角，把经济发展阶段分为"亚细亚的、古代的、封建的以及现代资本主义生产方式"。[2][3]德国经济学家李斯特在他所著的《政治经济学的国民体系》（1841）中提出了产业结构演进的五阶段理论，他指出"在经济方面来看，国家都必须经过如下发展阶段：原始未开化时期、畜牧时期、农业时期、农工业时期、农工商业时期"。[4]但是，从本质上来讲，李斯特也没有确切地阐明农工业时期和农工商业时期的区别。

德国经济学家霍夫曼在《工业化的阶段和类型》（1931）中认为，无论各国的工业化兴起于何时，一般都具有相同的趋势，即随着一个国家工业化的进展，霍夫曼系数（霍夫曼系数=消费资料工业的净产值/资本资料工业的净产值）趋于下降[5]。霍夫曼根据系数大小，将工业化进程分为四个阶段。

美国区域经济学家埃德加·M.胡佛（Edgar M.Hoover）和费希尔（J. L. Fisher）（1949）提出的区域经济发展阶段理论中，将区域的经济增长划分为五个阶段，分别为：自给自足阶段、乡村工业崛起阶段、农业生产结构转换阶段、工业化阶段、服务业输出阶段。[6]

美国经济学家罗斯托（Rostow）在1960年出版的《经济成长的阶段》一书中，通过各时期主导产业的交替变化对经济发展阶段进行了细分。他认为，经济发展可以分为五个阶段：传统社会阶段、为起飞创造条件阶段、起飞阶段、成熟阶段、高

---

[1]　SMITH A.The wealth of nations［M］. London：Penguin Classics，1982：141-145.

[2]　杜芳芳.经济视角下的城市发展阶段理论研究［D］.上海：上海师范大学，2014：1-2.

[3]　马克恩，恩格斯.政治经济学批判［M］. 中共中央马克思恩格斯列宁斯大林著作编译局，译.北京：人民出版社，1972.

[4]　李斯特.政治经济学的国民体系［M］.北京：商务印书馆，1961：155.

[5]　ASHEIM G B.Net natural product as an indicator of sustainability［J］. Scandinavian Journal of Economics,1994(96)：257-265.

[6]　HOOVER E M,FISHER J L.Research in regional economic growth［M］//Problems in the study of economic growth. New York：National Bureau of Economic Research,Inc.,1949：173-250.

消费阶段。[①]后来，其在 1971 年出版的《政治和成长阶段》一书中增加了第六个阶段，依次为传统社会阶段、准备起飞阶段、起飞阶段、走向成熟阶段、大众消费阶段和超越大众消费阶段。罗斯托观点的独特之处就在于提出了主导产业的概念，认为主导产业具有引发整个产业结构调整的作用，并且该理论明确地指出了国家贸易对国家经济发展的重要性，对发展中国家的发展具有重要的指导意义，是一种典型的现代化理论。

弗里德曼（1966）的经济发展阶段理论是在罗斯托的经济发展阶段理论基础上进一步延伸的，综合了空间结构、产业特征、制度背景这三项因素，将经济发展划分为四个阶段：前工业阶段、过渡阶段、工业阶段、后工业阶段。[②]

我国学者蒋青海（1990）在以上经济发展阶段理论的基础上，选取了制度、产业结构、空间结构和总量水平这四个因素作为划分标准，将经济发展划分为以下四个阶段：传统经济阶段、工业化初级阶段、全面工业化阶段、后工业化阶段。蒋青海的观点能够客观、准确地区分经济发展的不同阶段。[③]

埃及经济学家萨米尔·阿明（Samir Amin，1990）通过对发展中国家或欠发达国家发展的考察，发现发展中国家或欠发达国家经济发展大致可分为三个阶段：殖民主义阶段、进口替代工业化阶段和真正走向自力更生道路阶段。[④]阿明主要是分析了欠发达国家的经济发展阶段，并没有对发达国家的经济发展阶段进行考察。

钱纳里（1995）通过分析第二次世界大战后发展中国家的人均国内生产总值和经济发展水平之间的关系，得出了他的工业化阶段理论。他认为，根据人均国内生产总值的变化情况，可以将不发达经济到发达经济的整个过程划分为六个时期：工

① ROSTOW W W.The stages of economic growth ［J］. Economic History Review，1959，12（1）：1-16.
② 李娟文，王启仿.区域经济发展阶段理论与我国区域经济发展阶段现状分析［J］.经济地理，2000（4）：6-9.
③ 蒋青海.论全国产业结构变动与区域产业结构变动的协调与衔接［J］.财经理论与实践，1990（5）：6-8.
④ 阿明.不平等的发展——论外围资本主义的社会形态［M］.高铦，译.北京：商务印书馆，1990.

业化起始阶段、工业化实现阶段的初期阶段、工业化实现阶段的中期阶段、工业化实现阶段的后期阶段和后工业化阶段。[①]

2.1.2 经济增长理论

经济增长理论经历了三个阶段：古典增长理论、新古典增长理论和内生增长模型。这三种理论各有特点，侧重点不同。

哈罗德–多马模型是古典增长理论的代表模型，该模型强调资本积累的作用，认为只有进行持续的资本投入，经济才能持续增长。[②]唐绍欣（2002）借助该模型对中国 20 世纪 90 年代的实际增长率进行了估算，研究表明合理的投资结构才能促进经济增长。[③]毕正华（2007）运用该模型分析了中国经济的增长动力，研究表明中国经济的增长源于资本驱动。[④]哈罗德–多马模型简单、易于计算，但哈罗德–多马模型只考虑了资本对经济增长的作用，没有考虑劳动力、技术进步对经济的促进作用。[⑤]

新古典增长理论的代表人物罗伯特·索洛对古典增长理论进行了改进与完善。索洛既汲取了古典增长模型的优点，又摒弃了部分令人疑惑的假设条件，将人力投入以及外生技术进步引入模型当中，同时提出了可以实际估算技术进步对增长影响程度的变量。[⑥]郭磊（2005）运用索洛模型对拉动我国经济增长的力量进行分析，发现国有经济和民营经济的贡献率发生了变化。[⑦]温静（2007）借助索洛模型，通过中国改革开放以来的数据，分析研究人力资本对经济的贡献。[⑧]吴三忙（2007）

① 钱纳里.工业化和经济增长的比较研究 [M]. 吴奇，等译. 上海：上海人民出版社，1995.
② 贺青.经济增长理论与模型的发展研究 [J]. 现代商贸工业，2009（1）：28-29.
③ 唐绍欣.中国转型期的投资：一个模型的应用 [J]. 山西财经大学学报，2002（2）：1-4.
④ 毕正华.基于哈罗德–多马模型的中国经济增长实证分析 [J]. 经济与管理研究，2007（8）：44-47.
⑤ 高煦照.西方经济增长理论综述 [J]. 辽宁教育行政学院学报，2006（3）：26-28.
⑥ 梁宗经.中国经济增长动因的实证分析 [D]. 上海：华东师范大学，2008：6-8.
⑦ 郭磊.中国经济增长的可能性：一种基于修正的索洛模型的估算 [J]. 当代经济科学，2005（3）：49-52.
⑧ 温静.人力资本投资与中国经济增长关系的实证研究 [J]. 科技创业月刊，2007（1）：138-139.

通过计算"索洛残差",定量研究了技术进步对经济增长的贡献率,分析了各时间段各生产要素的贡献率,得出我国经济是资本驱动型增长的结论。[1]

保罗·罗默(1986)、罗伯特·卢卡斯(1988)等经济学家在对新古典增长理论重新思考的基础上,运用新的增长理论(即内生增长理论)来解释经济增长。[2]尽管内生增长理论的各种模型间存在差异,但都体现着有别于其他增长理论的基本思想。[3]第一,技术进步内生化,知识或技术进步如同资本和劳动一样是一种生产要素,是由谋求利润极大化的厂商的知识积累推动的。[4]第二,规模收益递增,强调特殊的知识和专业化的人力资本可以产生递增的收益并使整个经济的规模收益递增。[5]第三,技术进步、知识积累决定了一个国家的经济增长,因为劳动、资本、土地等会受到收益递减的制约,而知识、技术进步则不会。[6]第四,国际贸易和知识的国际流动,是一国经济实现持续增长的重要途径。[7][8][9][10]

2.1.3　增长核算方程

我们可以通过增长核算方程来认识经济增长的源泉,经济增长核算方法把经济的增长分成三个不同的来源——劳动力的增加、资本的增加、技术的进步。以下是本方法的核算思路:

首先假定:

① 吴三忙.全要素生产率与中国经济增长方式的转变[J].北京邮电大学学报,2007(1):24-29.
② 刘剑.内生增长理论及其对我国的启示[J].人文杂志,2004(2):58-65.
③ 彭水军.技术外溢与吸收能力:基于开放经济下的内生增长模型分析[J].数量经济技术研究,2005(8):35-42.
④ 赖明勇,等.经济增长的源泉:人力资本、研究开发与技术外溢[J].中国社会科学,2005(2):35-46.
⑤ 邓金堂,等.我国战略性新兴产业内生增长机制研究[J].软科学,2013(8):20-25.
⑥ 刘志迎,等.改革红利:中国制度变迁与内生增长[J].经济与管理研究,2015(10):17-24.
⑦ LUCAS R. On the mechanics of economic development [J]. Journal of Monetary Economics, July, 1988.
⑧ ROMER P M. Increasing returns and long-run growth [J]. Journal of Political Economy, Oct., 1986.
⑨ ROMER P M. endogenous technological change [J]. Journal of Political Economy, Oct., 1990.
⑩ 索洛 R M.经济增长理论:一种解说[M].朱保华,译.2版.北京:中国财政经济出版社,2015.

$$Y = A(t) F(K,L)$$

其中，Y 代表总收入，$A(t)$ 代表随时间不断变化的技术因素，K 代表资本，L 代表劳动力。也就是说经济的总产出是由 A、K、L 这三个因素共同决定的。然后，在方程两边对 t 求导，可以得到：

$$\frac{dY}{dt} = \frac{dA}{dt} F(K,L) + A \cdot \frac{dF}{dK} \cdot \frac{dK}{dt} + A \cdot \frac{dF}{dL} \cdot \frac{dL}{dt} \tag{2-1}$$

方程两边同除以 Y，可得：

$$\frac{dY/dt}{Y} = \frac{dA/dt}{A} + A \cdot \frac{dF}{dK} \cdot \frac{dK/dt}{Y} + A \cdot \frac{dF}{dL} \cdot \frac{dL/dt}{Y} \tag{2-2}$$

假设在一个完全竞争的市场，由于要素的价格与其边际产量相等，因此工资的价格：$w = A \cdot \frac{dF}{dL} = \beta \frac{Y}{L}$，资本的价格：$r = A \cdot \frac{dF}{dK} = \alpha \frac{Y}{K}$，其中，$\alpha$ 表示资本的弹性，β 表示劳动力的弹性。

从而有：

$$\frac{dY/dt}{Y} = \frac{dA/dt}{A} + \alpha \frac{dK/dt}{K} + \beta \frac{dL/dt}{L} \tag{2-3}$$

式子（2-3）可以写成 $\frac{\triangle Y}{Y} = \frac{\triangle A}{A} + \alpha \frac{\triangle K}{K} + \beta \frac{\triangle L}{L}$

其中，$\frac{\triangle Y}{Y}$ 代表地区生产总值增长率，$\frac{\triangle L}{L}$ 代表劳动力增长率，$\frac{\triangle K}{K}$ 代表资本存量增长率，$\frac{\triangle A}{A}$ 代表全要素增长率，是一个衡量技术进步的标准。

值得一提的是，关于生产函数，有多种不同的表示方法：（1）固定替代比例的生产函数，则有函数形式 $Q = aL + bK$；（2）固定投入比例的生产函数（里昂惕夫生产函数），函数形式为 $Q = \min\{cL, dK\}$；（3）柯布-道格拉斯生产函数，函数的通常形式是 $Q = AL^{\alpha}K^{\beta}$，其中 A、α、β 为三个参数。研究中运用较多的是第（3）种——柯布-道格拉斯生产函数，本书在后续的研究写作中也会采用这种函数。

2.2 系统动力学模型的综述

系统动力学始创于1956年，创始人为MIT的Jay W. Forrester教授。Forrester教授（1961）在其出版的新书《工业动力学》（*Industrial Dynamics*）中阐明了系统动力学的基本原理和应用。后来又在《系统原理》（*Principle of Systems*，1968）中着重介绍了系统的基本结构。[①]

系统动力学作为一门综合性学科，一直被人们用来认识、分析和解决各种各样的系统性问题。系统动力学的主要思路是把系统性的运动想象成流体的运动，然后通过因果关系图和系统流图的形式将系统性问题的结构表示出来，更为直观地向人们展示系统要素之间是如何实现关联的。[②]

因果关系图可以清晰地表达系统内部的非线性因果关系。图2-1是因果关系图的一个图例。

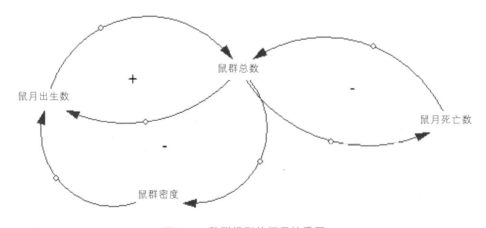

图2-1 鼠群模型的因果关系图

---

① 王其藩.系统动力学［M］.北京：清华大学出版社，1995.
② 陈阳.能流图：探寻能耗损失的"真相"［N］.中国经济导报，2014-11-08.

系统流图（如图2-2所示）作为系统动力学的基础，由三类元素构成：流位变量、流率变量和信息。反映在图中，流位变量是指矩形框中的变量，表示随时间变化的积累量；蝴蝶结状符号下方表示的是流率，其余部分表示的是变量或常数。

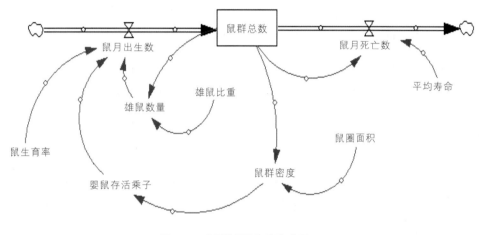

图 2-2　鼠群模型的系统流图

2.2.1　系统动力学模型应用领域广泛

在实证研究方面，系统动力学最早被应用于工业企业管理领域，但是随着系统动力学理论的发展，逐渐地被应用到其他一些领域当中。

国外研究方面，J.B. Homer 和 G.B. Hirsch（2006）两人运用系统动力学模型研究了公众健康问题，[①]他们通过将疾病结果、健康危险行为、环境因素以及与健康相关的资源和传输系统等因素放入系统动力学模型中来研究如何防治慢性病，有望使得系统动力学成为帮助国家决策的一种手段。R. Rehan，M.A. Knight，A.J.A. Unger，C.T. Haas 等人（2013）运用系统动力学模型研究了市政水管网的财务可持续

①　HOMER J B，HIRSCH G B. System dynamics modeling for public health：background and opportunities [J]．American Journal of Public Health，2006，96（3）：452-458.

管理问题。[1]Brailsford、Churilov、Dangerfield等人（2014）研究了如何运用系统动力学的方法进行管理的决策。[2]Sylvia Schweiger等人（2018）基于访谈、专家建模和小组建模构建系统动力学模型以分析变革阻力如何影响组织变革。[3]Iorfino Frank等人（2021）通过构建系统动力学模型研究精神健康卫生系统的改善对于促进心理健康、减少自杀的作用，结果表明强化整个心理健康系统的共同功能比简单地提高系统各个部分的能力对结果产生更大的影响。[4]

国内研究方面，徐红罡（2001）将系统动力学模型与旅游结合在一起，通过建立旅游产品周期的一般系统动力学模型，了解旅游市场的规律和特点，从而给出合理的建议。[5]张力菠、韩玉启等人（2005）分析论证了系统动力学方法应用于现代供应链管理问题研究的可行性，认为系统动力学在供应链管理中起到了非常重要的作用。[6]朱建明、宋彪、黄启发（2014）在系统动力学的基础上，发展衍生出了网络安全攻防演化博弈模型，最终指出要解决网络安全问题，除了发展网络安全技术之外，还应该加强网络攻击行为的追踪技术。[7]李仕争、丁菊玲、蒋鹏等人（2016）通过构建移动社交网络谣言演化系统动力学模型，研究谣言在移动社交网络上演化的规律，发现事件传播的渠道、网民猎奇心理、移动社交平台的内容审核

① REHAN R, KNIGHT M A, UNGER A J A, et al. Development of a system dynamics model for financially sustainable management of municipal watermain networks [J]. Water Research, 2013, 47 (20): 7184-7205.

② BRAILSFORD, SALLY, CHURILOV, et al. Discrete-event simulation and system dynamics for management decision making [M]. New York: Wiley, 2014.

③ SCHWEIGER S, STOUTEN H, BLEIJENBERGH I L. A system dynamics model of resistance to organizational change: the role of participatory strategies [J]. Systems Research and Behavioral Science, 2018, 35 (6).

④ FRANK I, JOAN O, ADAM S, et al. The impact of technology-enabled care coordination in a complex mental health system: a local system dynamics model [J]. Journal of Medical Internet Research, 2021.

⑤ 徐红罡.潜在游客市场与旅游产品生命周期——系统动力学模型方法 [J]. 系统工程, 2001 (3): 69-75.

⑥ 张力菠, 韩玉启, 陈杰, 等.供应链管理的系统动力学研究综述 [J]. 系统工程, 2005 (6): 8-15.

⑦ 朱建明, 宋彪, 黄启发.基于系统动力学的网络安全攻防演化博弈模型 [J]. 通信学报, 2014 (1): 54-61.

和政府的响应速度对网络谣言影响更大，并为应对网络谣言危机提出了管理对策建议[①]。王传毅、辜刘建、李福林、杨佳乐（2021）综合考虑人口、经济、科技因素与教育系统之间的作用关系，采用系统动力学模型对中国"十四五"时期各级各类教育规模进行预测，为教育发展的目标制定、教育结构优化和教育资源配置提供参考[②]。

系统动力学的应用领域几乎涉及自然科学与人类社会的所有领域。通过对文献的分析和研究，可以将系统动力学的作用归纳为管理、预测、优化与控制。

（1）系统动力学应用于政策管理研究。应用系统动力学动态模拟仿真研究系统的未来行为，从而得到系统未来的发展方向与趋势，借此提出相应的管理方法和措施，使管理决策更加行之有效。这一方面的研究主要集中在企业管理[③]、财务管理[④⑤⑥⑦⑧]等领域。

（2）系统动力学应用于预测研究。依据系统内部各因素、变量之间形成的反馈环建模，收集与所研究系统行为有关的各种数据进行仿真预测。系统动力学模型优于回归预测、线性规划等方法。借助系统动力学模型不仅可以进行时间上的动态分析，而且可以协调系统内各因素[⑨]。这一方面的研究主要集中在生态系统变化[⑩]和可

---

① 李仕争，丁菊玲，蒋鹏，等.移动社交网络谣言演化的系统动力学模型与仿真 [J]. 情报杂志，2016，35（9）：117-123；103.

② 王传毅，辜刘建，李福林，等.中国"十四五"教育规模的预测研究：基于系统动力学模型 [J]. 中国电化教育，2021（5）：39-48.

③ 杨文斌.基于系统动力学的企业成长研究 [D]. 上海：复旦大学，2006.

④ 宋颖.基于系统动力学的物业管理研究 [D]. 北京：北京林业大学，2008.

⑤ 马娜.基于系统动力学的智力资本投资决策可行性分析 [J]. 中小企业管理与科技，2010（5）：265.

⑥ 谢英亮，谢林海，袁红萍，等.系统动力学在财务管理中的应用 [M]. 北京：冶金工业出版社，2008.

⑦ 陈国卫，等.系统动力学应用研究综述 [J]. 控制工程，2012（6）：1-5.

⑧ 陈书忠，等.城市环境影响模拟的系统动力学研究 [J]. 生态环境学报，2010，19（8）：1822-1827.

⑨ FANG C L, LIU X L. Comprehensive measurement for carrying capacity of resources and environment of city clusters in central China [J]. Chinese Geographical Science，2010，20（3）：281-288.

⑩ 周宾，陈兴鹏，薛冰，等.低碳-循环经济耦合发展模式理论研究与实证 [J]. 资源与产业，2010，12（6）：19-26.

持续发展[①②③④⑤]等领域。

（3）系统动力学应用于优化控制。影响系统发展、运行的因素纷繁复杂，并且这些因素会随着时间的推移而不断变化。系统动力学从动态角度出发解决了上述问题，通过构建系统动力学模型，把握所研究系统的发展规律，进而对系统进行优化、控制。这一方面的研究主要集中在库存控制[⑥⑦]、城市发展[⑧⑨]、交通规划[⑩]等领域。

尽管系统动力学在中短期预测方面精度较差且建模难度较大，但在长期预测、政策模拟方面是有效的。系统动力学重视信息反馈结构，注重动态趋势，对于某一年份的精确数值并不是特别关心。系统动力学与其他模型相比，更多地考虑了整个系统、时滞以及政策。

2.2.2　系统动力学模型在能源、环境等领域的研究

美国学者Roger（1992）运用系统动力学确立国家能源系统动力学模型后，正式

①　许光清.处于不同发展阶段的城市可持续发展系统分析［M］.北京：经济日报出版社，2007.

②　刘进科.中国能源经济可持续发展研究［D］.包头：内蒙古科技大学，2013.

③　QI C，CHANG N B. System dynamics modeling for municipal water demand estimation in an urban region under uncertain economic impacts［J］. Journal of Environmental Management，2011，92（6）：1628-1641.

④　GUAN D J，GAO W J，SU W C，et al. Modeling and dynamic assessment of urban economy resource environment system with a coupled system dynamics-geographic information system model［J］. Ecological Indicators，2011，11（5）：1333-1344.

⑤　REGAN B O，MOLES R. Using system dynamics to model the interaction between environmental and economic factors in the mining industry［J］. Journal of Cleaner Production，2006，14（8）：687-707.

⑥　黄金，周庆忠，李必鑫，等. 基于系统动力学仿真决策模型的油库库存控制研究［J］.物流技术，2010（11）：136-137；140.

⑦　黄丽珍，李旭，王其藩. 超市配送中心订货策略优化研究［J］.同济大学学报，2006，34（2）：275-279.

⑧　杨洛.区级财政支出结构优化研究——以杭州市上城区为例［D］.杭州：浙江大学，2010.

⑨　王晓鸣，汪洋，李明，等. 城市发展政策决策的系统动力学研究综述［J］.科技进步与对策，2009，26（22）：197-200.

⑩　王继峰，陆化普，彭唬. 城市交通系统的SD模型及其应用［J］.交通运输系统工程与信息，2008，8（3）：83-89.

拉开了在经济-能源-环境领域运用系统动力学模型研究的序幕[1]。Fiddaman（2002）运用系统动力学模型分析了气候政策的实施可行性，并通过对政策的仿真发现了其可优化之处[2]，这是一个非常典型的将系统动力学与环境问题结合在一起的案例。

Nastran Ansari、Abbas Seifi 等人（2013）[3]运用系统动力学模型模拟了不同生产效率情景下（分为中、高、低）伊朗水泥行业的能源消费情况和二氧化碳排放情况，并考虑了不同的能源效率情景（新的能源价格、用废弃材料作为替代燃料进行生产、发电过程中的废热回收利用等）对于水泥行业未来20年的能源需求的影响。结果表明，补贴改革（提高能源价格）在短期内导致天然气直接使用量减少7%，用电量减少5%；从长期来看，由于节能减排计划的实施和设备改造（用废弃材料作为替代燃料进行生产、发电过程中的废热回收利用等），天然气的直接使用量会减少13%，电力使用量会减少21%。进而鼓励采用一些措施，如用废料作为替代燃料、发电的废热回收等。

Robalino-López、García-Ramos、Golpe、Ángel Mena-Nieto 等人（2014）[4]通过系统动力学模型模拟出了四种不同情景下厄瓜多尔的二氧化碳排放量，然后结合模拟出的厄瓜多尔的二氧化碳排放量来测试中长期库兹涅茨曲线的存在性。虽然最后结果并不支持中长期EKC曲线的存在性，但是模拟的结果仍然提示厄瓜多尔可以通过调整产业结构、提高能效来实现本国的可持续发展。

---

[1] ROGER N.A system dynamics model for national energy policy planning [J]. System Dynamics Review，1992，1（5）：1-19.

[2] FIDDAMAN T S. Exploring policy options with a behavioral climate economy model [J]. System Dynamics Review，2002，18（2）：243-267.

[3] ANSARI N，SEIFI A. A system dynamics model for analyzing energy consumption and CO_2 emission in Iranian cement industry under various production and export scenarios [J]. Energy Policy，2013，58（5）：75-89.

[4] ROBALINO-LÓPEZ A，GARCÍA-RAMOS J E，GOLPE A A，et al. System dynamics modelling and the environmental Kuznets Curve in Ecuador（1980-2025）[J]. Energy Policy，2014，67（4）：923-931.

Hamed Vafa-Arani、Salman Jahani等人（2014）[①]，运用系统动力学模型评估影响德黑兰空气污染的行为。该系统动力学模型包括两个子系统：（1）城市交通子系统；（2）造成空气污染的行业子系统。然后通过对一些政策措施（道路建设、燃料和汽车行业的技术革新、交通管制、发展公共交通）进行仿真模拟来检验政策的有效性。实验结果表明，提高燃料和汽车行业的技术水平、发展公共交通在降低空气污染方面更为有效。

Xi Liu、Guozhu Mao等人（2014）[②]，通过系统动力学模型模拟了中国2013年至2020年的能源消费、二氧化碳排放总量和排放强度等情况，并且通过仿真不同的经济增长速度情景和多种能源或可再生能源政策情景，研究了不同的经济增长速度和政策因素对能源消耗的影响，对相关政策的制定具有重要的意义。

Wawan Rusiawan、Prijono Tjiptoherijanto等人[③]（2015）对印度尼西亚的雅加达进行了案例研究，运用系统动力学模型分析了雅加达经济增长和二氧化碳排放之间的关系。模型试图不通过降低经济增速的方式来减少二氧化碳的排放量，设计了三种不同的情景：（1）一切照常的情景；（2）建设绿地，并减少二氧化碳的排放干预；（3）利用可再生能源。然后对三种情景进行仿真模拟，得出第二种情景下二氧化碳的排放量最少的结论，从而为城市的可持续发展提供了可供采纳的政策建议。

Achachlouei和Hilty（2015）运用系统动力学模型分析了信息和通信技术在环

① VAFA-ARANI H, JAHANI S, DASHTI H, et al. A system dynamics modeling for urban air pollution: a case study of Tehran, Iran [J]. Transportation Research Part D Transport & Environment, 2014, 31 (5): 21-36.

② LIU X, MAO G Z, REN J, et al. How might China achieve its 2020 emissions target? a scenario analysis of energy consumption and CO₂ emissions using the system dynamics model [J]. Journal of Cleaner Production, 2014, 103: 401-410.

③ RUSIAWAN W, TJIPTOHERIJANTO P, SUGANDA E, et al. System dynamics modeling for urban economic growth and CO₂ emission: a case study of Jakarta, Indonesia [J]. Procedia Environmental Sciences, 2015, 28: 330-340.

境可持续性方面的应用将会给欧盟 15 个国家带来的影响。[①]结果表明：信息和通信技术的应用对减少温室气体的排放以及其他环境负荷是存在一定的效果的。

美国能源创新（Energy Innovation）公司开发了一款免费开放的能源政策模拟工具。[②]这个工具是基于系统动力学开发的能源分析模型，用来分析不同的能源政策对于截至 2030 年二氧化碳（也可以测量 NO_x、SO_2 等其他污染物）排放量的影响。该模型考虑到了交通、建筑、电力供应、工业发展、农业、土地利用、绿化率等因素，并且对每个因素进行了细分，更细致地考虑到了每个因素的影响因子，比如"交通"这一因素下面有税制、油品标准、需求管理、新能源汽车、轨道交通等因子。综合来看，该模型考虑非常全面，基本顾及了可能影响二氧化碳（或其他污染物）排放量的各个因素，是一个很好的模型，对于政策的制定有较高的借鉴意义和参考价值。

Carnohan Shane、Clifford、Holmes Jai 等人（2021）[③]利用叙述性数据和资料数据构建了系统动力学模型，分析南非奥勒芬兹河流域农村对于气候变化的适应，为数据稀缺环境下系统动力学模型的构建提供了新思路。文章详述了将叙述性数据运用至系统动力学模型构建的方法，并模拟了 4 种情景下淡水河生态系统生物多样性（FRED）的变化。结果显示，在 BAU 情景（情景 1）下，FRED 逐渐下降；但随着气候变化（情景 2）的影响，FRED 下降得更为剧烈；矿业和工业部门环保措施的改进（情景 3）对 FRED 可以起到重要的改善作用；但系统性改进（情景 4）最为有效地改善了 FRED。

国内将系统动力学模型应用到环境、能源领域中的研究也比较多，充分发挥了

---

① ACHACHLOUEI M A，HILTY L M. Modeling the effects of ICT on environmental sustainability：revisiting a system dynamics model developed for the European Commission ［M］//ICT Innovations for Sustainability. New York：Springer International Publishing，2015：449-474.

② https：//www.energypolicy.solutions/scenarios/home.

③ CARNOHAN S A，CLIFFORD-HOLMES J K，RETIEF H，et al. Climate change adaptation in rural South Africa：using stakeholder narratives to build system dynamics models in data-scarce environments ［J］．Journal of Simulation，2020（3）：1-18.

系统动力学的应用价值。

郁钟铭、刘俊、况礼澄（1997）用系统动力学模型分析了矿区煤炭产业结构，指出系统动力学模型在研究此类问题上具有良好的通用性。[①]陈传美、郑垂勇等人（1999）基于系统动力学模型研究了郑州市土地承载力情况，搭建了土地承载力的系统动力学模型，并在此基础上对各种方案进行模拟仿真，根据仿真结果提出了相应的建议。[②]陈成鲜、严广乐（2000）运用系统动力学模型的方法研究了我国水资源的可持续发展情况。[③]许光清（2007）运用系统动力学模型对北京和贵阳两个城市进行仿真分析，深入探究了处于不同发展阶段的城市发展的可持续性。[④]姚平、孙璐等人（2007）运用系统动力学的思想分析了煤炭城市的可持续发展模式，最终结果表明鸡西市应该采取可持续发展模式来进行发展，因为这种模式与其他模式相比较而言，能够取得经济、资源、环境的整体效益最大化。[⑤]田立新等人（2013）建立了江苏省工业的系统动力学模型，利用情景分析研究了经济结构、科学技术对工业碳排放的影响。[⑥]杨洋等人（2015）构建了京津冀碳排放的系统动力学模型，分析研究了碳排放约束条件下的低碳发展路径。[⑦]刘小茜等人（2018）通过构建多适应性情景系统动力学模型，分析不同调控政策对煤炭资源型城市的效用及系统性影响，揭示了煤炭资源型城市的发展规律，并提出了先动态识别，后划定主导政策

① 郁钟铭，刘俊，况礼澄.煤炭产业结构的系统动力学模型研究及其应用 [J].煤炭学报，1997 (3)：326-331.
② 陈传美，郑垂勇，马彩霞.郑州市土地承载力系统动力学研究 [J]. 河海大学学报（自然科学版），1999 (1)：53-56.
③ 陈成鲜，严广乐.我国水资源可持续发展系统动力学模型研究 [J]. 上海理工大学学报，2000(1)：154-159.
④ 许光清.处于不同发展阶段的城市可持续发展系统分析 [M]. 北京：经济日报出版社，2007.
⑤ 姚平，孙璐，梁静国，等.煤炭城市可持续发展的系统动力学模拟与调控 [J]. 数学的实践与认识，2008 (21)：83-93.
⑥ 田立新，钱佳玲. 江苏省工业碳足迹研究及情景模拟 [J]. 北京理工大学学报（社会科学版），2013，15 (3)：26-31.
⑦ 杨洋，张倩倩. 碳减排绝对量约束目标下京津冀低碳经济发展路径分析 [J]. 软科学，2015，29 (11)：105-109.

的管理思路指导转型实践。[①]周雄勇、许志端、郗永勤（2018）通过构建系统动力学模型分析不同节能减排政策对能源消耗和污染物排放的影响，结果显示不同政策的节能减排效果不同，税收、环保和产业政策对节能减排产生的效果最为明显，而金融、财政和科技政策的节能减排效果较为微弱。[②]曹祺文、顾朝林、管卫华（2021）通过构建基于土地利用的中国城镇化系统动力学模型，对处于快速推进城镇化进程的我国土地利用情况做出分析，为全国国土空间规划多方案模拟、评估和决策提供科学参考。[③]王小林等人（2021）基于能源设备产能资本弹性-黏性特征，建立了能源替代系统动力学模型，模拟分析2019—2050年10种天然气替代情景下能源消费结构、供应安全和产能设备资产搁浅变化，提出了保障我国能源转型安全的能源结构优化路径。[④]

从目前来看，国内外关于系统动力学模型应用于城市碳排放控制政策和煤炭消费总量控制政策的研究较少，对国家等宏观层面的分析较多，对城市等微观层面的分析较少。通过综述系统动力学模型在环境、能源领域相关的文献，可以在本书关于城市碳排放控制政策和煤炭消费总量控制政策的系统动力学模型的搭建中起到一定的启示作用，如通过能源替代来调节能源结构、改变经济结构等方案都在综述的文献中有相关表述。

2.2.3 情景规划

由于人们对未来世界不确定性的深入理解，产生了情景规划。最早情景规划用于军事规划，因为壳牌石油公司对1973年石油危机的成功预测使得情景规划的应

---

① 刘小茜，裴韬，周成虎，等.煤炭资源型城市多适应性情景动力学模型研究——以鄂尔多斯市为例 [J].中国科学：地球科学，2018，48（2）：243-258.

② 周雄勇，许志端，郗永勤.中国节能减排系统动力学模型及政策优化仿真 [J].系统工程理论与实践，2018，38（6）：1422-1444.

③ 曹祺文，顾朝林，管卫华.基于土地利用的中国城镇化SD模型与模拟 [J].自然资源学报，2021，36（4）：1062-1084.

④ 王小林，成金华，陈军，等.天然气消费替代效应与中国能源转型安全 [J].中国人口·资源与环境，2021，31（3）：138-149.

用与研究在企业界和学术界盛行。

在情景规划的理论方面，卡恩（Kahn）在 *The Year 2000*： *A Framework for Speculation on the Next Thirty-Three Years*（1969年）中第一次使用了情景规划概念。[①]Chermack（2003）借鉴托宾理论，构建情景规划理论体系。这一研究填补了情景规划理论和研究发展上的空白。[②]壳牌石油公司的Schwartz和Heijden分别总结了该公司的情景规划经验。前者揭示了如何建立情景结构单元，[③]后者则侧重于从战略管理角度分析情景规划的实施。[④]达摩达兰（Damodaran，2008）从仿真分析风险概率和决策树的角度进行情景分析，把情景划分为极端情况下的最坏情景、中间情景和最好情景。[⑤]Gill（2006）通过对ICL情景规划的分析比较，认为要把情景规划纳入决策制定中，同战略规划相联系。[⑥][⑦]

我国情景规划的研究主要集中在应用研究方面，涉及城市规划、能源等领域。宗蓓华（1992）借助情景规划，分析研究了港口发展战略，但构建情景的要素只选择了关键事件。[⑧]李天柱等（2007）借鉴国外的研究思想，运用情景规划制定新兴技术战略。他们把影响战略制定的环境因素分为两种，即确定性和不确定性。[⑨]赵雷等人（2008）把情景规划运用到城市规划当中，并运用GIS技术为政策制定者提供帮助。张立等人（2013）运用情景规划研究城镇化发展，结合经济学供需模型，

① SCHOEMAKER P J .Scenario planning： a tool for strategic thinking ［J］. Sloan Management Review，1995，36（2）：25-40.

② CHERMACK T J .Studying scenario planning： theory，research suggestions，and hypotheses ［J］. Technological Forecasting and Social Change，2005，72（1）：59-73.

③ SCHWARTZ P. 情景规划：为不确定的世界规划未来 ［M］. 石忠国，李天柱，译.北京：华夏出版社，2008.

④ HEIJDEN K V D .Scenarios： the art of strategic conversation ［M］. 北京：中国人民大学出版社，2007.

⑤ DAMODARAN A. Strategic risk taking： A framework for risk management ［M］. New York： Pearson Inc.，1993.

⑥ RINGLAND G. Scenario planning managing for the future ［M］. New York： Wiley，2006：49-89.

⑦ 燕轲轲，等.战略性新兴产业技术路线图的情景规划研究 ［D］. 广州： 暨南大学，2015：9-15.

⑧ 宗蓓华.情景分析在港口发展战略中的应用 ［J］. 上海海运学院学报，1992（4）：28-35.

⑨ 李天柱，银路，郭瑞兰.情景规划在新兴技术战略制定中的应用：思路、框架与过程 ［J］. 中国青年科技，2007（5）：21-27.

分析设计了城镇健康发展的调控政策。[1]

叶文虎等人通过对情景规划研究综述，分析得出传统规划与情景规划的区别，如表 2-1 所示。[2]

表 2-1 传统规划与情景规划的特征分析比较[3]

	传统规划	情景规划
参与者	主要是专业规划人员	规划人员、地方官员、社区代表、私人企业、公共机构、公众等不同利益主体
目标	预测未来	提高适应未来的能力
对未来的态度	消极的、顺从的	积极的、创造性的
程序	单向的	螺旋上升的
观点	偏颇的	全面的
逻辑	过去推断未来	未来反推现在
变量关系	线性的、稳定的	非线性的、动态的
方法	宿命论、量化法	定性与定量结合、交叉影响和系统分析
未来图景	简单的、确定的、静态的	多重的、不确定的、适时调整的

传统规划更注重从当前的情况预测未来，考虑的是较小的、局部的递增性变化。情景规划改变了传统规划沿历史外推的思维方式，视角更具多样性。情景规划将未来可能发生的一系列情景综合起来并进行描述，使得规划人员从繁杂的数据中抽身出来。

2.2.4 能源结构变革的特点与规律

通过对西方发达国家能源结构的深入剖析，总结能源结构变革的共同规律，从

---

① 张立，陈晨，刘振宇.情景规划方法在大区域城镇化研究中的应用——基于劳动力供需模型 [J].城市规划，2013（6）：31-36.

② 叶文虎，等.环境管理学 [M].北京：高等教育出版社，2013：100-126.

③ 何铮，李瑞忠.世界能源消费和发展趋势分析预测 [J].当代石油石化，2016（7）：1-8.

而运用到我国城市能源消费转型的研究。[①]

　　第一，发达国家的产业结构转型与能源消费呈现相似的特点。据研究，美国1965年左右二产占比明显下降，十年后能源消费增长的趋势才明显下降。德国和日本也出现了类似特征。德、日两国都是在1970年左右二产占比明显下降，到1980年能源消费增长率才明显下降[②]。由此我们可以看出，发达国家二产占比明显下降十年后，能源消费增长率开始下降。

　　第二，二产转型都会伴随着传统高耗能产业的退出。20世纪60—70年代，发达国家经济结构发生变化，由第二产业向第三产业转变。这一过程中传统产业不断退出，新兴产业不断涌现。美国的主导产业由钢铁、纺织等产业转变为汽车、半导体、计算机等产业。日本、德国则发展为精密机械、汽车、电器等高附加值的新兴产业。

　　第三，进入后工业化时代，能源结构中煤炭和石油占比下降，能源消费增长主要来源于交通运输与商业。在能源消费结构中，煤炭和石油占比下降，天然气、电力占比上升。交通运输的不断发展会增加用油量，商业则会增加天然气和电力的消费量[③]。

　　第四，人均能源消费水平的稳定出现在城市化率达到70%以后。从美、德、法、日这四国的发展历程看，尽管其城市存在差异，但城市化率达到70%以后，人均能源消费趋于稳定，之后出现下降。

　　第五，新能源技术的发展，使得能源消费结构不断优化。20世纪80年代，传统能源占比逐渐下降，可再生能源以及核能等随着发展步伐的加快，占比迅速提高。从1980年到2015年，法国非化石能源占比由16.1%增长到53.5%，德国由5.9%增长到21.5%，美国由8.6%增长到17.0%。与此同时，交通运输领域科技的不

①　World Bank.World development Indicators ［EB/OL］, 2015, http: //data.worldbank.org.
②　International Energy Agency. Energy balances of OECD countries ［R］. Paris: IEA, 2012.
③　World Bank.World development indicators ［EB/OL］, 2015, http: //data.worldbank.org.

断进步，电器用能设备效率的不断提高，各种新能源技术及节能技术共同促进了能源消费结构的优化。

第六，环保减排政策不断推出，能源消费总量的快速增长被抑制。发达国家的工业化暴露了经济–能源–环境间的矛盾。这些国家通过加强法律约束和实行优惠政策，抑制了能源消费的快速增长。

2.3 模型结构与参数确定

2.3.1 模型结构

本书中的系统动力学模型分为三个子系统：经济子系统、能源子系统和碳排放子系统。模型中以地区生产总值来表征经济发展，以不同产业增加值占全年地区生产总值的比重来表征产业结构，能源消费部门分为第一产业、第二产业、第三产业和居民消费这四部分，通过碳排放和煤炭消费总量控制目标构建反馈回路。

城市煤炭消费总量控制政策模拟的系统动力学的动态耦合机制如图2-3所示。其中，经济子系统中，GRP表示地区生产总值，labor表示劳动力，investment表示投资，capital表示资本，labor productivity、capital productivity和technology progress分别表示劳动生产率、资本生产率和技术进步率，三者均是柯布–道格拉斯生产函数中的参数，f1、f2、f3分别表示第一产业、第二产业和第三产业占经济生产总值的比重，Y1、Y2、Y3分别表示第一产业、第二产业和第三产业的产值，population表示人口。能源子系统中，Es1、Es2、Es3、Es life分别表示第一产业、第二产业、第三产业和居民生活的能源消费量，coal without electricity and heat、oil without electricity and heat、gas without electricity and heat分别表示不包含电力和热力的煤炭、石油和天然气消费量，electricity、electricity coalin、electricity oilin、electricity gasin分别表示电力消费量、发电所需煤炭消费量、发电所需石油消费量和发电所需天然气消费量，heat、heat coalin、heat oilin、heat gasin分别表示热力消费量、供热所需煤炭消费量、供热所需石油消费量和供热所需天然气消费量，coal、oil、gas分别表示煤炭、石油和天然气的消费量。碳排放子系统中，CO_2表示全社会的二氧化碳排放量，CO_2 control factor 和 coal control factor分别表示二氧化碳排放和煤炭消费的控制要素，CO_2 tar、coal tar分别表示二氧化碳排放目标和煤炭消费目标。

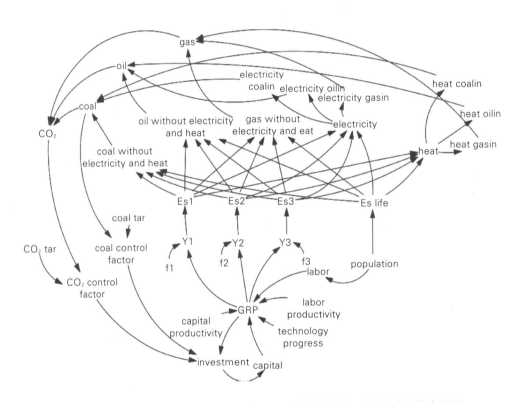

图2-3　城市煤炭消费总量与碳排放控制政策模拟的系统动力学动态耦合机制

从图2-3可以看出，整个模型主要的反馈机制有七个：

第一个是地区生产总值与固定资产投资之间的一个正反馈回路，如图2-4所示。其中，labor%表示总人口中劳动力所占比重，population incr%表示人口增长率，population incr表示人口增长量，investment fraction表示地区生产总值中投资所占比重、depreciation 表示折旧，depreciation rate 表示折旧率。由柯布-道格拉斯生产函数可知，地区生产总值是资本存量、劳动力、全要素生产率的函数，资本存量由固定资产投资和折旧决定，固定资产投资越多，资本存量也就越多，从而地区生产总值也会相应地变大，而地区生产总值的增多又会使固定资产投资增加，从而构成了一个"固定资产投资→资本存量→地区生产总值→固定资产投资"的正反馈回路。

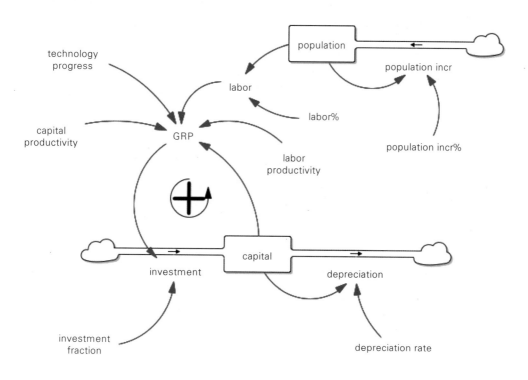

图 2-4　城市经济子系统的流量存量图

其余六个是跟三次产业联系在一起的反馈回路。

图 2-5、图 2-6 和图 2-7 中，Ei 表示第 i 产业的能源消费量（i=1，2，3，分别表示第一产业、第二产业和第三产业，下同），coal i、oil i、gas i 分别表示第 i 产业的煤炭、石油和天然气消费量；heat i 表示第 i 产业的热力消费量，heat i coalin 表示第 i 产业供热所需煤炭消费量，heat i oilin 表示第 i 产业供热所需石油消费量，heat i gasin 表示第 i 产业供热所需天然气消费量；electricity i 表示第 i 产业的电力消费量，electricity i coalin 表示第 i 产业发电所需煤炭消费量，electricity i oilin 表示第 i 产业发电所需石油消费量，electricity i gasin 表示第 i 产业发电所需天然气消费量；coal i without electricity and heat 表示的是第 i 产业煤炭的直接利用量，即不包含用于发电和供热的煤炭。

首先，是第一产业、第二产业分别与碳排放控制、煤炭消费总量控制相关的负反馈回路。在实际的模拟过程中，当受到碳排放控制影响因子和煤炭消费总量控制影响因子的制约时，主要是第一产业、第二产业的增加值受到了制约，从而使碳排放和煤炭消费量下降。

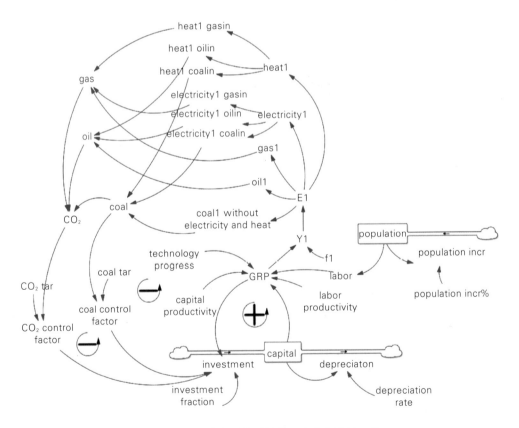

图 2-5　系统动力学模型的第一产业负反馈回路

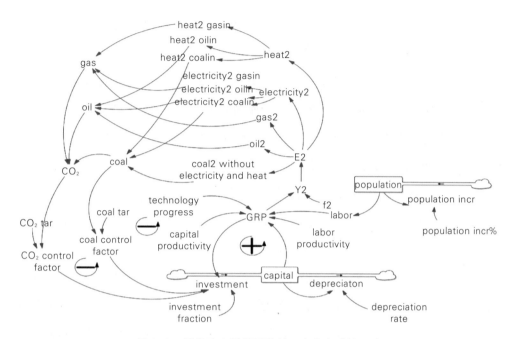

图 2-6　系统动力学模型的第二产业负反馈回路

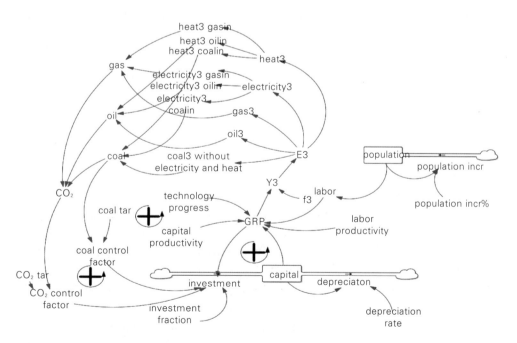

图 2-7　系统动力学模型的第三产业正反馈回路

第三产业与碳排放控制、煤炭消费量控制之间的反馈回路是正反馈。这是由于当碳排放量或煤炭消费量超出既定目标时，政府会减少第二产业的投资，增加第三产业的投资，从而促进第三产业的发展，第三产业的发展相应地会导致第三产业电力和热力消费的增加，进而会导致第三产业的碳排放量和煤炭消费量有所增加。

前文已经详细描述了经济子系统的基本情况，但是能源子系统的情况并没有详细展开，下面具体说明能源子系统。

本书将能源消费分为四个部门，即第一产业、第二产业、第三产业、居民消费，其中，三次产业的能源消费按各产业产值与单位能耗来进行计量，居民消费按照年末常住人口数和人均居民消费来进行计量。

三次产业的能源消费关系如图2-8所示，与Time相关的变量表示这些变量与时间有线性变化关系，intensity i表示的是第i产业的能源消费强度，Yi fraction表示的是第i产业的增加值占地区生产总值的比重，用来表征产业结构。coal i%、oil i%、gas i%、heat i%、electricity i%分别表示的是第i产业中煤炭、石油、天然气、热力、电力消费量的占比，与经济社会的煤炭、石油、天然气、热力、电力消费量相乘，可以计算得到第i产业的煤炭消费量（coal i）、石油消费量（oil i）、天然气消费量（gas i）、热力消费量（heat i）、电力消费量（electricity i）。

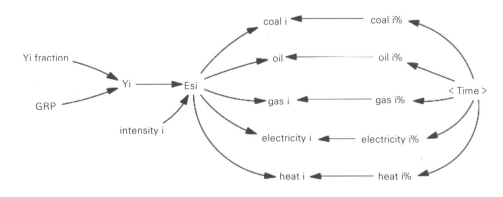

图2-8 系统动力学模型的能源子系统——三次产业能源消费

前文提到，除了三次产业的能源消费外，居民生活的能源消费也是能源消费的重要组成部分，图 2-9 表示的是居民生活能耗的能源消费关系图，利用地区生产总值与常住人口数量可以计算出人均地区生产总值（per GRP），图中 intensity life 表示居民生活能耗强度（人均能源消费量），intensity life 与 population 相乘可以计算得到居民生活能源消费量。coal life%、oil life%、gas life%、heat life%、electricity life%分别表示居民生活的能源消费中煤炭、石油、天然气、热力、电力的占比，与居民生活能源消费量（Es life）相乘可以分别计算得到用于居民生活的煤炭消费量（coal life）、石油消费量（oil life）、天然气消费量（gas life）、热力消费量（heat life）和电力消费量（electricity life）。

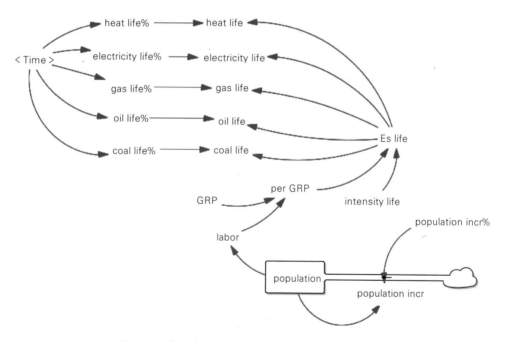

图 2-9　系统动力学模型的能源子系统——生活能耗

本书认为有必要将发电煤耗和供热煤耗单独列出来进行能源结构调整的分析，而不是简单地根据一次能源的消费结构来进行结构上的调整，所以本书的分析更加细化且更加具有科学性。

图 2-10 中 electricity come 表示外来电力，electricity pro 表示电力生产量，electricity coalin%、electricity oilin%、electricity gasin%、electricity renewablein%分别表示用于电力生产的能源消费中煤炭、石油、天然气和可再生能源的消费比重，electricity coalin、electricity oilin、electricity gasin、electricity renewablein 分别表示用于电力生产的煤炭、石油、天然气和可再生能源的消费量。图 2-11 中，heat pro 表示热力生产量，heat coalin%、heat oilin%、heat gasin%、heat renewablein%分别表示用于热力生产的能源消费中煤炭、石油、天然气和可再生能源的消费比重，heat coalin、heat oilin、heat gasin、heat renewablein 分别表示用于热力生产的煤炭、石油、天然气和可再生能源的消费量。模型根据电力和热力的情况计算出发电和供热过程中消耗的煤炭、天然气、石油以及其他能源。将发电煤耗、供热煤耗和终端直接利用煤耗加起来是城市煤炭的消费总量，天然气、石油、其他能源也是这种算法。但是，需要注意的一点是，在我国，热力跨地区输入输出的情况很少见，城市生产的热力属于自给自足，城市的电力是存在输入或者是输出的，而热力基本不存在这一问题。

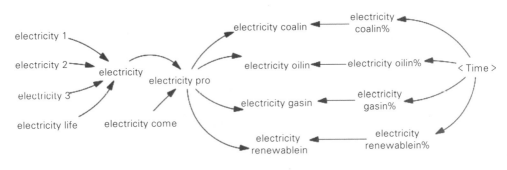

图 2-10　系统动力学模型的能源子系统——电力生产

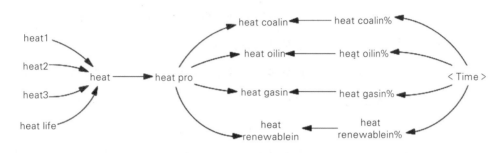

图 2-11　系统动力学模型的能源子系统——热力生产

2.3.2　参数与方程的确定

本书的实证研究部分，尤其是系统动力学模型的搭建这一部分，需要大量的数据，现将涉及的主要数据来源说明如下：

（1）社会与经济数据：多数来自统计年鉴以及城市国民经济和社会发展统计公报；

（2）关于能源方面的数据：多数来自该城市调研过程中相关部门所给的数据，少数来自统计年鉴；

（3）环境方面的数据：来自城市调研过程中环保部门所给数据、环境质量公报等。

一般说来，系统动力学两个重要的组成部分就是模型结构和参数，但模型结构是基础，因为系统动力学模型更多的是关心社会经济系统总的行为趋势及政策变化的影响等问题。[①]前面模型的结构已经搭建完毕，现在进行参数和方程的确定。

本书参数确定方法主要有三个：参考相关文献或资料、回归分析法、表函数法。

（1）参考相关文献或资料

本模型用到了柯布-道格拉斯生产函数作为各个城市的生产函数，其中，资本不能直接用"固定资产投资"这一数据来进行代替，而是作为一个存量的因素在方

---

① 王其藩. 系统动力学［M］. 上海：上海财经大学出版社，2009.

程中起作用，但是通过翻阅统计年鉴可以发现，资本存量这一数据在统计年鉴等文献中一般不会直接给出，需要人为对其进行估算。

目前对资本存量的估算方法有很多种，其中，比较常用的对资本存量的估计方法是永续盘存法[1]，公式可以表示为：

$$K_{t+1}-K_t=I_t-dK_t$$

其中，K_{t+1} 表示的是 $t+1$ 期的资本存量，K_t 表示的是 t 期的资本存量，d 表示的是折旧率，所以，该公式的基本含义就是本期资本存量的增加额等于本期固定资产投资额减去本期的折旧额，折旧额用资本存量乘以折旧率获得。

但是要确定每一期的资本存量，必须先确定基期资本存量，基期资本存量的确定方法也有很多，现选取国际上通用的一种方法[2]：

$$K_t=\frac{1}{g+\delta}\cdot I_t$$

其中，g 表示的是固定资产投资（以不变价计算）的复合增长率，I_t 为基年投资额，δ 为折旧率。在本书中，δ 的取值为 10%。因为生产函数的模拟，包括资本存量的计算，都需要一个较长的时间跨度，模型从 2005 年开始模拟。

（2）回归分析法

①生产函数的拟合

本模型中，资本产出弹性、劳动产出弹性，以及全要素生产率均为外生变量，需要通过计量经济学的方法事前确定。

本书在文献综述中提到，柯布－道格拉斯生产函数经变换可以得到：

$$\frac{\triangle Y}{Y}=\frac{\triangle A}{A}+\alpha\frac{\triangle K}{K}+\beta\frac{\triangle L}{L}$$

上式两边同时积分可得：$ln(Y)=e+\alpha ln(K)+\beta ln(L)$，此时用 EViews 软件

① 王小鲁，樊纲，等.中国经济增长的可持续性——跨世纪的回顾与展望［M］.北京：经济科学出版社，2000.
② WU Y. China's capital stock series by region and sector［J］. Front.Econ.China,2016,11(1):156-172.

进行线性回归，再进行拟合优度检验和 t 检验。

②与时间相关的函数

为了显示相关变量的变化趋势，将一些跟时间有线性关系的变量进行了拟合。

（3）表函数方法

对于一些数据之间不存在函数关系的变量，本书采取 Vensim 软件中的表函数功能。比如，第三产业单位能耗这种非线性关系变化的量，就可以用系统动力学模型中的表函数功能对这种趋势进行外推。除此之外，模型中还有很多变量采用了表函数功能。

第3章 "双碳"目标的政策沿革 与政策清单

城市是中国实施各项发展战略和政策的重要主体。城市作为经济活动、能源消耗、污染排放的主体，在改变能源结构、提高能源效率、推动生态文明建设、推行低碳生产和生活方式以及促进技术创新等方面扮演着关键角色。在我国，中央政府为地方政府规划和管理其发展、能源、资源和环境等提供指导。在中央政府提出的发展原则和方针的基础上，地方政府制定和实施各自的地方政策，确定和批准适合地方发展的优先项目，管理地方财政支出。我国是一个幅员辽阔、人口众多的国家，国家层面的战略和政策都必须分解到省级乃至城市的层面才能够得到有效实施，与此同时，绝大多数的投资、消费等经济活动也都发生在城市。因此，城市是中国实施国家能源战略和实现"双碳"目标的重要主体。

3.1 "双碳"目标

3.1.1 世界"双碳"发展局势分析

从碳达峰的角度来看，国际上的碳达峰方式有两种。一种是通过能源结构调整和经济结构调整自然而然地实现碳达峰。例如，欧盟1990年达峰，美国2007年达峰，日本2013年达峰。另一种则是在自然实现达峰前人为制定碳达峰目标，我国即属于这一类型。从碳中和的角度来看，当前，全球有两个国家（不丹和苏里南）已实现"碳中和"甚至负碳，部分国家以2050年作为"碳中和"目标节点。例如，欧盟除波兰以外各成员国均同意欧盟官方承诺的 2050 年"碳中和"计划，我国以 2060 年作为"碳中和"的目标节点，如图 3-1 所示。

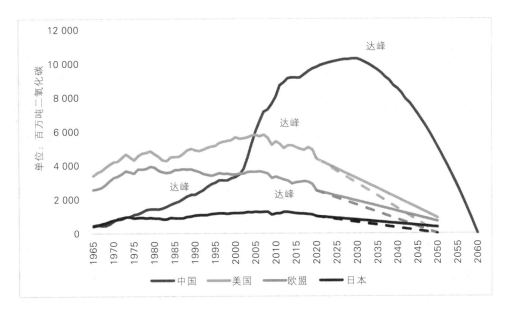

图 3-1 世界主要经济体二氧化碳排放量

数据来源：Wind.

3.1.2 中国"双碳"目标进展历程

2009 年，在哥本哈根气候大会上，我国提出 2020 年单位国内生产总值的二氧化碳排放比 2005 年下降 40%~45%（以下简称"40·45 目标"）的国际承诺，这是我国首次宣布温室气体减排清晰的量化指标，但在此之后，碳排放总量仍然快速增长。党的十八大以来，国家全面落实"五位一体"总体布局，全国各地深入贯彻习近平生态文明思想，大力推动绿色低碳发展，有效扭转了二氧化碳排放快速增长的局面。2018 年，我国单位国内生产总值二氧化碳排放下降 4.0%，比 2005 年累计下降 45.8%，相当于减排 52.6 亿吨二氧化碳，非化石能源占能源消费总量比重达到 14.3%，提前超额完成了"40·45 目标"。截至 2020 年底，我国二氧化碳排放强度较2005年下降48.4%。

2014年，在中美气候变化联合声明中，中方首次正式提出2030年左右中国碳排放有望达到峰值。这标志着我国在碳排放达峰目标的设定上从强度控制转变为总量控制。

2020年9月22日，习近平总书记在第七十五届联合国大会一般性辩论上发表重要讲话，指出中国将提高国家自主贡献力度，采取更加有力的政策和措施，二氧化碳排放力争于2030年前达到峰值，努力争取2060年前实现碳中和。2020年12月12日，习近平总书记在气候雄心峰会上进一步宣布：到2030年，中国单位国内生产总值二氧化碳排放将比2005年下降65%以上，非化石能源占一次能源消费比重将达到25%左右，森林蓄积量将比2005年增加60亿立方米，风电、太阳能发电总装机容量将达到12亿千瓦以上。2020年9月第一次提出"双碳"目标以来，习近平总书记陆续在多个重大国际场合的讲话中都涉及碳达峰和碳中和。在2021年3月，李克强总理代表国务院在十三届全国人大四次会议上作《政府工作报告》，提出扎实做好碳达峰、碳中和各项工作，制订2030年前碳排放达峰行动方案。2021年10月24日，中共中央、国务院联合发布的《关于完整准确全面贯彻新发展理念做好碳达峰碳中和工作的意见》中提到要坚定不移走生态优先、绿色低碳的高质量发展道路，确保如期实现碳达峰、碳中和。2021年10月26日，国务院正式发布了《2030年前碳达峰行动方案》，明确指出要把碳达峰、碳中和纳入经济社会发展全局，明确各地区、各领域、各行业目标任务，加快实现生产生活方式绿色变革，推动经济社会发展建立在资源高效利用和绿色低碳发展的基础之上，确保如期实现2030年前碳达峰目标。

考虑到碳排放总量并不能公平地反映一国的排放水平，应以人均碳排放量作为统一评价标准，2020年全球人均碳排放水平约为4.35吨，受新冠肺炎疫情影响略有降低。同时考虑到不同国家的经济发展水平不同，也应当将碳排放强度考虑在内。2020年，中国二氧化碳排放总量占比接近全球二氧化碳排放总量的30%，目前居全球第一位，人均碳排放量比全球平均水平多40%。如图3-2所示，我国碳排放占比显著高于国内生产总值占比,而其他国家的碳排放占比均低于国内生产总值占比。我国的碳减排承诺对全球应对气候变化举足轻重。

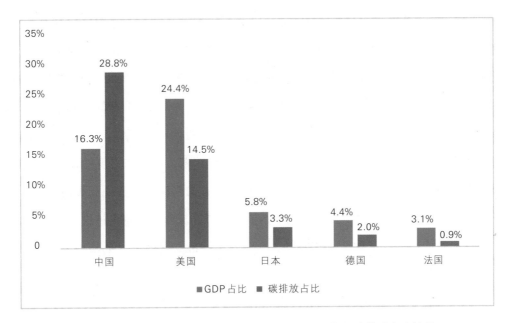

图 3-2　2020 年世界主要国家国内生产总值和二氧化碳排放占比情况

自我国"双碳"目标做出国际承诺那一天起,实际上已经开启了一个需要构建新型能源经济体系的新时代。实现"碳达峰""碳中和",是我国实现高质量发展的必经之路,是我国解决生态环境问题的终极方案。自 2020 年以来,我国已经将"双碳"目标纳入生态文明建设顶层布局,国家层面针对有关"双碳"目标发布了《新时代的中国能源发展白皮书》,并做出了《国务院关于加快建立健全绿色低碳循环发展经济体系的指导意见》等一系列重大决策部署,以推动和保障碳达峰、碳中和各项工作与举措进入实行阶段,各地 "十四五" 规划和二〇三五年远景目标建议或者征求意见稿也相继公布,多地明确表示要扎实做好碳达峰、碳中和各项工作,制订 2030 年前碳排放达峰行动方案。

3.2 能源"双控"制度

"双控"包括对能源消费总量和强度的控制。我国从"十一五"规划开始，已经连续第四个五年规划设定能源强度目标。从"十一五"规划首次把能源强度作为约束性指标，到"十二五"规划提出合理控制能源消费总量，再到"十三五"明确将能源"双控"推广至水资源、建设用地领域，再到"十四五"开局之年国务院印发《关于加快建立健全绿色低碳循环发展经济体系的指导意见》，再次明确要完善能源消费总量和强度的"双控"制度，"双控"的深度、广度和力度持续升级。实行能源消费总量和强度"双控"行动，是推进生态文明建设，解决资源约束趋紧、环境污染严重的一项重要措施，既能节约能源资源，从源头上减少污染物和温室气体排放，也能倒逼经济发展方式转变，提高我国经济发展绿色水平，对于"双碳"目标的实现至关重要。

"十三五"期间，我国严格落实能源消费总量和强度"双控"制度，能源消费总量控制在50亿吨标准煤以内，年均增速控制在3%以内，以较低增速保障经济健康发展和民生改善。随着中国提出2030年碳达峰目标和2060年碳中和目标，能源"双控"目标将继续成为"十四五"期间驱动中国低碳发展的重要动力。"十四五"规划纲要设定了2025年单位国内生产总值能耗下降13.5%的目标，能源消费总量控制目标并没有在此体现，但目前有多位专家建议将"十四五"能源消费总量控制在55亿吨标准煤以内。

3.2.1 能源消费总量控制

我国2001—2020年能源消费总量以及能源消费增速的变化情况如图3-3所示。从图中可以看出，我国能源消费总量呈现出不断增长的趋势，但增速逐渐趋于平缓。增速最快的年份为2004年，增速达到了16.8%，2017—2019年的能源消费总量的增速控制在了3%左右。2019年能源消费总量为48.7亿吨标准煤，根据国家统计局的初步测算，2020年能源消费总量比上年增长2.2%，以该增长速率测算出2020年我国能源消费总量为49.8亿吨标准煤，实现了"十三五"规划纲要中规定的"2020年能源消费总量控制在50亿吨标准煤以内"的目标，完成了能源消费总量控制的任务。

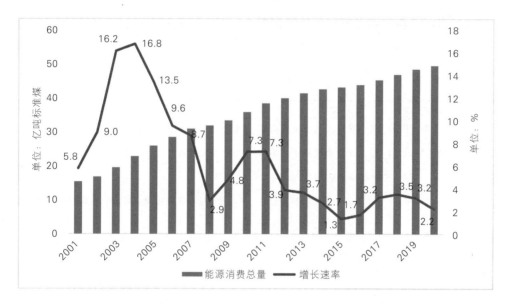

图3-3　2001—2020年能源消费总量及增速变化情况

目前，我国虽然已经完成"十三五"规划中能耗总量控制目标，并且把煤炭消费所占比重控制在了58%以下，但是对比发达国家，我国的煤炭消费比重仍然过大。我国仍面临雾霾等多重环境污染、高碳排放量等诸多挑战。在此背景下，能源转型成为一种必然趋势，对能源消费总量的控制仍然离不开对煤炭消费总量的控制。

3.2.1.1　煤炭消费总量控制政策的缘起与发展

国家层面上第一次明确提出煤炭消费总量控制目标是在2010年环保部、国家发改委等部门发布的《关于推进大气污染联防联控工作改善区域空气质量的指导意见》中，在这份文件中对重点地区的煤炭消费总量目标进行了明确。之后出台的政策中，逐渐对煤炭消费总量控制进行细化，制定了2014年、2020年全国煤炭消费总量目标和比例目标。例如，2014年煤炭消费总量应被控制在38亿吨，到2020年，煤炭消费总量控制在42亿吨左右。《能源发展"十三五"规划》中进一步明确，到2020年，中国煤炭消费总量应控制在41亿吨以内。

梳理近年来我国煤炭消费总量控制政策的变迁，如表3-1所示。

表3-1　　　　　　　　　　　　煤炭消费总量控制相关政策

时间	颁布机关	文件名称	相关内容
2010	环保部、国家发改委等9部门	关于推进大气污染联防联控工作改善区域空气质量的指导意见	严格控制重点区域内燃煤项目建设，在"三区六群"开展区域煤炭消费总量控制试点工作
2011	国务院	"十二五"节能减排综合性工作方案；国家环境保护"十二五"规划	在大气污染联防联控重点区域开展煤炭消费总量控制试点
2011	环保部	2011年全国污染防治工作要点	开展重点区域煤炭消费总量控制试点
2012	国务院	节能减排"十二五"规划	在大气联防联控重点区域开展煤炭消费总量控制试点
2012	环保部、国家发改委、财政部	重点区域大气污染防治"十二五"规划	提出十三个重点区域（三区十群）大气污染防治规划，各地应制订煤炭消费总量实施方案，把总量控制目标分解落实到各地政府，实行目标责任管理，加大考核和监督力度。探索在京津冀、长三角、珠三角区域与山东城市群积极开展煤炭消费总量控制试点
2013	国务院	大气污染防治行动计划	控制煤炭消费总量。制定国家煤炭消费总量中长期控制目标，实行目标责任管理。京津冀、长三角、珠三角等区域力争实现煤炭消费总量负增长

时间	颁布机关	文件名称	相关内容
2013	国家发改委	加大工作力度确保实现2013年节能减排目标任务	在京津冀、长三角、珠三角和山东城市群开展煤炭消费总量控制试点,加快清洁能源替代利用,加快燃煤锅炉、窑炉、自备燃煤电站的天然气改造
2013	环保部、国家发改委等6部门	京津冀及周边地区落实大气污染防治行动计划实施细则	实行煤炭消费总量控制。到2017年年底,北京市、天津市、山东省压减燃煤消费总量8 300万吨
2014	国务院	2014—2015年节能减排低碳发展行动方案	实行煤炭消费目标责任管理,严控煤炭消费总量,降低煤炭消费比重。京津冀及周边、长三角、珠三角等区域及产能严重过剩行业新上耗煤项目,要严格实行煤炭消耗等量或减量替代政策,京津冀地区2015年煤炭消费总量力争实现比2012年负增长
2014	国务院	能源发展战略行动计划(2014—2020年)	到2020年,煤炭消费总量控制在42亿吨左右;煤炭消费比重控制在62%以内。加快清洁能源供应,控制重点地区、重点领域煤炭消费总量,推进减量替代,压减煤炭消费
2014	环保部、国家发改委等6部门	大气污染防治行动计划实施情况考核办法(试行)实施细则	对8个省市区域(北京市、天津市、河北省、山东省、上海市、江苏省、浙江省和广东省珠三角区域)2014—2017年煤炭消费总量控制提出具体要求
2014	环保部、国家发改委等6部门	重点地区煤炭消费减量替代管理暂行办法	重点地区人民政府对本行政区域煤炭减量替代工作负责。重点地区人民政府要明确煤炭减量年度目标
2014	国务院	国家应对气候变化规划(2014—2020年)	合理控制煤炭消费总量,大气污染防治重点地区实现煤炭消费负增长
2014	国家发改委、能源局、环保部	能源行业加强大气污染防治工作方案	适应稳增长、转方式、调结构的要求,在保障经济社会发展合理用能需求的前提下,控制能源消费过快增长,推行"一挂双控"(与经济增长挂钩,能源消费总量和单位国内生产总值能耗双控制)措施
2015	国家发改委、环保部、能源局	加强大气污染治理重点城市煤炭消费总量控制工作方案	需要制订工作方案,重点城市要确保完成煤炭减量目标任务,研究建立中长期煤炭消费总量控制目标管理制度,制订煤炭减量工作方案,提出煤炭减量具体措施和相应目标

续表

时间	颁布机关	文件名称	相关内容
2016	国家发改委、财政部等6部门	关于做好2016年度煤炭消费减量替代有关工作的通知	重点地区和城市要进一步完善和细化煤炭消费减量替代工作方案，量化任务、明确措施，提出重点项目清单，要将减量替代目标分解落实到下一级政府和重点用煤企业
2016	国家发改委、能源局	能源发展"十三五"规划	到2020年，中国煤炭消费总量控制在41亿吨以内，所占比重应降到58%
2016	国务院	"十三五"控制温室气体排放工作方案	控制煤炭消费总量，2020年控制在42亿吨左右。推动雾霾严重地区和城市在2017年后继续实现煤炭消费负增长
2016	国务院	"十三五"生态环境保护规划	2020年与2015年相比，北京、天津、河北、山东、河南、珠三角地区煤炭消费总量下降10%左右，上海、江苏、浙江、安徽四省（市）煤炭消费总量下降5%左右
2018	国务院	打赢蓝天保卫战三年行动计划	在重点区域继续实施煤炭消费总量控制
2019	生态环境部	2020—2021年秋冬季大气污染综合治理攻坚行动方案（征求意见稿）	严格控制煤炭消费总量。各省（市）完成《三年行动计划》煤炭消费总量控制目标

由此可见，国家煤炭消费总量控制从重点地区试点，到全国各个城市共同努力，不仅是在国家层面，城市层面的煤炭消费总量控制也已经十分深入。

3.2.1.2 煤炭消费现状

对于中国煤炭消费量来说，虽然增速将逐步放缓，但在短期内，中国煤炭消费仍处于上升趋势。图3-4所示为2001—2019年以来我国煤炭消费总量以及增长速率的变化情况。从图中可以看出，增长速率最快的是2003年，之后增长速率整体呈现下降的趋势，并且在近几年增速趋于平缓。煤炭消费总量的峰值出现在2014年，2015年和2016年煤炭消费增长出现了负增长，2017年之后又出现了反弹，但

2019年的煤炭消费量仍低于2014年。

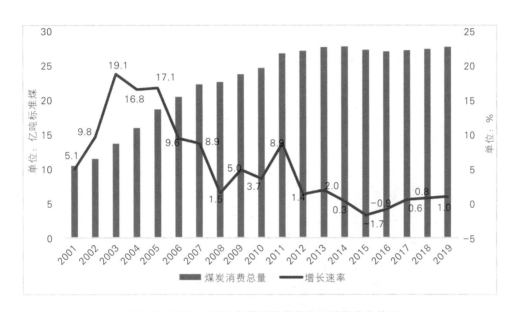

图 3-4　2001—2019 年煤炭消费总量及增速变化情况

3.2.2　能源强度控制

我国从"十一五"规划开始,已连续四个五年规划设定能源强度目标。国家"十一五"规划把单位国内生产总值能耗降低作为约束性指标,国家"十二五"规划在把单位国内生产总值能耗降低作为约束性指标的同时,提出合理控制能源消费总量的要求。2014年国务院办公厅印发《2014—2015年节能减排低碳发展行动方案》,将2014—2015年能耗增量(增速)控制目标分解到各地区。"十三五"期间单位国内生产总值能耗要下降15%以上,才可以完成"十四五"规划纲要提出的约束性指标。在"十四五"规划纲要中,设定了到2025年单位国内生产总值能耗下降13.5%的目标。在总目标的基础上,国家发改委对各地区、主要行业和重点用能单位下达了任务并进行定期考核。

2001年以来以2010年为基年计算得到的能源强度变化情况以及从"十一五"

规划以来，能源强度目标的完成情况的统计如图3-5所示。可以看出，我国在"十一五"和"十二五"期间基本完成甚至超额完成了能源强度目标。《2020年国民经济和社会发展统计年报》显示，"十三五"期间中国总体上达成了能源消费总量目标，但能源强度达标情况暂未公开。

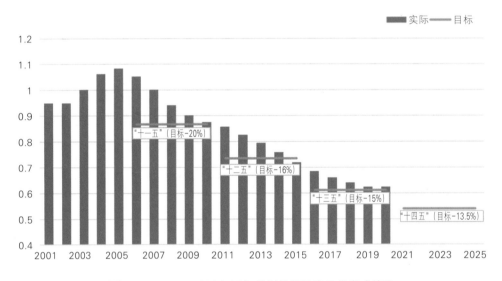

图 3-5 2001—2020年五年规划能源强度目标完成情况

数据来源：根据国家统计局数据计算所得（按照2010年可比价计算）.

2021年12月8日中央经济工作会议表示我国要尽早从目前的能耗"双控"向二氧化碳排放的"双控"转变，逐渐形成减污降碳的发展机制。

图3-6所示为我国2005—2020年以及2030年碳排放总量和强度的变化情况。可以看出，我国的二氧化碳排放总量整体上呈现不断增长的趋势，但增速逐渐放缓。单位国内生产总值二氧化碳排放量逐年下降，2020年，我国碳排放强度比2015年下降18.8%，超额完成"十三五"约束性目标。2005年我国单位国内生产总值二氧化碳排放量为3.26吨/万元，若2030年单位国内生产总值二氧化碳排放量比2005年下降65%，则2030年单位国内生产总值二氧化碳排放量应为1.14吨/万元。

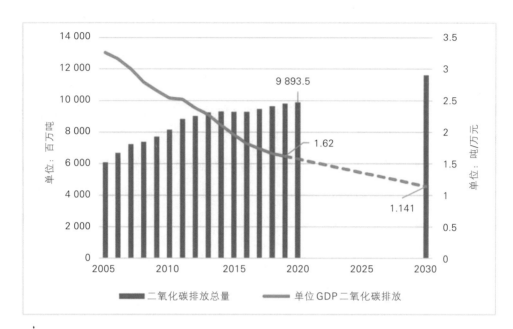

图 3-6 2005—2020 年以及 2030 年中国二氧化碳排放总量及强度变化情况

数据来源：Wind.

3.3 能源结构调整

2021 年，国务院印发的《关于加快建立健全绿色低碳循环发展经济体系的指导意见》（以下简称《意见》）中明确要完善能源消费总量和强度"双控"制度，提升可再生能源利用比例。到 2025 年，能源结构要明显优化，能源资源配置更加合理、利用效率大幅提高。

3.3.1 能源结构现状

2014 年年底，国务院颁布的《能源发展战略行动计划（2014—2020 年）》（以下简称"行动计划"）指出，我国优化能源结构的路径是：降低煤炭消费比重，提高天然气消费比重，大力发展风电、太阳能、地热能等可再生能源，安全发展核电。

2012—2020年我国煤炭消费占比、清洁能源消费占比的变化情况和2020年我国的能源消费结构分别如图3-7和图3-8所示，从中可以看出我国能源消费结构持续优化。根据国家统计局能源统计司的初步核算，2020年煤炭消费比重下降至56.8%，比上年下降0.9个百分点，完成了"十三五"规划中"煤炭消费比重下降至58%以内"的目标要求，并且按照目前的下降趋势来看，有望在2021年下降至56%以下。与此同时，天然气、水电、核电、风电等清洁能源占比比上年提高0.9个百分点，也就是在2020年增加至24.3%，清洁能源消费占比和煤炭消费占比一增一减的变化，对于碳减排的效应十分显著。

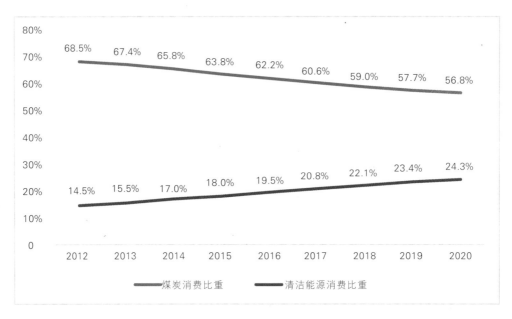

图3-7 2012—2020年煤炭、清洁能源消费占比变化

2014年的"行动计划"中同时明确了能源结构调整的目标，即将能源消费中非化石能源比重在2020年调整至15%，2030年达到20%。2019年我国非化石能源消费比重为15.3%，提前完成该目标。2020年非化石能源占一次能源比重达到

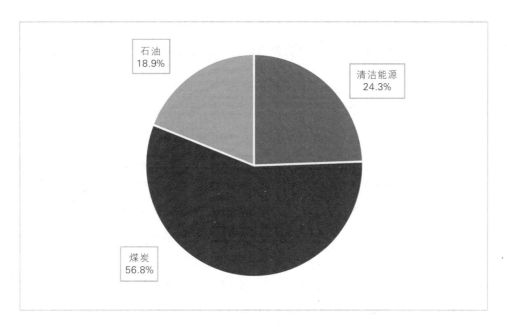

图 3-8 2020 年能源消费结构

15.9%，已超额完成 15% 的目标。习近平总书记在气候雄心峰会上发表讲话时进一步指出到 2030 年我国非化石能源占一次能源消费比重达到 25% 左右，风电、太阳能发电总装机容量将达到 12 亿千瓦以上。"十三五"期间，我国非化石能源比重从 12.1% 增加至 15.9%，平均每年提高 0.76 个百分点，要在 2030 年达到 25% 左右的目标，就意味着今后十年我国的非化石能源比重平均每年要提高 0.9 个百分点，要达成这一目标，任务仍然十分艰巨。

3.3.2 推进可再生能源发展

3.3.2.1 促进可再生能源发展政策的缘起与发展

近年来可再生能源发展的一些相关政策文件梳理如表 3-2 所示。从文件数量看，2005 年《中华人民共和国可再生能源法》（简称《可再生能源法》）的颁布是个分界点，之前新能源相关政策出台的数量较少，自 2006 年开始新能源相关政策逐渐增多。从政策出台的领域来看，政策重点关注风电和光伏，生物质能、海洋能等发电形式很少。原因是风电和光伏发电的开发成本相对较低、技术相对成熟、应用范围相对较广。

表 3-2   促进可再生能源发展相关政策

时间	颁布机关	文件名称	相关内容
1997	国家计委	新能源基本建设项目管理的暂行规定	新能源的开发应用既是近期能源平衡的补充，也是远期能源结构调整的希望，符合国家产业政策，是实现可持续发展战略的重要组成部分，国家鼓励新能源及其技术的开发应用
1999	国家计委、科技部	关于进一步支持可再生能源发展有关问题的通知	进一步支持可再生能源发展，加速可再生能源发电设备国产化进程
2000	国家经济贸易委员会	关于加快风力发电技术装备国产化的指导意见	加快风力发电场建设，鼓励引进、消化、吸收先进技术，提高风力发电机组国产化技术水平，降低风力发电场建设和运行费用
2001	国家经济贸易委员会	新能源和可再生能源产业发展"十五"规划	加快能源结构调整，培育和打造战略性新兴产业，推进可再生能源产业持续健康发展
2005	国家发改委	关于风电建设管理有关要求的通知	促进风电产业的健康发展，加快风电设备制造国产化步伐，不断提高我国风电规划、设计、管理和设备制造能力，逐步建立我国风电技术体系，更好地适应我国风电大规模发展的需要
2005	中华人民共和国第十届全国人民代表大会常务委员会	中华人民共和国可再生能源法	促进可再生能源的开发利用，增加能源供应，改善能源结构，保障能源安全，保护环境，实现经济社会的可持续发展
2006	国家发改委	可再生能源发电有关管理规定	规范可再生能源发电项目管理，促进我国可再生能源发电产业的更快发展

时间	颁布机关	文件名称	相关内容
2007	国家发改委	可再生能源中长期发展规划	合理开发利用可再生能源资源,促进能源资源节约和环境保护,应对全球气候变化
2007	国家发改委	可再生能源电价附加收入调配暂行办法	促进可再生能源的开发利用,保证可再生能源电价附加收入的合理分配
2008	国家发改委	可再生能源发展"十一五"规划	到2010年,我国可再生能源在能源消费中的比重将达到10%,全国可再生能源年利用量达到3亿吨标准煤,比2005年增长近1倍
2009	财政部、住房和城乡建设部	关于加快推进太阳能光电建筑应用的实施意见	落实国务院节能减排战略部署,加强政策扶持,加快推进太阳能光电技术在城乡建筑领域的应用 利用太阳能光电转换技术,解决建筑物、城市广场、道路及偏远地区的照明、景观等用能需求
2009	财政部、科技部、能源局	实施金太阳示范工程	中央财政从可再生能源专项资金中安排一定资金,支持光伏发电技术在各类领域的示范应用及关键技术产业化(金太阳示范工程)
2010	能源局	风电标准建设工作规则、能源行业风电标准化技术委员会章程、风电标准体系框架	推进我国风电行业健康快速发展,建立和完善风电标准化体系
2011	财政部、国家发改委、能源局	可再生能源发展基金征收使用管理暂行办法	对可再生能源电价附加征收增值税而减少的收入,由财政预算安排相应资金予以弥补,并记入"可再生能源电价附加收入"科目核算
2012	国务院	"十二五"国家战略性新兴产业发展规划	加快培育和发展节能环保、新一代信息技术、生物、高端装备制造、新能源、新材料、新能源汽车等战略性新兴产业
2012	能源局	太阳能发电发展"十二五"规划	太阳能发电项目开发要综合考虑太阳能资源、承载物(或土地)资源及并网运行条件等,所发电量立足就地消纳平衡,优先发展分布式太阳能发电

续表

时间	颁布机关	文件名称	相关内容
2012	能源局	生物质能发展"十二五"规划	加强生物质能综合利用，提高生物质能利用效率，更好地发挥资源、经济、社会和生态综合效益，促进生物质能产业健康发展
2012	国家发改委	关于完善垃圾焚烧发电价格政策的通知	以生活垃圾为原料的垃圾焚烧发电项目，均先按其入厂垃圾处理量折算成上网电量进行结算，每吨生活垃圾折算上网电量暂定为280千瓦时，并执行全国统一垃圾发电标杆电价每千瓦时 0.65 元（含税）
2013	能源局	分布式光伏发电项目管理暂行办法	推进分布式光伏发电应用，规范分布式光伏发电项目管理
2013	海洋局	海洋可再生能源发展纲要（2013—2016年）	推动海洋可再生能源技术和产业化发展，指导海洋可再生能源专项资金项目实施
2016	能源局	风电发展"十三五"规划	促进风电产业持续健康发展，改善风电消纳情况，每年如期下达的年度风电投资监测预警结果、年度项目建设方案以及定期发布的风电并网运行情况
2017	能源局、海洋局	海上风电开发建设管理办法	进一步完善海上风电管理体系，规范海上风电开发建设秩序，促进海上风电产业持续健康发展
2017	海洋局	海洋可再生能源资金项目实施管理细则	推动我国海洋可再生能源开发利用，加强海洋可再生能源资金项目管理，提高国家财政资金使用效率
2017	国家发改委、能源局、财政部	北方地区冬季清洁取暖规划（2017—2021年）	到 2019 年北方地区清洁取暖率达到 50%，替代散烧煤（含低效小锅炉用煤）7 400 万吨，到 2021 年北方地区清洁取暖率达到 70%，替代散烧煤（含低效小锅炉用煤）1.5 亿吨
2018	国务院	打赢蓝天保卫战三年行动计划	2020 年全国电力用煤占煤炭消费总量比重达到 55% 以上
2018	国家发改委、能源局	清洁能源消纳行动计划（2018—2020年）	2018 年，清洁能源消纳取得显著成效；到 2020 年，基本解决清洁能源消纳问题
2019	国家发改委、能源局	建立健全可再生能源电力消纳保障机制	设定可再生能源电力消纳责任权重，建立健全可再生能源电力消纳保障机制
2019	国家发改委、能源局	积极推进风电、光伏发电无补贴平价上网有关工作	对风电、光伏发电平价上网项目和低价上网项目，电网企业应确保项目所发电量全额上网，并按照可再生能源监测评价体系要求监测项目弃风、弃光状况

时间	颁布机关	文件名称	相关内容
2019	国家发改委、能源局	公布 2019 年第一批风电、光伏发电平价上网项目	风电、光伏发电交易规模限额范围内，根据就近消纳能力组织推进，做好分布式发电市场化交易试点及有关政策落实工作
2020	国务院新闻办公室	新时代的中国能源发展白皮书	统筹光伏发电的布局和市场消纳，集中式与分布式并举开展光伏发电建设，实施光伏发电"领跑者"计划，采用市场竞争方式配置项目，加快推动光伏发电技术和成本降低
2021	能源局	关于因地制宜做好可再生能源供暖工作的通知	积极推广地热能开发利用；合理发展生物质能供暖；继续推进太阳能、风电供暖

可以看出，我国新能源法律法规的出台紧跟我国的国情发展需要，逐渐形成了较为完善的可再生能源法律法规体系，以《可再生能源法》为主、相应配套法律法规为辅，基本实现可再生能源在开发利用及监督管理方面的有法可依，也为应对气候变化工作提供了法律方面的指引，是推进新能源不断发展创新，推动能源结构调整的有力支柱。

3.3.2.2 可再生能源电价补贴综述

2011 年 11 月 29 日，财政部、国家发展改革委、国家能源局联合印发《可再生能源发展基金征收使用管理暂行办法》（财综〔2011〕115 号），明确可再生能源发展基金包括两部分：一是国家财政公共预算安排的专项资金，二是依法向电力用户征收的可再生能源电价附加收入。其中，可再生能源电价附加在除西藏自治区以外的全国范围内，对各省、自治区、直辖市扣除农业生产用电（含农业排灌用电）后的销售电量征收，用于以下补助：一是电网企业按照国务院价格主管部门确定的上网电价，或者根据《可再生能源法》有关规定通过招标等竞争性方式确定的上网电价，收购可再生能源电量所发生的费用高于按照常规能源发电平均上网电价计算所发生费用之间的差额；二是执行当地分类销售电价，且由国家投资或者补贴建设的公共可再生能源独立电力系统，其合理的运行和管理费用超出销售电价的部分；三是电网企业为收购可再生能源电量而支付的合理的接网费用以及其他合理的相关费用，不能通过销售电价回收的部分。

近年来，可再生能源补贴缺口越来越大，这使新能源企业资金紧张，上下游出现了"三角债"，为满足可再生能源项目补贴需求，国家从以下多个方面着手解决补贴缺口问题。

（1）可再生能源电价附加征收标准多次上调

2011年11月底财综〔2011〕115号文规定可再生能源电价附加征收标准为0.8分／千瓦时；2013年8月底发改价格〔2013〕1651号文印发，将向除居民生活和农业生产以外其他用电征收的可再生能源电价附加标准由每千瓦时0.8分提高至1.5分；2016年1月财税〔2016〕4号文印发，明确自2016年1月1日起，将各省（自治区、直辖市，不含新疆维吾尔自治区、西藏自治区）居民生活和农业生产以外全部销售电量基金征收标准，由每千瓦时1.5分提高到每千瓦时1.9分，至今再未发生变化。

（2）可再生能源电价附加补助流程不断优化

2012年3月14日，财政部印发《可再生能源电价附加补助资金管理暂行办法》（财建〔2012〕102号），对可再生能源电价附加收入的补助项目申请条件、补助标准、预算管理和资金拨付进行规范。次年，《关于分布式光伏发电实行按照电量补贴政策等有关问题的通知》完善了光伏电站、大型风力发电等补贴资金管理，以加快资金拨付。2020年1月20日，财政部、国家发展改革委、国家能源局联合印发《可再生能源电价附加资金管理办法》（财建〔2020〕5号）、财建〔2012〕102号同时废止。新下发的政策文件在可再生能源发电补贴项目的补贴顺序、补贴上限、补贴计算方法和补贴范围等方面有了新的规定。

首先是补贴顺序的规定。2020年6月17日，《关于下达可再生能源电价附加补助资金预算的通知》明确，在拨付补贴资金时优先足额拨付50千瓦及以下装机规模的自然人分布式项目、2019 年采取竞价方式确定的光伏项目、2020 年采取"以收定支"原则确定的新增项目。对于国家确定的光伏"领跑者"项目，优先保障拨付至项目应付补贴资金的 50%。其他项目按照应付补贴金额等比例原则拨付。

其次是补贴上限的规定。财建〔2020〕5 号文和《关于〈关于促进非水可再生能源发电健康发展的若干意见〉有关事项的补充通知》（财建〔2020〕426 号）提出单个项目补贴额度按项目全生命周期合理利用小时数核定，明确了可再生能源的补贴上限及补贴年限。明确可再生能源项目所发电量超过全生命周期补贴电量部分，不再享受中央财政补贴资金；风电、光伏发电项目自并网之日起满 20 年后，生物质发电项目自并网之日起满 15 年后，无论项目是否达到全生命周期补贴电量，不再享受中央财政补贴资金。

再次是补贴计算方法的规定。根据财建〔2020〕426 号文，可再生能源补贴项目的补贴标准＝（可再生能源标杆上网电价（含通过招标等竞争方式确定的上网电价）－当地燃煤发电上网基准价）/（1+适用增值税税率）。2019 年《关于下达可再生能源电价附加补助资金预算（中央企业）的通知》中的补贴标准＝（电网企业收购价格－燃煤标杆上网电价）/（1+适用增值税税率）。两者相比，426 号文根据《国家发展和改革委员会关于深化燃煤发电上网电价形成机制改革的指导意见》将燃煤标杆上网电价改为当地燃煤发电上网基准价。

最后是补贴范围的规定。根据《关于促进非水可再生能源发电健康发展的若干意见》（财建〔2020〕4 号），新增海上风电和光热项目将不再纳入中央财政补贴范围，按规定完成核准（备案）并于 2021 年 12 月 31 日前全部机组完成并网的存量海上风力发电和太阳能光热发电项目，按相应价格政策纳入中央财政补贴范围。

（3）绿色电力证书

在补贴退坡趋势下，国家鼓励风电、光伏发电企业出售可再生能源绿色电力证书，所获收益可替代财政补贴。2016 年 2 月，《国家能源局关于建立可再生能源开发利用目标引导制度的指导意见》首次提出配额制和绿证交易机制。2017年1月18日,《关于试行可再生能源绿色电力证书核发及自愿认购交易制度的通知》提出,试行期间,国家可再生能源电价附加资金补助目录内的风电(陆上风电)和光伏发电项目(不含分布式光伏项目)可申请证书权属资格。绿色电力证书自2017年7月1日起正式开展认购工作,认购价格按照不高于证书对应电量的可再生能源电价附加资金补贴金额,由买卖双方自行协商或者通过竞价确定认购价格。风电、光伏发电企业出售可再生能源绿色电力证书后,获得合理的收益补偿,相应的电量不再享受国家可再生能源电价附加资金的补贴。2020年1月20日,财建〔2020〕4号文提出全面推行绿色电力证书交易。自2021年1月1日起,实行配额制下的绿色电力证书交易,同时研究将燃煤发电企业优先发电权、优先保障企业煤炭进口等与绿证挂钩,持续扩大绿证市场交易规模,并通过多种市场化方式推广绿证交易。

在绿证交易机制下,可再生能源发电企业可以通过销售绿证对冲补贴拖欠的风险,缩短企业资金回款的周期,也有助于减轻国家可再生能源补贴压力。

3.3.2.3 可再生能源发展现状

可再生能源是绿色低碳能源,是我国多轮驱动能源供应体系的重要组成部分,在《可再生能源法》的有力推动下,我国可再生能源产业从无到有、从小到大、从大到强,走过了不平凡的发展历程。

截至2020年年底,我国可再生能源发电装机总规模达到9.3亿千瓦,同比增长约17.5%,占总装机的比重逐年增加,2020年达到42.4%,较2011年增长15.7个百分点。从可再生能源装机结构来看,2020年水电3.7亿千瓦、风电2.8亿千瓦、光伏发电2.5亿千瓦、生物质发电2 952万千瓦,分别连续16年、11年、6年和3年稳居全球首位,风电、水电、光伏发电占据主导地位,占比达到97%(如图3-9、图3-10所示)。

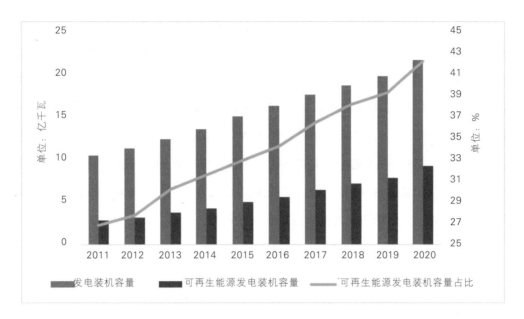

图3-9 2011—2020年可再生能源发电装机容量及占比情况

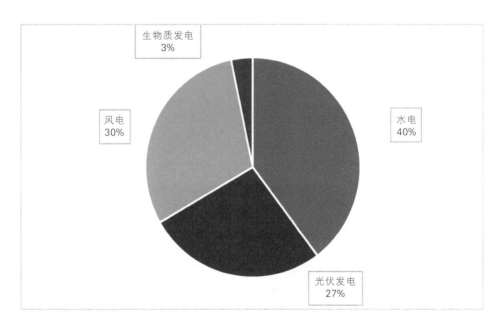

图3-10 2020年可再生能源装机结构

可再生能源装机规模的扩大推动可再生能源的利用水平进一步提高，以可再生能源中装机容量最高的水电和风电为例（如图3-11所示），近十年来，水电和风电的发电设备利用小时数整体呈现出稳中有升的趋势，其中，2020年水电和风电的利用小时数分别较2011年增加了26.8%和10.6%。2020年，我国可再生能源发电量达到2.2万亿千瓦时，占全社会用电量的29.5%，同比上升1.6个百分点。可再生能源开发利用规模达到6.8亿吨标准煤，相当于替代煤炭近10亿吨，二氧化碳、二氧化硫、氮氧化物排放量分别减少约17.9亿吨、86.4万吨与79.8万吨，减污降碳成效显著，为打好大气污染防治攻坚战提供了坚强保障。

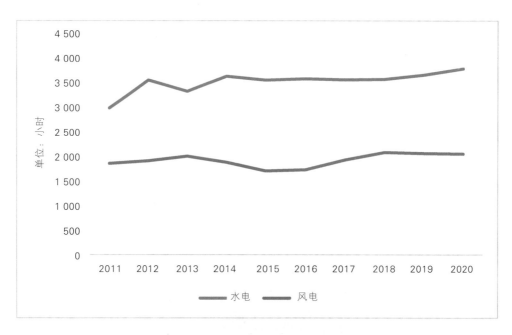

图3-11　2011—2020年不同电源发电设备利用小时数变化情况

除发电外，可再生能源在其他领域也得到了广泛的应用。以农林生物质、生物质成型燃料等为燃料的生物质锅炉得以发展，在一些大气污染防治非重点农村地区，生物质炉具供暖也得以开发。目前生物质能清洁供暖面积达到3亿平方米。截至 2019 年，已建成农业成型燃料厂及加工点 2 300 余处，年产量近 1 100 万吨，推广节能炉具累计达到 2 863 万台。工业和信息化部组织实施《光伏制造行业规范条件》，引导产业有序发展，提供优质高效光伏产品，"十三五"期间共为全球提供超过 453 吉瓦太阳能电池。"十三五"期间建成约 2 600 万千瓦光伏扶贫电站，惠及约 6 万个贫困村 415 万个贫困户。

3.3.2.4　可再生能源发展面临的挑战

近年来，我国可再生能源实现了跨越式发展。开发利用规模稳居世界第一，低风速风电技术位居世界前列，光伏产业为全球市场供应了超 70% 的组件，并推动全球光伏发电成本大幅下降。可再生能源的发展即将进入高比例发展阶段，不可否认的是，在这个过程中，可再生能源的发展必定面临诸多挑战。

（1）电源电网发展不协调

"十二五"规划期末，在电力需求增长放缓的发展形势下，由于电源电网发展不协调、跨省跨区可再生能源消纳机制不健全、国家与地方可再生能源发展规划统筹不够等原因，我国可再生能源发展出现了"边建边弃"、"窝电"与"弃电"并存的情况，弃风、弃光率分别高达 15%、11%，甘肃、新疆、吉林三地弃风率更是超过了 30%，"重建设、轻利用"的情况较为突出。"十三五"期间，通过加强输电通道建设、完善机制、提升灵活性等手段，弃电率明显下降。在 2030 年风电、光伏装机达到 12 亿千瓦以上的目标引导下，新能源产业将迎来新一轮爆发式增长，在资本狂热以及后疫情时代地方投资拉动的驱使下，若相关管理监管不到位，可能会再次出现快审批、抢规模、占份额的现象，造成项目盲目布局甚至无序发展、电网无法消纳、弃电率再次攀升的局面。

（2）高比例新能源接入，电力系统抗干扰能力下降

随着新能源的不断接入，传统电力系统以火力同步发电机为主的运行方式相应改变，发生连锁故障、大面积停电的风险也日益加大。一是新能源机组的频率/电压支撑能力弱。新能源大规模接入导致电力系统转动惯量下降，当负荷变化导致系统频率快速变化时，新能源机组无法提供惯量支撑以减少电网频率变化。二是新能

源机组抗干扰能力弱。受限于电力电子器件的电压、电流耐受能力，新能源机组在电网发生扰动时存在一定的脱网概率。由于我国的资源禀赋特性，目前主要以大规模集中开发、远距离送出的发展模式为主，风电场普遍位于电网末端，当地电网结构比较脆弱。随着未来集中送出的风电总装机容量越来越大，接入电力系统的电压等级越来越高，以及大规模的分布式可再生能源电站和电动车接入电网，都会对目前的电网产生不可预测性和冲击性。

（3）灵活性资源潜力挖掘不足

我国电力系统仍然以煤电为主体电源，抽水蓄能、燃气发电等灵活调节电源装机比重较低，不足6%。其中，"三北"地区新能源富集，风电、太阳能发电装机分别占全国的72%、61%，但灵活调节电源却不足3%。由于改造技术和补偿机制的原因，"十三五"期间，我国2.2亿千瓦煤电灵活性改造规划目标仅完成了1/4。常规火电虽然作为灵活电源可以调峰，但高峰负荷周期较短，导致火电利用率不足。根据计算，火电利用小时数至少达到3 200小时才具备经济性。同时，火电具有爬坡不足的缺点，但储能调节很快。风火打捆只能在一定容量上满足需求，而且随着可再生能源装机比例越来越高，火电装机相对变少，风火打捆不是长久之计。目前，具备产业链长、带动力强、经济社会效益显著等优势的特高压，作为骨干传输通道，进行高效的远距离传输的同时，也面临着灵活调度的挑战。

储能产业发展仍然面临政策体系不完善、投资回报机制不健全、关键核心技术有待突破等问题。需求侧响应多数仍然通过"有序用电"的行政型手段开展，不能灵活跟踪负荷变化。按照"十四五""十五五"年均新增风光装机1.1亿千瓦测算，2025年全国电力系统调节能力缺口将达到2亿千瓦，2030年进一步增至6.6亿千瓦，调节能力不足将成为制约新能源发展的重要因素。

（4）可再生能源发电效率低下

2020年，我国火电装机容量达12.45亿千瓦，剔除其中超过1.5亿千瓦的天然气发电、生物质发电和余温余压余气发电，煤电装机约为10.95亿千瓦，占总装机的49.8%，历史性进入50%以内。这意味着煤电长期垄断的格局被打破，清洁能源发电取代煤电将是趋势。但在2020年全国7.4万亿千瓦时的发电量中，煤电发电量占比达65%左右，而装机容量占比超过50%的清洁能源发电量仅占总发电量的35%左右，煤电依然是电力系统的"主力军"。煤电作为电力安全压舱石的地位，并没有受到实质性的挑战，而清洁能源的装机容量和发电量不成比例，发电效率低下。从用电需求和电力安全角度看，清洁能源发电很难满足工业生产的需求，因此"十四五"期间煤电依然是供电的主力。即便是2030年实现碳达峰后，煤电将依然保持近13亿千瓦的装机容量，以保障我国电力供应的安全。

（5）系统性成本上升，引起终端电价上涨

全球已有超过30个国家的风电和光伏成本低于化石燃料发电。但从系统整体来看，新能源并没有实现真正意义上的"平价"，配套电网建设、调度运行优化、备用服务、容量补偿等辅助性的投资不断增加，整个电力系统成本随之增加，最终由终端用户买单。

3.4 大气污染防治

化石燃料燃烧会排放出大量的大气污染物，如二氧化硫、氮氧化物和颗粒物等，同时排放二氧化碳等温室气体。温室气体和大气污染物的主要来源都是化石能源的燃烧，化石燃料产生的二氧化碳占人类活动产生的二氧化碳总量的78%。中国的二氧化碳(温室气体)和二氧化硫(大气污染物)排放量最高的工业部门是电力行业、黑色金属行业、非金属矿物制品业、化学原料及化学制品制造业四个行业。同时，《京都议定书》中规定的6种温室气体里有5种都和$PM_{2.5}$有关。可以看出，温室气体和大气污染物之间具有同源同根性，决定了两者应当协同控制，而不是分别对待。

"协同控制"即是将两者的控制目标和控制措施进行有机结合，减少资源重复配置，达到事半功倍的效果。协同控制的概念可以追溯到20世纪70年代，物理学家赫尔曼·哈肯创立了协同学。哈肯的协同理论的核心思想是：在一定的条件下，不同的系统可以遵循共同的规律而变化，通过相互作用、协作最终达到动态平衡。根据这个理论，在政策成本一定的条件下，基于不同的原因而同时实施的相关政策方案可以产生正向的协同效益。

国际社会在21世纪初开始认识到气候变化领域中协同控制的重要性。"协同效应"的概念第一次正式出现在2001年IPCC的第三次评估报告中，被定义为"减缓温室气体排放政策的非气候效益"；第四次评估报告提到了将空气污染物和温室气体结合起来控制的政策；第五次评估报告强调了协同效应在减缓气候变化问题上的应用。

目前，国际上有越来越多的国家开始采用协同控制措施解决气候、环境和发展问题。目前许多国家正在评估协调气候和空气污染战略与措施的好处。例如，2017年加拿大颁布了全球第一个有关协同控制气候和空气质量问题的短寿命污染物国家战略。近年来，协同控制措施也成为中国应对气候变化的重要驱动力。中国实行温室气体和大气污染物协同控制，符合成本效益最大化的原则。联合国开发计划署在《中国人类发展报告 2009/10：迈向低碳经济和社会的可持续未来》中指出，如果中国实施温室气体和大气污染物协同控制，将可以在节约50%大气污染治理成本的同时实现至少降低8%的温室气体排放目标。

近年来，京津冀地区的协同控制已经初见成效。2013年，京津冀以及周边地区是我国大气污染最严重的区域。京津冀地区的$PM_{2.5}$浓度大约为106微克/立方米，3倍于国家空气质量标准（35微克/立方米）。2017年，京津冀地区的$PM_{2.5}$已经降低到64微克/立方米。在2013年至2017年期间，北京市、天津市和河北省的单位地区生产总值二氧化碳排放强度分别下降了约24%、29%和29%。

中国政府着力应对气候变化可以追溯到2006年发布的第十一个五年计划，该计划呼吁建立"资源节约型，环境友好型社会"，提出中国在5年内单位国内生产总值能耗下降20%。2007年，国务院颁布了《中国应对气候变化国家方案》，成为中国政府采取积极措施应对气候变化的开端。2011年制定并实施的"十二五"规划纲要中,明确了应对气候变化的目标任务,使气候变化议题开始进入我国的顶层设计。防治大气污染、改善环境质量,不仅是全球性问题,也是不断满足我国人民对美好生活新期待的必然要求。过去几年间,中国的空气质量有了明显改善,但大气环境污染压力仍然存在,并面临许多新的形势。特别是在"双碳"目标下,"十四五"期间大气环境治理并不能放松。以下内容梳理了近年来我国大气污染防治的实践。

3.4.1 重点区域大气污染防治

2012 年环保部、国家发改委、财政部联合发布的《重点区域大气污染防治"十二五"规划》重点划定了 13 个重点区域,也即"三区十群",指出要着力进行这 13 个重点区域的大气污染防治规划,"三区"指的是京津冀地区、长三角地区、珠三角地区,"十群"包括:辽宁中部、山东、武汉及其周边、长株潭、成渝、海峡西岸、山西中北部、陕西关中、甘宁、新疆乌鲁木齐城市群[①]。

逐渐地,一些主要地区,如北京、天津、上海这三个直辖市,以及东部几个耗煤大省(河北省、山东省、江苏省、浙江省等)也基于国家法规,各自提出了自己的大气污染防治目标。各级地方政府对环境质量、煤炭减量目标负责,建立大气污染区域联发联控机制,联发联控是前提,首先要一起发展,在此基础上再实施联防联控,同时实行生态补偿、环境监管执法联动,搭建节能减排低碳发展项目技术、资金对接平台,引导对符合节能减排低碳发展要求的企业或项目的技术和资金投入。同时对于有关单位大气污染防治措施落实情况、工作进展情况制定了《大气污染防治月度考核奖惩办法》,以省市"治污减霾"决策部署为指导,以显著改善扬尘污染防治工作水平、完善和巩固扬尘污染防治工作机制为目标,通过专项督查、综合治理、进一步强化和细化扬尘防治工作,减少扬尘污染的产生和排放,降低 $PM_{2.5}$ 和 PM_{10},改善大气环境质量,推动地区治污减霾工作取得新成效。

---

① 环境保护部.重点区域大气污染防治"十二五"规划发布[J].领导决策信息,2012(49):22-24.

3.4.2 "大气十条"

2013年9月，国务院印发《大气污染防治行动计划》（以下简称"大气十条"），这是党中央、国务院推进生态文明建设、坚决向污染宣战、系统开展污染治理的重大战略部署，是针对环境突出问题开展综合治理的首个行动计划。"大气十条"中提出十条措施，明确经过五年努力，全国空气质量总体改善，重污染天气较大幅度减少；京津冀、长三角、珠三角等区域空气质量明显好转。相比2013年，2017年全国首批实施新环境空气质量标准的74个城市优良天数比例上升12个百分点，达到73%；重污染天数比例下降5.7个百分点，达到3%，京津冀、长三角、珠三角 $PM_{2.5}$ 的浓度分别下降了38.2%、31.7%、25.6%，下降幅度均大大高于考核标准。"大气十条"规定任务的圆满完成，为"打赢蓝天保卫战"奠定了良好的基础。

3.4.3 "2+26"城市

2017年，环保部、国家发改委等4部门联合发布了《京津冀及周边地区2017年大气污染防治工作方案》，目的是切实改善京津冀及周边地区环境空气质量，以区域联防联控为重点，进一步加大京津冀大气污染传输通道（"2+26"城市）治理力度。以城市冬季取暖为切入点，我国能源结构调整优化进程进一步加快。截至2017年年底，"2+26"城市共计完成474万户"煤改气"和"煤改电"，加快了"双替代"进程。2020年，京津冀及周边地区"2+26"城市平均优良天数比例为64.3%，同比上升11.4个百分点；共发生6次区域性污染过程，只有2次是重污染过程，重污染过程次数比2019年同期减少了50%。

3.4.4 新《环境保护法》和新《大气污染防治法》

将法治建设作为推进"大气十条"贯彻落实的着力点和突破口，让环境法治为大气污染防治工作保驾护航，是"大气十条"成功实施的重要经验之一。新《环境保护法》被称为"史上最严的环保法",于 2014 年 4 月 24 日由第十二届全国人大常委会第八次会议审议通过,2015 年 1 月 1 日开始实施。《大气污染防治法》制定于 1995 年,历经 1995 年、2000 年、2015 年和 2018 年四次修订,立法理念和法律制度体系历经不同阶段的改革、调整与完善。新《环境保护法》、新《大气污染防治法》的出台,进一步强化地方责任,建立健全以排污许可制为核心的固定污染源环境管理体系,加强污染源治理,大幅提高违法成本;多地在此基础上出台更加细致、更加严格的大气污染防治条例,健全了大气污染防治法律法规体系。最高法、最高检发布《关于办理环境污染刑事案件适用法律若干问题的解释》,将环境损害司法鉴定纳入统一登记管理范围,为大气污染防治和执法提供了强有力的法律武器,同时加大了环境执法力度。

3.4.5 蓝天保卫战

"蓝天保卫战"被称为 2.0 版的"大气十条",是 2017 年政府工作报告 12 个新词之一。2018 年 7 月 3 日,国务院公开发布《打赢蓝天保卫战三年行动计划》,主要任务是经过三年的努力,大幅减少主要大气污染物排放总量,协同减少温室气体排放,进一步明显降低 $PM_{2.5}$ 浓度,明显减少重污染天数,明显改善环境空气质量,明显增强人民的蓝天幸福感。2020 年,全国空气质量总体改善,全国地级及以上城市空气质量优良天数比率为 87%,$PM_{2.5}$ 未达标城市平均浓度比 2015 年下降 28.8%。2021 年 2 月 25 日,生态环境部宣布《打赢蓝天保卫战三年行动计划》圆满收官。

3.4.6 减污降碳协同增效

2021 年《政府工作报告》将碳达峰、碳中和作为年度重点工作之一进行统一部署,同时将碳达峰、碳中和纳入生态文明建设整体布局,这就意味着我国的生态环保事业已经进入了减污降碳协同治理的新阶段。2021 年 4 月 30 日,习近平总书记在主持中共中央政治局第二十九次集体学习时强调:"'十四五'时期,我国生态文明建设进入了以降碳为重点战略方向、推动减污降碳协同增效、促进经济社会发展全面绿色转型、实现生态环境质量改善由量变到质变的关键时期。"这是继2020年12月中央经济工作会议提出"要继续打好污染防治攻坚战,实现减污降碳协同效应"、《中华人民共和国国民经济和社会发展第十四个五年规划和2035年远景目标纲要》提出"协同推进减污降碳"以及2021年3月15日中央财经委员会第九次会议强调"要实施重点行业领域减污降碳行动"后,对"减污降碳协同增效"的再次强调。可见,减污降碳协同增效在"十四五"乃至很长一段时间内具有重要的地位和作用。

回顾近年来的大气污染防治政策、法律法规可以看出,以控制空气污染物为主、兼顾气候友好,从国家下达的总目标到各省各市层层分解落实,控制的措施从单一污染物向多种污染物过渡,由局部污染控制向区域污染控制发展,如京津冀、长三角、珠三角以及汾渭平原地区根据其区域大气污染源排放特征和不同的大气污染传输影响,通过协同合作的方式取得了显著成效。

但是,目前我国生态环境质量改善总体上还处于中低水平上的提升,城市空气质量总体仍未摆脱"气象影响型"。以京津冀地区为例,以重化工为主的产业结构、以煤为主的能源结构和以公路货运为主的运输结构没有根本改变,污染物排放基数尚处于高位,遇到不利气象条件,极易出现污染过程。近日有专家认为,华北地区的污染物排放总量要在现有基础上再减少70%~80%,才有可能完成"十四五"期间"基本消除重污染天气"的目标。可见,末端治理已经难以满足大气污染防治的要求。实现"双碳"目标,要求生态环境治理模式进一步从"末端治理"向"源头防治"转变,倒逼我国能源结构深刻转变,持续提高我国可再生能源装机容量和发电量,实施能源转型变革。

各地也必须抓住"十四五"这一关键阶段和战略窗口期,加速进行发展方式的绿色低碳转型,以节能降碳为目标加强源头治理的各方协同,倒逼能源结构转型和大气环境治理,构筑以低能耗、低污染为基础,以绿色低碳发展为价值引领和增长动力的现代经济体系。为了避免后期过于昂贵的改造成本,在进行城市规划时就将低碳或零碳技术考虑在内,力争在绿色低碳发展方面实现"换道超车",为实现"双碳"目标注入强劲的动力。

3.5 低碳城市

城市作为人类社会经济活动的中心,容纳了各种生产、生活及创造性活动,进行着各种物质与能量交换,城市地区承载着我国60%的常住人口,碳排放总量占全国碳排放总量70%以上,城市始终是控制碳排放的主战场。在城市层面上也要有广泛而深刻的经济社会系统性变革和绿色生产生活方式的深刻转型。因此,从城市层面入手实现绿色低碳、节能减排对我国气候与环境的影响意义重大,对"双碳"目标的实现也十分关键。

在应对节能减排和经济发展两方面需求的背景下,我国的地方政府纷纷把目光投向了低碳发展规划,希望能结合当地的实际情况,全面规划区域发展模式,引导地方未来的产业方向,寻找适合社会发展的低碳模式,取得发展与环境的平衡。我国低碳城市的发展大致可分为三个阶段:

第一阶段是2008年至2010年,城市自发探索低碳发展措施阶段。不少地方提出发展低碳产业、建设低碳城市、倡导低碳生活等政策建议,保定、上海、吉林、南昌、重庆和广东等一些地区开展了低碳发展的国际合作项目,珠海、德州、杭州、成都、广元、深圳、厦门等城市自发地开展了低碳城市建设。特别是2009年11月提出"40·45"目标后,多个省市主动采取行动落实中央决策部署。

第二阶段是2010年至2015年,国家自上而下地通过试点推动城市低碳发展阶段。为落实国家控制温室气体排放行动目标,调动地方低碳转型的积极性,积累对不同地区分类指导的工作经验,探索我国工业化、城镇化深入发展阶段既发展经济又应对气候变化的可行路径,努力建设以低碳为特征的产业体系和消费模式,国家开展了低碳省市试点工作,分别于2010年、2012年和2017年遴选了三批共6个省和81个城市（包括4个直辖市），如图3-12所示，要求试点省市编制规划、制定政策、发展产业、加强数据管理等，探索低碳发展模式。这81个低碳试点城市共涉及全国约一半的人口、3/5的国内生产总值，在随后几年，成为我国城市低碳发展创新、示范和国际合作的平台。

图3-12　我国低碳城市试点发展情况

　　第三阶段是2015年至今，低碳城市以达峰作为引领，深化政策行动阶段。从我国2015年向联合国提交国家自主贡献文件，正式承诺到2030年左右达峰并争取尽早达峰以来，作为低碳发展先锋队的低碳试点城市纷纷根据自身情况提出峰值目标，并以峰值为引领，推动城市低碳发展。2015年在洛杉矶召开的第一届中美城市峰会上，中国达峰先锋城市联盟（APPC）成立，包括北京、深圳、广州在内的11个省市提出了各自的碳排放达峰目标年，之后又有12个省市加入，其中，除了四川外均是低碳试点城市。紧接着，第三批试点城市也都提出了相应的碳排放达峰目标。截至2020年12月，已有80个省市公开宣布了达峰目标。其中，达峰目标年设定在"十三五"期间的有13个，"十四五"期间的有43个，"十五五"期间的有24个。

　　碳减排可以促进经济发展，碳中和也将成为中国社会经济发展新引擎。从国际上来看，碳减排领先城市一般都是全球或者地区经济领先城市，为了提升产品在国际市场上的竞争力，不少企业都提出了其碳减排目标，满足产品的碳排放标准，打造低碳和环境产品形象。这也表明，未来打造深度减排的城市，会在吸引国际国内投资方面更具有吸引力。在我国的低碳城市当中，有的迈向了后工业化时代，有的较好地完成了工业结构的优化升级，碳排放与经济发展逐渐脱钩，有的清洁资源丰富，有的则在积极谋划居民消费侧的减碳。低碳试点城市先行先试，结合本地的实际情况积极探索制度创新，体现了试点的先进性，同时为不同类型的城市实现碳达峰提供了技术储备和思路借鉴，且其成功案例也会激发社会低碳发展的活力，提高全社会的绿色低碳意识。

3.6　城市层面实现"双碳"目标措施清单

在城市层面实现"双碳"目标是一项系统性工程，应当在城市类型、时间、空间和结构维度上构建城市实现"双碳"目标的战略重点（如图3-13所示）。

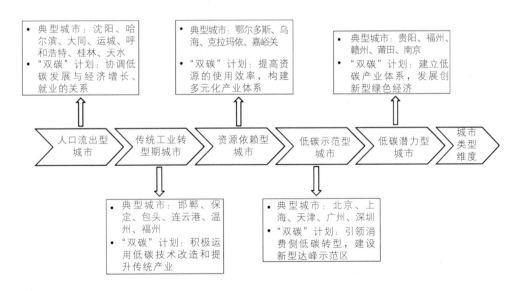

图 3-13　城市类型维度"双碳"目标实现路径

在城市类型维度上，要根据不同城市的经济发展基础和资源禀赋特点，走不同的碳达峰、碳中和路径。对于人口流失、经济下行压力大的城市，在进行碳达峰规划与实施时，应重点协调低碳发展与经济增长、就业的关系；对于依赖传统工业，处于产业结构转型期的城市，应积极运用低碳技术改造并进行传统产业升级；而对于资源依赖且面临一定增长困境的城市，应提高资源使用效率，构建多元化的产业体系；对于供给侧结构性改革卓有成效、产业结构低碳转型进度领先的城市，应建设新型碳达峰示范区，引导消费侧低碳转型；对于经济增长迅速且产业结构还未形成重工业路径依赖的城市，应规划建立低碳产业体系，发展创新型绿色经济。

从时间维度上，要在短、中、长期时间尺度内建立发展进程与实现"双碳"目标的关联，根据城市发展特点合理选择战略路径，分阶段设定社会经济发展目标和碳达峰、碳中和目标（如图3-14所示）。

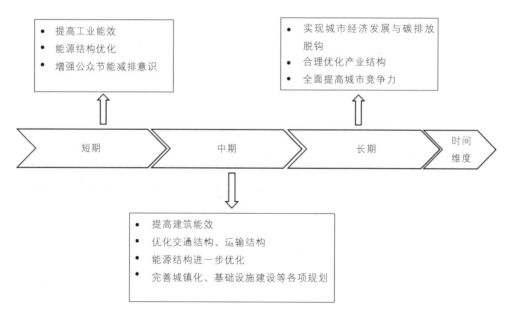

图3-14　时间维度上"双碳"目标实现路径

在空间维度上，结合"双碳"目标，在城市群、城市、城区与小城镇尺度优化产业空间布局。优化建筑能源利用、优化基础设施布局，在经济、技术能力允许的情况下，推动建设可再生能源发展的基础设施（如图3-15所示）。

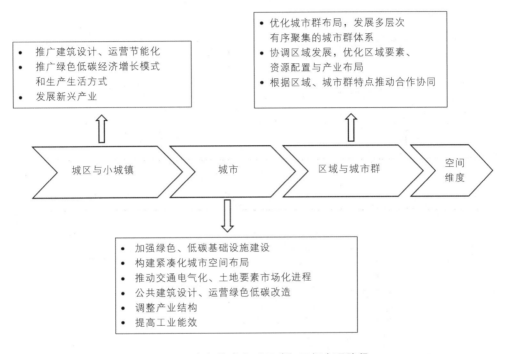

图3-15　空间维度上"双碳"目标实现路径

　　在结构维度上，以转变城市经济发展方式和提升全社会碳达峰、碳中和意识为主线，优化城市产品、行业、产业结构，从而实现经济发展和低碳减排"双赢"（如图3-16所示）。

　　自"双碳"目标宣布以来，各省市陆续开始制订接下来的行动方案。本书对近50个城市出台的城市层面的文件中与实现"双碳"目标相关的政策进行了总结归纳，得到城市层面实现"双碳"目标措施清单。总体而言，城市层面实现"双碳"目标的措施主要包括四个方面：产业结构、能源供应、能源利用和碳定价机制。其中：

　　调整产业结构主要包括淘汰落后产能；加大高端制造业、高新技术产业、战略性新兴产业比重；控制能源密集型行业发展和扩大对第三产业的投资比例、提高现代服务业比重等。

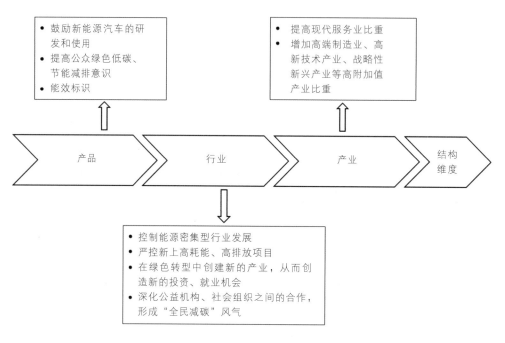

图3-16 结构维度上"双碳"目标实现路径

　　优化能源供应可以通过提高能源加工、转换和输送的效率、加大非化石能源开发力度及优化化石能源的消费结构来实现。能源加工转换效率的提高涵盖 IGCC（整体煤气化联合循环发电系统）和 USC（超超临界燃煤发电技术）等的应用、电厂的节能改造和电网运行效率的提高。非化石能源的开发利用主要由可再生能源的开发和发展、拓宽可再生能源的使用方式以及核电的合理开发利用组成，同时也要注重利用海洋资源开发一些可再生能源和清洁资源。化石能源结构优化主要是天然气的发展及增加天然气对煤炭和石油的替代。

　　提高能源利用效率方面主要包括提高工业能效、提高建筑能效、优化交通运输结构、优化用地结构以及推动践行绿色生产生活方式五个方面。提高工业能效包括绿色技术改造和绿色管理改造。发展建筑节能包含对建筑的设计和运营两个环节的节能，同时也可以开展绿色生态城区和零碳排放建筑试点示范。对交通运输结构的优化包括货运的"公转铁"、推进交通电气化进程、向智能交通转型。优化用地结构包括推进土地要素市场化配置、积极发展城市碳汇。推动践行绿色生产生活方式，包括在企业层面推动绿色生产、在消费者层面提倡绿色生活以及将提高公众绿色低碳意识、鼓励绿色低碳行为列入城市规划等。

碳定价机制则包括碳税和碳排放交易市场，将在后面详细说明。

但是，不同的城市根据自身发展模式和发展中所面临问题的不同，在实现"双碳"目标的侧重点上有些许差异，比如西部有些城市有丰富的风能资源，所以会加强对此类可再生能源的利用，但是东部或中部一些地区本身缺乏风能，当地政府出台的相关文件中对风能加强利用的相关内容较少。

下面根据总结的实现"双碳"目标措施清单，按照产业结构、能源供应、能源利用和碳定价机制的顺序来进行介绍（如图3-17所示）。

3.6.1 产业结构

碳排放和产业结构之间相互影响、相互作用：产业结构升级能够减少碳排放、提高碳排放绩效，与此同时，碳减排政策对于产业结构升级也有推动作用。依靠技术进步和创新驱动产业增长，促进传统产业的低碳转型，大力发展新型绿色低碳经济，推进产业结构调整和升级，降低工业产业的能源消费和碳排放，逐步实现经济增长和碳排放的脱钩。产业结构调整可以从严格项目环境准入，加快淘汰关停落后产能和重污染、高耗能企业，因地制宜地发展战略性新兴产业和现代服务业等方面展开。

（1）严格项目环境准入。在这一方面，我国很多城市发布并执行的标准要严于国家要求的产业导向目录中的标准，并且将大气污染物排放总量控制作为建设项目环评审批的前置条件。

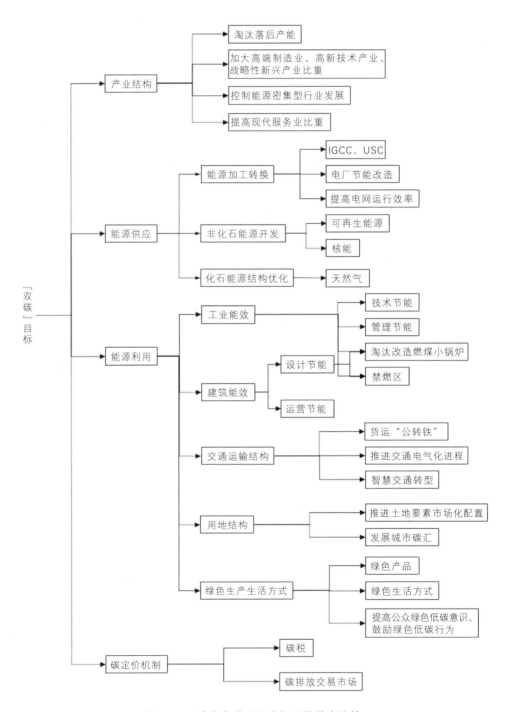

图3-17　城市实现"双碳"目标措施清单

（2）加快淘汰关停落后产能，加快淘汰重污染、高耗能企业。将低碳发展作为新常态下经济提质增效的重要动力，推动产业结构转型升级。依法依规有序淘汰落后产能和过剩产能。运用高新技术和先进适用技术改造传统产业，延伸产业链、提高附加值，提升企业低碳竞争力。转变出口模式，严格控制"两高一资"产品出口，着力优化出口结构。加快发展绿色低碳产业，打造绿色低碳供应链。在这方面，不同的城市结合自己地方的实际情况，制定了范围更广、标准更高的落后产能淘汰政策；加大对重污染、高耗能行业污染企业的淘汰关停力度；就单一城市而言，如果城市中有地区没有按期完成淘汰关停的任务，那么这一城市的相关部门应暂停对这一地区相应行业新建项目的审批及其他手续。与此同时，各个城市也严控新上高耗能、高排放项目。

（3）结合当地实际情况，大力发展战略性新兴产业和现代服务业。把握"工业4.0"的契机，推进工业化与信息化的密切结合，做好计算机技术在工业特别是制造业领域的应用，同时，引导企业进行技术改造、产业升级。促进第二产业与服务业的结合，推动服务业的发展，为第二产业服务，同时也通过第二产业的升级发展推动第三产业的繁荣。

3.6.2　能源供应

能源供应优化可以从发展非化石能源、优化化石能源结构、提高能源加工、转换和输送效率等方面进行城市规划。

（1）发展非化石能源。积极有序推进水电开发，安全高效发展核电，稳步发展风电，加快发展太阳能发电，积极发展氢能、地热能、生物质能和海洋能，扩大可再生能源基地规模。各类城市应该根据资源禀赋因地制宜地发展可再生能源和核电。例如，水力资源丰富地区的城市在生态安全和妥善安置移民前提下继续发展水电，加强水电站的建设，海上资源丰富的华南地区可以利用其优越的自然资源发展风能、海洋能，日照充足、降雨量少的西北地区可以充分开发光伏和风电项目。同时加强智慧能源体系建设、清洁能源示范区建设，推行使用节能低碳电力，提升非化石能源电力消纳能力。

（2）优化化石能源结构。加强煤炭清洁高效开采和清洁高效利用，大幅削减散煤利用，加快无煤区建设，限制煤电扩增装机容量。加快推进居民采暖用煤替代工作，积极推进工业窑炉、采暖锅炉"煤改气"，大力推进天然气、电力替代交通燃油，积极发展天然气发电和分布式能源，加快城市天然气基础设施建设，保障和扩大天然气来源，增加天然气对煤炭和石油的替代。积极推广天然气分布式能源系统的应用，继续拓展天然气在居民燃气供应、交通、发电、供热等领域的应用。加快工业天然气推广，推进工业燃煤、燃油锅炉的天然气改造，推动重点园区工业用天然气的普及。

（3）提高能源加工、转换和输送效率。鼓励电厂和热电厂等企业进行节能改造，主要途径是推广应用先进超（超）临界燃煤机组、循环硫化床燃煤发电、整体煤气化联合循环等高效燃煤发电技术，推广大规模热电联产机组，鼓励电厂和热电厂等企业进行节能改造，提高供热和发电、供电效率，降低厂用电率等。有条件的地区发展特高压输电和智能电网。

3.6.3 能源利用

由于我国的发电、发热目前仍然以煤炭为主，碳排放占比最高的是电力和热力生产部门，2019年碳排放量占比为51.4%，接下来分别是工业部门和交通运输部门，占比分别为27.9%和9.7%，排名第四的是建筑行业，大约占了碳排放总量的5%。根据已完成工业化的发达国家经验，居民消费产生的碳排放成为国家碳排放的主要增长点，可以高达60%~80%。因此，从能源利用的角度来看，推动工业部门的降碳和脱碳、交通运输领域的电动化和氢动化、推动城市绿色低碳建筑和整个经济社会的深度节能，对于碳达峰、碳中和十分关键。

（1）提高工业能源效率。中国过去在工业能效方面取得了显著的成绩。2020年单位工业增加值二氧化碳排放量比2015年下降22%，工业领域二氧化碳排放总量趋于稳定，钢铁、建材等重点行业二氧化碳排放总量得到有效控制。提高工业能效、促进工业节能一直是国家社会经济发展工作的重点领域，国家已经制定和颁布了一系列促进工业节能的总体部署和专项规划，为城市在达到"双碳"目标中设定工业能效目标和制定措施提供了良好基础。城市实现"双碳"目标的过程中应通过明确行动计划和具体工程来推动工业能效目标的实现。

在技术节能方面，可参考已有的各级节能专项规划中的工业能效措施，如实施工业锅炉窑炉节能改造、内燃机系统节能、电机系统节能改造、余热余压回收利用、工业副产煤气回收利用、先进适用节能技术推广等。有关能效技术信息可以参考由工信部、科技部和财政部联合组织开展和筛选的工业分行业的节能减排先进适用技术目录等。

在管理节能方面，积极控制工业过程温室气体排放，制定实施控制氢氟碳化物排放行动方案，有效控制三氟甲烷，基本实现达标排放。可以通过企业能源管控中心建设、节能产品认证、能效标识制度、合同能源管理、电力需求侧管理、能源审计、开展节能咨询与节能宣传等方式，建立和完善节能服务体系。

（2）提高建筑能效。随着中国经济、社会发展和城镇化进程的持续推进，建筑部分的碳排放量快速增长。从提高建筑能效入手降低碳排放十分必要，主要从老建筑改造和新建建筑设计环节的节能、建筑运营环节的节能两个方面着手。从设计环节来说，首先根据中国的五个主要气候区（夏热冬暖、温和、夏热冬冷、寒冷、严寒），各地因地制宜地选择被动式设计策略，注重自然通风和被动式太阳能供暖以及蒸发制冷等，从建筑的全生命周期角度考虑低碳环保因素，推动近零能耗建筑规模化发展，鼓励开展零能耗建筑、零碳建筑发展。其次是注重建筑材料的循环利用，比如铝材、型钢的重复利用率、水泥中粉煤灰的替换比率等，这些建筑材料的循环利用率越高，建筑物的隐含能耗越低；同时推进既有建筑节能改造，如替换老旧建筑里的太阳热能及热泵，强化新建建筑节能，提高建筑电气化水平，通过推广清洁采暖、炊事电气化、电制生活热水等技术，降低建筑领域直接碳排放，推广装配式建筑、绿色建筑，到2020年城镇绿色建筑占新建建筑比重达到50%。最后是采用适合本地社会经济发展和资源禀赋的建筑节能和节电技术，充分利用可再生能源，因地制宜推广绿色建材、绿色照明、屋顶墙体绿化等低碳技术，推广绿色施工和住宅产业化建设模式，在生产和建造阶段加大绿色建造力度。同时也应积极开展绿色生态城区和零碳排放建筑试点示范，通过超低能耗技术以及构建光/储/直/柔一体化建筑来促进其与交通工业领域的协同，降低建筑领域间接碳排放。

（3）优化交通运输结构。当前的运输结构调整主要是出于对大气污染治理从末端治理转向源头控制的思考。各个城市要贯彻绿色运输发展理念，加快地方铁路建设，推进货运交通结构调整，采取"长途铁运+短途汽运"的模式，引导货运由公路运输转为铁路运输，增加铁路货运能力和运输比例，提升交通领域污染防治水平，确保空气质量持续好转。对铁路、公路运输根据其特点分别制定改进优化方案，对于有高效衔接作用的货运枢纽，也应提高其运输效率。与此同时，也要加快城市车辆结构优化，推进交通电气化进程，利用我国锂电的明显优势，引导老旧柴油车更新为新能源或清洁能源车辆（如利用生物质液态燃料、氢能等），促进公路客运、中轻卡和铁路的电气化，鼓励出台新能源城市车辆运营补贴，便利通行，充电桩、充电站建设补助等支持政策，为群众较长距离的绿色出行提供便利。加强政策支持，完善财税等的支持政策，强化宣传舆论引导，推动创新稳定发展和转型升级。

城市通勤产生的碳排放也不能忽视，要向自行车友好城市转型，联动构建城市慢行系统和绿色基础设施，优化传统道路的非机动化设计（如自行车道），提高城市主要交通干道的非机动车出行和步行的便捷性与安全性，在重点交通站点设置自行车停车场，优化"最后一公里"交通并提高低碳出行比例。注重绿波交通建设，合理设计绿波速度与相位差，可以有效减少因交通拥堵和红灯信号导致的不必要碳排放。

（4）优化用地结构。2020年国务院发布的《关于构建更加完善的要素市场化配置体制机制的意见》中指出，推进土地要素市场化配置，完善土地利用计划管理，探索建立全国性的建设用地、补充耕地指标跨区域交易机制。在这种制度下，土地欠发达地区可以不用自己开发建设，通过耕保指标交易分享发达地区土地开发的空间价值,如西部城市的建设用地指标可以配置给东部城市,使得土地计划管理方式更加灵活、市场化,从而提高用地效率,减少碳排放并增加碳汇。

在城市规划中,可以通过融入低碳规划理念和碳排放管控措施,增加"绿色碳汇""蓝色碳汇",推动城市生产生活低碳化。在规划过程中运用产业关联模型识别出高关联产业企业,构建产业共生链,提升产业关联度并推动高关联产业临近布局,缩短上下游企业距离,减少不必要的客货运输碳排放。在产业园区规划建设过程中重视产城融合、商住平衡和功能复合,构建兼具固碳与防护功能的环园绿地,建立低碳生态的第四代产业园区。促进城郊农林经济与低碳城镇化的耦合发展,通过气候智慧型农林业等途径推动城市碳汇中心和城郊生态屏障建设,以休闲观光农业提高农业固碳的持续力,实现耕地和永久基本农田保护,统筹高标准农田建设,以植树造林、退耕还林等方式或是建立城市公园、湿地公园、郊野公园等增强城市生态系统碳捕捉和微气候调节能力。发掘城市蓝色碳汇潜力,在近海地区种植红树林、珊瑚礁等海洋碳汇植物,推动浅海海藻(草)床、深水大型藻类等海洋"森林草地"增汇工程建设。

(5)推动践行绿色生产生活方式。在很多行业中,一旦消费者参与,整个生态就会发生翻天覆地的变化。企业应当承担起促进"双碳"目标实现的社会责任,将绿色低碳纳入企业发展战略,倡导有责任的消费,通过推动产品设计、营销、流通、服务等产业链各环节的调整变化,携手合作伙伴、消费者共同践行绿色生产生活方式,推动城市可持续发展。从消费者层面来说,衣食住行中的住、食和行占据了人们日常碳足迹的75%。应当减少前端食物浪费、妥善进行垃圾分类和资源回收循环利用,坚持绿色出行、公交优先,购买能效等级高的家用电器,积极节水节电,响应国家政策号召支持新能源汽车。从城市规划角度讲,要实现碳达峰、碳中和,必须增强社会公众绿色低碳意识,可开发"公众碳减排积分奖励""项目碳减排量开发运营"等,通过线上公益平台对市民绿色出行、节水节电等行为发放碳积分奖励,倡导绿色低碳生活方式,营造绿色低碳生活新风尚,讲好绿色低碳中国故事。

3.6.4 碳定价机制

碳定价政策赋予了二氧化碳排放以市场属性，是解决气候变化经济影响负外部性、纠正市场失灵的一种手段，它改变将排放空间视为公共物品的传统认知，可以给经济增长注入新的低碳动力。控制温室气体排放，可以通过碳定价机制提高碳排放成本，降低企业碳排放量。碳定价在执行层面主要有碳税和碳交易机制两种形式。前者是政府通过税收直接确定碳价格，以弥补碳市场价格缺失；后者是创造一个交易市场，在政策设定的排放总量限制下由参与市场的交易主体形成价格。两种定价机制的优缺点对比及主要应用国家如表3-3所示。

表 3-3 两种碳定价机制对比

碳定价机制	优点	缺点	主要应用国家和地区
碳税	• 短时间试点大幅度减排 • 实施成本低、碳价格预期稳定 • 可实现收入再分配 • 价格发现机制完善	• 对碳排放量控制弹性差 • 可能出现寻租问题	日本、南非、南美
碳交易体系	• 可实现对碳排放总量的控制 • 市场效率高，流动性强	• 运作成本高 • 配额估算难度大	中国、欧盟、韩国

近期，国际货币基金组织呼吁中国将碳税和碳排放权交易作为减排、防治污染的优先政策选项，形成合理、影响深远的碳价格，相关收入不仅可支持清洁能源和低碳技术发展，还可适当补贴受碳税影响的低收入群体。

3.6.4.1 中国碳排放交易市场发展现状

目前，中国正在稳步推进碳排放权交易市场筹建工作，探索开展碳税试点，推动完善碳价格形成机制，充分发挥碳价格在应对气候变化方面的信号作用，支持中国实现"双碳"目标。从我国碳交易市场的发展历程来看，我国的碳市场建设从地方试点起步。2011年10月国家发改委办公厅发布《关于开展碳排放权交易试点工作的通知》是我国碳交易市场的发展起点,文件中,将我国北京市、天津市、上海市、重庆市、广东省、湖北省、深圳市"两省五市"作为首批碳交易试点省市。自2014年6月起,"两省五市"碳交易试点全部开始实际交易。2016年,福建成为国内第八个碳排放市场交易试点省份。随后几年,我国在碳交易试点中不断出台建设方案和管理办法,培育和建设交易平台,以求做好碳排放权的交易试点支撑体系建设工作。经过十年的发展,我国碳排放交易,无论是在立法建设层面还是在实务操作层面,均取得了一定的成效,试点市场在利用市场机制推动节能减排方面也初见成效。至今,全国碳交易市场在2021年7月16日正式上线(如图3-18所示)。

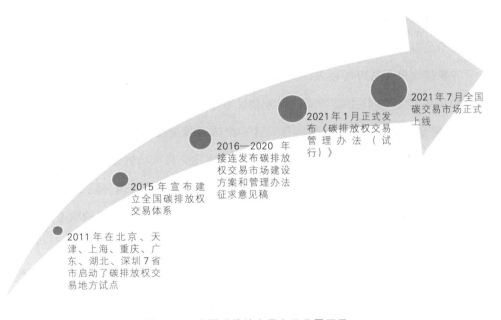

图 3-18　中国碳排放交易市场发展历程

当前,我国碳排放交易市场首批纳入2 225家发电企业,未来将扩大行业范围,最终覆盖发电、石化、化工、建材、钢铁、有色金属、造纸和国内民用航空等八大行业,覆盖排放总量可能会超过50亿吨。当前碳排放交易市场中的配额是以免费分配为主,未来将会根据国家要求适时引入有偿分配,并逐步提高有偿分配比例。以发电行业为突破口，在发电行业碳市场稳定运行的基础上，我国的碳市场将逐步扩大行业覆盖范围，丰富交易品种和交易方式，实现其平稳有效运行和健康持续发展，有效发挥市场机制在实现我国二氧化碳排放达峰目标、碳中和愿景中的重要作用。

3.6.4.2 碳排放交易市场面临的问题

（1）缺乏高效力的上位法

自国家发改委决定开展市场试点后，政府已经颁布了一些节能减排的相关政策，且试点省市的地方性法规或地方规章也在不断出台，使试点工作能够顺利进行。但是这些地方性法规和规章是地方政府根据地方的经济发展情况制定的，只适用于各个地方本身的情况，无法满足国家整体市场的需要，再者立法层级较低，其效力并不足以协调国家部委之间以及中央和地方之间的实际操作问题，这使得全国统一的碳排放权交易市场相关制度位阶低，法律"硬约束"不足。

2020年12月25日生态环境部部务会议审议通过《碳排放权交易管理办法（试行）》，并于2021年2月1日起施行，这一全国碳排放交易市场纲领性文件，规定了交易主体、交易方式等细节，标志着全国碳排放交易市场的建设和发展进入了一个新的阶段。上位法《碳排放权交易管理暂行条例》已纳入国务院2021年度立法工作计划，在出台之前，碳市场处于边运行边等待法规进一步完善的状态中。

（2）碳市场交易不活跃，碳价低迷

相比欧盟碳价，中国碳价极低。2020年我国试点地区平均碳价为23.45元/吨二氧化碳当量。2021年碳试点地区碳价一般为5.53~42.02元/吨二氧化碳当量之间，其中深圳碳市场碳价最低，为6.44元/吨二氧化碳当量，北京最高，为47.6元/吨二氧化碳当量。国内试点碳价的历史最高点为122.97元/吨二氧化碳当量。而2020年欧盟碳交易价平均价为24.76欧元/吨二氧化碳当量，是中国价格的8倍。在2021年5月17日，欧盟碳价一度突破56.43欧元/吨二氧化碳当量的历史高位（折合人民币约443元/吨二氧化碳当量），相较2005年刚推出欧盟排放交易体系时的20~25欧元/吨二氧化碳当量，价格已经提高了1倍多。国际上的碳定价权被欧美等发达国家掌握，中国在碳定价和交易中处于从属地位。欧元是现阶段碳交易计价结算的主要货币，中国碳市场仍处于产业链末端，话语权较小。清华大学张希良教授在其《2060年碳中和目标下的低碳能源转型情景分析》报告中对碳中和边际减排成本进行了预测。预测结果显示，到 2030 年我国的碳价可以达到 13 美元/吨二氧化碳当量，到 2050 年为 115 美元/吨二氧化碳当量，并且在碳中和目标的驱动下，碳排放成本将不断上涨。届时，碳资产的价值才会逐渐体现。

目前全国碳排放交易市场的现货交易平台在上海，全国碳交易注册登记系统在武汉，CCER（国家核证资源减排量）交易管理在北京，市场、基础设施的割裂形成的市场格局，导致碳市场建设和运营的低效，对价格形成机制也有不利影响。

自全国碳排放交易市场正式上线以来，配额价格呈现稳中有升的趋势，但其交易流动性维持低位。交易量严重不足导致碳价也缺乏支撑。

（3）配额以免费分配为主，以强度控制为基准

碳排放总量目标设定一般分两种方式：一是根据绝对排放量或避免排放量而设定绝对总量，二是设定相对总量目标或基于强度的总量目标。我国目前采用的是第二种方式。配额总量设定是确保碳交易体系环境效益的关键，也是决定排放配额经济价值的主要因素。只有设定了绝对总量上限的碳排放交易体系，才能更好地实现碳市场的环境效益。目前我国的煤电技术水平和效率都居世界领先水平，减排空间比较小，未来碳市场中会引入更多碳减排空间较大、减排成本低的排放主体，推进全社会各行业控排减排。

因此，要确定碳市场配额量逐年递减的方向和量化标准，让参与者意识到配额的稀缺性，更重视碳成本。在这种情况下，碳市场才能更好地体现碳排放的价格信号，激励发展清洁能源，促进"双碳"目标的实现。

（4）国内碳市场以现货交易为主，金融化程度不高

部分试点地区推出了包括碳衍生品在内的碳金融产品，但交易规模很小，而欧盟、美国等碳市场设立时就是现货期货一体化市场，美国 RGGI 体系中期货交易甚至早于现货出现。

　　从长期来看，我国应当逐年降低总体排放限额和免费配额比例，刺激市场需求，减少免费配额对碳交易价格的压制作用，提升碳排放交易的活跃度，实现碳交易，最终达到降低温室气体排放的目的。各个城市也应当因地制宜地让政府"看得见的手"和市场"看不见的手"共同发力，给经济增长注入新的低碳动力，积极对接国家碳市场交易的建设，健全完善环境权益交易平台，促进碳达峰、碳中和目标的实现。

第4章 实现"双碳"目标的主要技术措施

　　能源是经济社会发展的动力之源，也是人类赖以生存的基础。从燃煤时代，到燃油时代，再到如今的电力时代，火车的最高速度从120千米/小时提高到了300千米/小时，过去许多难以想象的事都成为了现实。

　　但是，任何事物都具有两面性。能源的变革在改变人们生活、促进生产力发展的同时，却也造成了巨大的污染，危及人类社会和自然环境。化石燃料的燃烧产生的大量二氧化碳，随着大气的流动覆盖整个地球，打破了"温室效应"的平衡，加速了全球变暖的进程，引发了气候变化、极端天气频发等一系列问题，严重威胁着全球经济社会的健康稳定发展。

　　在人类社会的历史上，每一种能源的变革都意味着生活方式的巨大改变和大范围的设备更新，这往往需要经历一个漫长的时期。2020年，中国提出了"3060"双碳目标，如果中国依然按照从煤炭、石油为主过渡到天然气，再到可再生能源这样的常规顺序进行能源变革，那么不仅需要大量的成本，而且无法按时完成碳达峰和碳中和的紧迫目标。

　　对于中国这样碳排放体量最大的国家，要想在短时间内实现碳排放的大量减少，必须寻找一条中国特色的能源转型路径，即直接从煤炭、石油为主转向可再生能源为主。这条路径不仅需要投入巨额的资金，更重要的是需要相应的技术作为支撑。

　　技术是实现双碳目标特别是碳中和目标的必要基础，而能源供给端的技术变革又是实现碳中和目标中至关重要的一环。我国要先从节能技术和减碳技术两方面下手，再实现零碳技术甚至是负碳技术，并最终逐渐形成以光伏+储能为主的电能供应，以及氢和碳捕集共存的非电供应技术格局。

如果中国能成功实现能源的跨代升级，那么全球所有国家、地区都将从中受益，而中国甚至可以因此次升级成功而成为全球能源领域最重要的国家。

4.1　电力系统

4.1.1　发电环节

（1）风电技术。风电是一种对环境非常友好的绿色清洁能源，我国位于西伯利亚以南、太平洋以西，陆上风力资源和海上风力资源都非常丰富，并且成本低廉，开发方便，因此风电是目前清洁能源的重点研究项目之一。

"九五"计划以来，我国出台了许多政策、计划，扶持风电等新能源的发展。1996年3月，为了实现以市场换技术、立足于高起点发展我国风力发电机制造业的目的，国家计委推出了"乘风计划"，推动了风电的快速发展和国产化。2005年，《中华人民共和国可再生能源法》颁布后，我国的风电产业再一次迅猛发展。2020年，我国提出"3060"双碳目标，对我国包括风电在内的新能源发展产生了极大的推动作用。

随着风电市场规模的迅速扩大，我国风电设备制造技术进一步提高，已经初步形成了一个具有竞争力的较为完整的产业链体系，涵盖了原材料加工、零部件制造、整机制造、开发建设、技术研发、标准和检测认证体系等各个环节。风电机组设备制造基本上实现了系列化、标准化和型谱化，机型涵盖双馈式、直驱式和混合式，单机容量从1.5兆瓦迅速发展到目前最大的6兆瓦，并实现了从陆地风电到海上风电的跨越。目前，我国风电装机已经超过了2亿千瓦，我国风电企业在全球供应链中的供应能力占比达40%。

从整体的风电投资成本来看，分为陆上风电和海上风电，目前陆上风电整体的投资成本较低,且度电成本也更低,我国陆上风电度电成本约为 0.324 元/千瓦时,海上风电度电成本约为 0.5 元/千瓦时。

我国风电技术水平不断提高,通过引进消化吸收和再创新,基本掌握了风电行业的核心技术,并且在适合低风速风况和恶劣环境风电机组开发方面取得了突破性进展,处于全球领先地位,在大容量机组开发上也实现了与世界同步。

(2)光电技术。光伏发电是光能发电的一种方式,光伏发电运用微网技术接入超高压的发电网里,微网和超高压发电网彼此依存、相辅相成。光伏发电并网技术是绿色能源、清洁能源技术的一种,对生态环境不会产生污染,完全符合我国对经济、环境以及社会可持续发展的需求。

我国对光伏发电技术的研究始于 20 世纪 70 年代,通过大量的资金投入、政策支持和技术研究,我国光伏发电技术不断进步,累计装有太阳电池组件的容量不断增加,太阳电池组件的单价在不断下降,电池组件的使用期限不断延长,发电成本不断降低,大型光伏电站逐渐增多。截至 2020 年底,我国光伏发电的累计并网装机容量已经高达 252.5 吉瓦,连续 6 年位居全球首位,并且 2020 年我国光伏发电量达到 2 605 亿千瓦时,占我国全年总发电量的 3.5%。此外,我国太阳能电池技术也在快速发展,2021 年,晶科能源研究院制备的大面积 n 型单晶硅太阳能电池的光电转换率高达 25.25%,创造了新的世界纪录。30 多年前,光伏发电转换率即便提高 1 个百分点都很艰难,彼时的转换效率仅有 10% 左右,现在早已超过 20%。更为重要的是,光伏产业成本的降低,是从硅料、电池到组件全产业链成本的降低。今天光伏成本仅是 10 年前的 1/10,目前,全球平均水平的集中式光伏电站每度电的成本约为 0.37 元,而我国光伏发电每度电的成本是 0.36 元,和国际水平大体相当甚至略低,可以说是比较便宜的了。

未来,中国的能源系统将是以新能源为主体的新型电力系统。要实现碳达峰、碳中和目标,到 2030 年我国风电、太阳能发电总装机容量将达到 12 亿千瓦以上,这意味着风电、太阳能发电装机容量还将至少增加 6 亿千瓦。

(3)水电技术。水力作为一项传统的可再生清洁能源,在能源体系中占有极其重要的地位，是我国电力系统发电环节中极为重要的一环。水电工程的原理就是将江河的落差和流量所形成的势能转化为电能，这个过程是一个物理过程，不会消耗化石能源，也不会排放二氧化碳等温室气体，是一种非常清洁的能源。而且，水电还可以替代火电等非清洁能源，从而减少温室气体的排放，减缓气候变暖压力。

我国在利用水力发电方面已有相当长的历史，中华人民共和国成立之初便开始着手水电事业，经过70多年的发展，如今在水电方面的技术已经非常成熟并且位居世界前列，已逐步成为世界水电创新的中心。

2008年投产的水布垭水电站拥有世界最高的混凝土面板堆石坝，2009年投产的龙滩水电站拥有世界最高的碾压混凝土坝，2010年投产的小湾水电站拥有当时世界最高的混凝土拱坝，2014年投产的糯扎渡水电站拥有目前亚洲第一、世界第三高的黏土心墙堆石坝。

2017年8月，中国首个100%采用国产机组的大型水电站——白鹤滩水电站全面转入主体工程施工，成为目前世界第二大的水电站。白鹤滩水电站的单机容量突破100万千瓦，这在全球还是首例，将世界水电带入了"百万单机时代"，超出了原有技术水平和规范，也意味着中国水电技术制造水平和自主创新能力走上了一个新平台。

在众多发电方式中，水电的发电成本相对较低，全球水力发电的成本折合成人民币约为每度电0.28元。中国是世界水电装机第一大国，也是世界上水电在建规模最大、发展速度最快的国家。数据显示，2021年中国水电新增装机近2 000万千瓦，创近年来最高，全国水电总装机容量已达到3.91亿千瓦。水电资源是我国的优势资源，发展水电将有助于我国清洁能源的发展、能源结构的调整、区域经济的发展以及"双碳"目标的实现。

（4）非传统零碳能源利用。非传统可再生能源主要是指地热、生物质和核能等。重视对非传统可再生能源的利用、大幅度提高非传统可再生能源在供能系统中的比例，有助于加快电力系统的低碳化甚至零碳化，实现碳中和愿景。

地热能可用于发电、采暖、工业加工、洗浴、水产养殖、医疗等各个方面，其中，地热发电是地热能利用的重要方式。地热发电技术是将地热能转化为机械能再转化为电能的技术，这也是当今世界主流的地热发电技术。在此基础上又有干蒸汽直接发电、蒸汽扩容发电、双工质循环发电以及全流发电四种主要的地热发电方式，其中，我国在蒸汽扩容发电和全流发电上的设备技术成熟度和成本最优，前者可用于150℃以上的高温地热资源，后者则适用于小容量地热发电以及中高温地热资源。除此之外还有干热岩地热发电，我国干热岩型地热资源丰富，中国大陆地下有折合约856万亿吨标准煤的干热岩型地热基础资源，开发利用潜力巨大。2020年，地热发电的平均成本约为每度电0.46元，相对较高。

生物质是指通过光合作用形成的各种有机体，以生物质为载体的能量即为生物质能。生物质可以通过直接燃烧的方法将生物质能转化为可使用的能量，也可以用生化学和热化学法转化为常规的固态、液态和气态燃料。目前，对生物质的转换技术主要有生物质厌氧消化生产沼气、生物质发酵制造酒精、生物质热分解气化等。此外，利用生物质还可以进行甲醇、乙醇、甲烷、植物油、汽油、氢等的工业生产以及使用生物质进行发电。生物质发电技术是清洁、高效的生物质能利用形式之一，用生物质进行发电的技术主要有三种：生物质直燃发电技术、燃煤耦合生物质混烧发电技术、生物质气化发电技术。用于发电的生物质一般为农业和林业的废物，如木屑、秸秆、稻草等，因此，发展生物质发电将有助于优化能源结构和回收利用农林废弃物。2020年，生物质能发电的每度电成本约为0.49元，相对来说较高。

核能是利用可控核反应获取的能量。单纯从能源方面来看，核能可用于发电、海水淡化、城市供热、提供高温蒸汽等，利用核能发电是核能使用的最重要的形式之一。核电成本主要由建设成本、运维成本、燃料成本组成，早在1966年，核能发电的成本就已经低于火力发电的成本，到2018年美国核电成本合人民币0.21元/千瓦时，远低于其他可再生能源发电成本。数据显示，2019年国内核电机组的发电量占全国发电量的4.8%，截至2021年4月，我国商运核电机组共49台，总装机容量5 102.7万千瓦，位居全球第三位。

4.1.2 电网环节

（1）特高压电网。特高压电网是指 1 000 千伏及以上交流电网或 ±800 千伏及以上直流电网。输电电压一般分高压、超高压和特高压。特高压电网具有远距离、大容量、低损耗、占用土地少等特点，输电能力可达到 500 千伏超高压电网的 2.4～5 倍，被称为"电力高速公路"。

虽然起步较晚，但我国的特高压输电技术发展非常迅速，目前，我国的特高压输电技术和工程建设已经走在世界前列，建设不到 10 年就达到了世界领先水平，创造了一批世界纪录。特高压技术分为直流特高压和交流特高压。2010 年 7 月 8 日，由中国自主研发、设计和建设的向家坝—上海 ±800 千伏特高压直流输电示范工程正式投运，是世界上电压等级最高、输送容量最大、送电距离最长的直流输电工程。而我国自主研发、设计和建设的具有自主知识产权的 1 000 千伏交流输变电工程——晋东南—南阳—荆门特高压交流试验示范工程是首个国内最高电压等级特高压交流示范工程，全长 640 千米，纵跨晋豫鄂三省，其中还包含黄河和汉江两个大跨越段。线路起自山西 1 000 千伏晋东南变电站，经河南 1 000 千伏南阳开关站，止于湖北 1 000 千伏荆门变电站。研究表明，1 000 千伏交流线路的自然输送功率约为 500 千伏线路的 5 倍。同等条件下，1 000 千伏交流线路的电阻损耗仅为 500 千伏线路的 1/4，单位输送容量走廊宽度仅为 500 千伏交流线路的 1/3，单位输送容量综合造价不足 500 千伏输电方案的 3/4。

我国特高压历经了"十二五三横三纵一环"规划、大气污染防治"四交五直"规划以及"十三五五交八直"规划。2018 年至今我国出台了多项特高压相关政策，旨在推动特高压有序快速发展。2020 年 2 月发布的《2020 年重点工作任务》中对高压建设提出了新要求，推动了各地区特高压建设。

（2）柔直电网。柔性直流输电技术是基于 IGBT 器件和电压源换流器的新一代直流输电技术，与常规直流输电技术相比，具有有功、无功灵活控制，可向无源网络或者弱交流系统供电，不存在换相失败问题，易于扩展为多端直流输电系统和直流电网,系统谐波含量小,不需要配置交流滤波器和无功补偿装置等优点,在清洁能源并网、孤岛供电、城市异步电网互联、海上平台供电等技术领域具有明显优势。

柔性直流输电技术快速灵活的可控性、高度的紧凑性以及优良的环境适应性,使得大规模可再生能源高效接入。除此之外,该项技术还可提供适应性更强的接纳、传输模式,提高电网大规模远距离输电能力,将为新能源的高效利用及电网发展带来革命性的变化,在未来必将是推进能源结构转型和实现大范围能源互联的重要手段。该技术将不稳定的清洁能源多点汇集,形成稳定可控的电源,并充分利用区域大规模风、光的互补特性与抽蓄的灵活调峰特性,打造灵活的能源交互平台,解决清洁能源"并不上""送不出""难消纳"三大问题。

张北柔直工程是世界首个柔性直流电网工程,柔直电网运行技术在国内没有先例可循,国际上也没有直接的经验可供借鉴。张北柔直电网工程作为世界首个柔性直流环网工程,其柔性直流电网送出方式实现了风、光、储多能互补。张北柔直电网工程汇集了大规模风电、光伏、储能、抽蓄等多种形态能源的输送方式,电压等级±500千伏、单端容量更是达到世界最大的300万千瓦。通过两端300万千瓦换流站汇集张北地区的风电,一端150万千瓦换流站接入当地抽水蓄能,并通过一端300万千瓦换流站接入北京电网,每年可为北京地区提供26亿千瓦时的清洁能源,同时还可有效缓解张北地区高比例可再生能源无法高效接纳和外送的问题,预计可减少因弃风、弃光造成的经济损失3亿元以上,并将提高可再生能源电力占京津冀电力消费的比重。

4.2 工业部门

工业部门是我国国民经济发展的重要部门,但同时也是能源资源消耗、污染物排放以及碳排放的大户,我国70%以上的二氧化碳排放来自工业生产。工业领域碳减排面临许多挑战,如工业部门的能源消费结构中煤炭占比高、工业结构中重工业和化学工业占比高、单位制造业增加值能耗水平偏高，是节能减排的重点领域，但同时也是技术节能减排潜力巨大的领域，存在许多低成本甚至负成本的减排技术。

4.2.1　工业用能电气化

在"双碳"背景下，要实现用能结构的优化，推动终端用能电气化是关键。数据显示，使用清洁电力可以实现中国当前人类活动温室气体排放量脱碳的50%，其中包括交通运输的电气化、建筑用能的清洁化、生产的绿色氢能以及各种工业流程的电气化。

工业电气化是指在工业生产过程中大量使用和发展电力，让电力成为大机器生产的主要动力来源，并在工业生产管理和操控中广泛应用电力，具体包括用电力作为工业动力的动力设备电气化、工艺过程中使用电力的工艺过程电气化以及使用电子设备管理和控制生产三个方面。工业流程电气化是中国工业领域的重要环节。

在电气化的早期阶段，工业部门电气化工作的重点是用电力进行工艺加热或者锅炉加热。例如，可以通过热泵、感应加热、红外、微波和射频激发分子来提供一般用途的加热；也可以使用激光烧结、电阻加热和电弧炉等技术提供热源，或者用紫外线和电子束来作为替代品。

当前，工业电气化是工业技术现代化的基本方向之一，也是机械化、自动化的动力基础，现代企业发展已经离不开工业电气自动化。但是，工业电气化的发展依然面临一些成本和技术的挑战。由于煤炭、石油等化石燃料的价格偏低，企业在没有约束的逐利情况下，很难有动力主动对工艺流程进行电气化改造，并且工业过程电气化改造所需的技术较为复杂，技术难度较大，工业电气化改造难以推行。但是，随着技术的进步，电气化改造技术瓶颈终会被突破，而电力也会在技术和政策引导下成为一种比较先进和经济的动力，工业电气化将大大提高工业生产的经济效益。

4.2.2　产品替代与工艺再造技术

工业部门可以通过产品替代和工艺再造技术实现用能低碳化。

产品替代主要是在建筑材料（如混凝土和钢铁等）上的替代，通过使用低碳的新材料来代替高碳排放的传统材料实现碳减排。例如，可以利用石油的副产品——有机保温材料（如硬质聚氨酯、聚苯乙烯等）实现建筑的保温、隔热以及降噪功能，还可以使用工业废渣、石块等加工成的无极保温材料来实现减排，而在确保结构安全的基础上，还可以使用稻草、土坯、秸秆、木材来代替混凝土或钢材等能耗高的材料以实现建筑的低碳化。除此之外，辅助性凝胶材料可以替代普通硅酸盐水泥中部分石灰石基熟料（如粉煤灰、高炉矿渣颗粒、钢铁行业的副产品等），目前，全球水泥中近20%的熟料已被辅助性凝胶材料替代。

工艺再造技术则是指通过智能化、新技术、新装备及具有颠覆性的节能工艺等工业流程再造技术的研发，实现工业生产能耗的降低，提高能源和资源的利用率，从而降低碳排放。2020年12月，中国工业和信息化部发布《国家工业节能技术装备推荐目录（2020）》，其中提到了五类工业节能技术：流程工业节能改造技术、余热余压节能改造技术、重点用能设备系统节能技术、能源信息化管控技术、其他工业节能技术。在流程工艺节能改造技术部分提到的18种技术中，高能效长寿化双膛立式石灰窑装备及控制技术的未来五年节能潜力最高，达到了178万吨标准煤/年，适用于冶金行业节能技术改造。

4.2.3　循环经济模式

循环经济模式是针对传统的线性经济模式而言的经济模式，它以再生和恢复为基础，以资源的高效利用和循环利用为核心，以"减量化、再利用、资源化"为原则，以"低消耗、低排放、高效率"为基本特征，是一种符合可持续发展理念的经济发展模式，其本质是一种"资源—产品—消费—再生资源"的物质闭环流动的生态经济。

工业部门的各行业都可以运用循环经济模式，如在汽车行业进行轻量化、再制造和延长汽车使用寿命，在建筑物施工过程中减少废弃物以及对建筑物进行空间共享和重复使用、对塑料废弃物进行高质量回收利用，在钢铁行业减铜和增加收集，在水泥行业回收利用水泥等。在工业部门中发展循环经济有巨大的减排潜力，据测算，若在水泥、钢铁、塑料和铝四个关键工业领域运用循环经济策略，则可以在2050年前减少该领域40%的二氧化碳排放量，并且具有较高的成本效益。

2016年工信部印发了《建材工业发展规划（2016—2020年）》，规划提出："建材工业是国民经济的重要基础产业，是改善人居条件、治理生态环境和发展循环经济的重要支撑。"近年来，发展循环经济在工业领域越来越受到重视，相关技术也快速发展起来。

硫酸是一种重要的基础化工产品，工农业生产的各个领域都有其身影，但它产生的工业废硫酸却是一种难以处理的危废。废硫酸的高效处理也早已成为国内外研究的重点，通常有真空浓缩、裂解再生、中和处理、生产化工产品、膜分离、化学氧化、萃取和气提八种处理方法。从循环经济的角度来看，真空浓缩、裂解再生和生产化工产品是当前最具前景的三种工艺，通过对废硫酸进行处理，既可以解决危废的污染问题，还可以提高硫酸的资源回收利用率，将废物转化成可以利用的资源，具有很高的经济效益。

石膏是一种用途广泛的工业材料和建筑材料，我国天然石膏矿资源储量较为丰富，但大量石膏的低效使用却产生了大量的工业废石膏，如何处理工业废石膏并对其进行资源化利用已成为国内外研究的焦点。从2011年开始，我国陆续发布了许多政策文件，要求对工业副产石膏进行治理和资源化利用。目前，我国工业副产石膏的总体综合利用率约为60%，在建材方面，工业副产石膏主要用于制水泥缓凝剂、纸面石膏板、抹灰石膏、石膏砖等；在化学利用方面，工业副产石膏可用于制硫酸联产水泥或氧化钙、硫酸铵等产品。

4.3　交通和建筑部门

4.3.1　新能源汽车

传统汽车以化石能源为燃料,不仅加剧了能源的消耗,还会排放大量的温室气体,加快气候变暖进程,威胁人类的生存环境。因此,发展新能源汽车是我国应对能源危机以及气候危机,实现双碳目标的重要举措。

新能源汽车主要是指采用非常规的车用燃料作为动力来源的汽车。目前的新能源汽车多采用电能、太阳能、氢能作为动力来源,并且以电能为主。

从"十五"时期起我国就开始了对电动汽车的技术研发,并确立了"三纵三横"的研发布局。经过20年的技术研发和试点推广,我国新能源汽车技术有了非常大的进步和发展,产品种类从以纯电动汽车为主转变为纯电动汽车和混合动力汽车共同发展,核心部件中的高压电池和电机等在安全性能和使用性能方面也有了很大提升。目前,我国新能源汽车已经进入了商业化运营期。根据中国汽车工业协会统计的数据,2020年我国新能源汽车的产销分别达到了136.6万辆和136.7万辆,截止到2021年11月底,新能源汽车的市场渗透率已达到20.8%。

未来,电动汽车、氢能源汽车等新能源汽车必然会全面替代传统能源汽车,从根本上改变交通领域形态,实现清洁化、互动化、智能化,助力实现双碳目标。

4.3.2　绿色建筑

早在20世纪80年代,中国就已经出现了建筑节能的观念。到了2005年,绿色建筑的概念被引入我国并开始广泛传播。在绿色建筑发展的这十几年里,我国的绿色建筑从无到有、从地方到全国快速发展起来,绿色建筑技术也有了很大进展。

光伏建筑一体化(Building Integrated Photovoltaic,BIPV)是一种将传统建筑与太阳能发电装置组合在一起,在发挥传统建筑功能的同时进行光伏发电,为负载提供一部分能量的设计，既可以节省空间，又可以更充分地利用太阳能资源，实现光伏发电。BIPV有两种形式：光伏发电设备作为建筑物的附加系统；光伏发电设备与建筑物相集成。BIPV既可以并网使用，在发电量超过本地负载时为电网供电，在发电量不足时使用电网电能，也可以脱离电网独立使用，在电网无法覆盖的偏远地区为当地供电，具有很强的灵活性。

近零能耗建筑（Nearly Zero Energy Buildings）指能耗趋近于零的建筑，作为国际上快速发展的能效高且体验舒适的建筑，是实现建筑节能减排、应对气候变化的重要途径。我国对相关技术的引进相对较晚，2019年8月颁布了《近零能耗建筑技术标准》，首次对我国的超低能耗建筑、近零能耗建筑、零能耗建筑等相关概念进行了界定。实现建筑近零能耗的措施包括提升围护结构热工性能与气密性、被动式建筑设计优化节能、提升能源设备系统能效以及充分利用可再生能源技术等。

除此之外，在建筑领域还可以通过使用照明控制系统、节水空调系统、自动通风系统、节能材料、高效保温隔热玻璃及遮阳调光装置等节能技术来实现减排降耗。

中国作为全球城市化建设规模最大的国家，在绿色建筑方面有很大的发展空间，进一步重视建筑领域的节能减排技术发展，通过新技术、新材料、新模式推进绿色建筑发展，对实现双碳目标将具有重要意义。

4.4 储能行业

4.4.1 抽水储能技术

抽水储能是在电力负荷低谷期，当把水从下池水库抽到上池水库时将电能转化成重力势能储存起来，综合效率在70%~85%，应用在电力系统的调峰填谷、调频、调相、紧急事故备用等方面。

抽水储能电站调峰填谷具有明显的节煤作用,一是减少了火电机组参与调峰启停次数,提高火电机组负荷率并在高效区运行,降低机组的燃料消耗。二是在经济调度情况下,低谷电由系统中煤耗最低的基荷机组发出,而高峰电由系统中煤耗最高的调峰机组发出。抽水储能电站用高效低煤耗机组发出的电来替代低效高煤耗机组发出的电,从而实现电力系统有效节能减排。

抽水储能电站是目前应用最为广泛的储能电站,也是技术最为成熟的大规模储能技术之一。截至 2020 年第一季度,抽水储能占我国储能方式的 93.2%。2016 年至 2019 年我国抽水储能装机规模增速呈现逐年下降的态势,从 2016 年的 17.37% 下降至 2019 年的 0.9%,我国抽水储能技术已经成熟。

抽水储能的储能成本是目前不同类型储能成本中最低的。抽水储能经济性较好,按同等条件连续充放电时间计算,抽水储能单位投资成本仅为电化学储能的 30%~50%,而寿命却是其 3~5 倍。但抽水储能建设最大的问题在于前期投入比较高,业内专家估算,当前 120 万千瓦抽水储能电站投资规模在 70 亿元左右,这也就限制了一些中小企业自己建抽水储能电站的可能性。大多数新能源配储能的时候都会选电化学储能的方式,因为抽水储能的储能规模非常大,一般风电、光伏的项目发电量有限,不需要配这么大的储能。

根据国家能源局发布的《水电"十三五"规划》,到 2020 年年底我国抽水储能的累计装机规模达到 38GW。2020 年为我国"十三五"的收官之年,而截至 2019 年我国抽水储能装机进度仅完成 79.6%,未来仍有巨大的发展空间。

4.4.2 压缩空气储能技术

压缩空气储能(Compressed-Air Energy Storage,CAES)是指在电网负荷低谷期将多余的电能用于压缩空气,在电网负荷高峰期将压缩的空气释放推动汽轮机发电的储能方式。压缩空气储能与抽水储能齐名,也是一种物理储能方式,具有工作时间长、运行寿命长、经济性能好、充放电循环快等优点,可以实现大容量和长时间电能存储。

压缩空气储能在规模上仅次于抽水储能，适合建造大型电站，因为使用的原料是空气，不会燃烧，也不会产生有毒有害气体，所以可靠性和安全性都很高。如果维护较好，那么可以使用40~50年，并且效率可以达到60%左右。基于这些原因，我国许多并不具备建设抽水储能电站自然条件的地区，特别是远离消费中心的大型风电场和太阳能发电厂，都可以选择压缩空气储能来解决大规模储能不足的问题。

目前国际上投入商业应用的大型压缩空气储能电站有两家，分别是德国的Huntorf电站和美国的Mclntosh电站，二者在发电阶段都是通过将洞穴中排出的高压空气先在燃烧器内与天然气掺混燃烧，温度提升后进入膨胀机做功。Huntorf电站的两个地下岩洞储气库的总容积为31万立方米，实际运行效率为42%；Mclntosh电站的一个地下岩洞储气库的总容积为56万立方米，该电站因为增加了膨胀机排气余热回收利用装置，节省了天然气的消耗，所以实际运行效率比Huntorf电站要高，达到54%。但这两个电站采用的都是传统天然气补燃方式，实际运行效率均低于60%，可见，压缩空气储能技术的研发还存在很大空间。

压缩空气储能因具有规模大、灵活性强等特点，被认为具有较大的发展潜力，未来随着新型电力系统的构建，将被广泛应用于电力系统调峰调频、促进可再生能源并网消纳等领域。

4.4.3　制氢储能技术

在新能源体系中，氢能是一种理想的二次能源，与其他能源相比，氢的热值高，能量密度（140MJ/kg）是固体燃料（50MJ/kg）的两倍多，且燃烧产物为水，是最环保的能源，氢被认为是最有希望取代传统化石燃料的能源载体。氢能源可以实现气、液、固三态存储，存储过程自耗少、能量密度高、生产方式多样，将具有强烈波动特性的风能、太阳能转换为氢能，更利于储存与运输。所存储的氢气可用于燃料电池发电，或单独用作燃料气体，也可作为化工原料。

电解水制氢是获得氢最简单、应用最广泛的方法，但从能量的转换和生产成本的角度来说,电解水制氢也是最不经济的,工业制氢一般不采用这种方式。当前国内制氢主要还是依靠化石能源,电解水制氢占比非常有限。随着氢储能相关技术的发展和建造成本的下降,未来风、光等可再生能源制氢的规模会越来越大,我国氢能源结构会越来越清洁化。

近年来我国氢能燃料电池技术整体上取得了长足发展,但存在主要部件依赖进口、电堆和系统可靠性需提高、标准体系需健全完善等问题,这些问题仍是制约氢储能系统发展的关键因素。

在低碳发展和能源转型的背景下,氢能产业迎来了新的发展机遇。在国家层面,国内氢能产业加速规划布局,《国家创新驱动发展战略纲要》《"十三五"国家战略性新兴产业发展规划》等文件均鼓励氢能产业发展。2020年12月,国家发布的《新时代的中国能源发展》白皮书明确提出:加速发展"绿氢"制取、储运和应用等氢能产业链技术装备,促进氢能燃料电池技术链发展;支持能源各环节各场景储能应用,着力推进储能与可再生能源互补发展。在国家政策的引领下,氢能源的应用会被愈加重视,"十四五"期间将迎来新的发展机遇。

4.5 负碳排放技术

4.5.1 碳捕集、利用与封存技术

碳捕集、利用与封存(Carbon Capture, Utilization and Storage, CCUS)技术是一项针对温室气体的减排技术,能够大幅减少使用化石燃料的温室气体排放,涵盖二氧化碳捕集、运输、利用与封存4个环节。在常见的3种减排方法(即提高能源利用效率、CCUS以及清洁能源替代)中,CCUS技术被认为是短期内控制温室气体排放的最重要的技术手段。

CCUS项目的实施始于20世纪70年代,根据领先的新技术行业研究公司壹行研(Innova Research)对全球CCUS项目的统计,美国和欧洲一些国家在20世纪70

年代至80年代开始进行二氧化碳捕集和地质封存项目的建设。其中，美国在碳捕集项目相关研究与应用上开展较早且相对成熟，无论是项目数量、捕集规模还是二氧化碳输送管网均位居世界第一，截至2020年12月，美国的工业规模CCUS项目二氧化碳捕集能力达到2 500万吨，二氧化碳输送管道超过了8 000千米。

中国CCUS项目起步相对较晚，其中大部分相关项目是从2000年以后开始逐步实施的。这些项目最初的技术路线与欧美国家相似，也是从地质封存以及二氧化碳驱油技术的运用开始。二氧化碳驱油是一种把二氧化碳注入油层中以提高油田采收率的技术。该技术一般可提高原油采收率7%~15%，延长油井生产寿命15~20年。在世界范围内，注气驱油技术已成为产量规模居首位的强化采油技术，在气驱技术体系中，二氧化碳驱油兼具经济和环境效益。石油行业探索应用二氧化碳驱油技术的历史可追溯到20世纪中叶，经过几十年的发展，二氧化碳驱油已成为提高采收率的关键技术，并且已成熟应用于美国和欧洲主要石油公司。随着全球应对气候变化的压力逐渐增大，石油行业在发展CCUS产业方面形成了一定的共识，世界五大石油公司均在产业链的不同环节开展布局与实践。

自2010年起，中国的CCUS项目开始出现多种二氧化碳利用的技术路线，其中包括发电厂的燃烧前捕集、热电联用以及生产食品级二氧化碳等，利用催化加氢等手段将二氧化碳升级为甲醇等化工原料、二氧化碳基塑料等技术路线也开始崭露头角，我国CCUS技术正在高速发展。

二氧化碳捕集主要有燃烧前捕集、燃烧后捕集和富氧燃烧捕集3种技术路线，我国目前的燃烧前物理吸收法已经处于商业应用阶段，而燃烧后化学吸收法也已经处于中试阶段。

2020年11月，华能清洁能源技术研究院开发出我国首套1 000吨/年"相变型"二氧化碳捕集工业装置，成功实现了72小时连续稳定运行。经测算，该技术可使碳捕集所需再生溶液量减少40%~50%，显著降低了CCUS的成本。

2021年1月，中国石化宣布，中国首个百万吨级CCUS项目——齐鲁石化-胜利油田CCUS项目即将建成投产，涵盖碳捕集、利用和封存3个环节，该项目每年可减排二氧化碳 100 万吨，相当于近 60 万辆经济型轿车停开一年。

截至 2020 年年底，全球正在运行的大型 CCUS 示范项目超过 30 个，每年可捕集和封存 4 000 万吨二氧化碳，其中美国驱油利用二氧化碳已达 1 000 万吨以上。目前，中国的 CCUS 技术整体上还处于工业示范阶段，CCUS 示范工程投资主体基本是国内大型能源企业，已投运或建设中的 CCUS 示范项目约为 40 个，全流程初始投资及维护的单位成本超千元/吨，每年可捕集 300 万吨的二氧化碳。

4.5.2　直接空气捕集技术

直接空气捕集技术（Direct Air Capture，DAC）是直接从空气中去除二氧化碳，并永久转化和封存的技术，也是一项实现二氧化碳负排放的技术。DAC 可以对小型化石燃料燃烧装置以及交通工具等分散型排放源排放的二氧化碳进行捕集，可以直接降低大气中的二氧化碳浓度。

直接空气捕集技术中常用的材料有分子筛和 MOF 材料、碱/碱土金属盐、胺功能化材料以及变湿吸附。分子筛因其优良的孔道可调控性，包括孔径大小、形状和孔壁性质等，可灵活改变与二氧化碳的相互作用，进而实现对二氧化碳的捕集，并且它的成本较为低廉；碱/碱土金属盐是利用二氧化碳与碱反应产生碳酸盐来对二氧化碳进行捕集，包括液相碱/碱土金属氢氧化物和固体碱/碱土金属碳酸盐；胺功能化材料是利用胺与二氧化碳之间的化学反应对二氧化碳进行捕集，包括胺功能化无机材料、胺功能化有机材料；变湿吸附材料则是一种新型的、节能的捕集材料，该材料随着湿度变化会表现出不同的亲和度，从而实现对二氧化碳的捕集，最初的变湿吸附材料的单位捕集成本约为 115 美元/吨二氧化碳。在这四种材料中，胺功能化材料和固体碱等化学吸附材料的应用前景相对较好。目前，DAC 尚处于商业化初期，单位捕集成本为 88~228 美元/吨二氧化碳。

4.5.3　生物质能碳捕集与封存技术

IPCC 第五次评估报告中提出二氧化碳移除技术（Carbon Dioxide Removal，

CDR）是未来实现全球升温稳定在低水平的关键技术，包括生物质能结合碳捕集与封存、植树造林和再造林、土地恢复和土壤碳封存、直接从空气中进行碳捕集、增强风化作用和海洋碱化等。其中生物质能碳捕集与封存（Bioenergy with Carbon Capture and Storage，BECCS）技术是一种结合生物质能和二氧化碳捕集与封存来实现温室气体减排的技术，包括了生物质能利用和碳捕集与封存（CCS）两个阶段，是这两种技术的耦合。有关生物质能利用方面已在前面电力系统发电环节进行了介绍，我国生物质能丰富，生物质发电发展迅速，但在一些先进的生物质能利用技术，如纤维素乙醇、F-T合成生物燃料和生物质气化联合循环发电技术上，尚不成熟。CCS技术则是CCUS的早期形式，包括对碳的捕集、运输和封存3个阶段，CCUS在CCS的基础上增加了对碳的利用环节。国外有学者表示："BECCS的收益远远超过了成本，就成本而言，BECCS的表现比直接空气捕集要好。"截至2019年，全球已有的BECCS示范项目一共有27个，主要分布在美国和欧洲，但很多已经取消或搁置，而中国在BECCS方面的研究则相对较少。2021年中国二氧化碳捕集、利用与封存年度报告指出，若要实现碳中和目标，2060年生物质能碳捕集与封存（BECCS）和直接空气碳捕集与封存（DACCS）分别需要实现减排3亿~6亿吨和2亿~3亿吨二氧化碳。

4.5.4　储能电池技术

（1）锂离子电池。锂离子电池以其长寿命、高安全可靠性、高能量密度、低自放电率、高低温适应性强、绿色环保、生产基本不消耗水等优点，近些年来一直是储能系统电源的主要选择。数据显示，2018年全球电化学储能新增装机中，锂离子电池的占比高达94%。

但锂离子电池用于储能也存在着一些天然的缺陷：生产要求条件高、成本高、循环寿命短、存在安全隐患等。鉴于此，目前已有不少动力电池企业开始进军储能领域，生产适于搭载在储能系统上的储能电池。以国内动力电池领头企业宁德时代为例：2019年，宁德时代规模化量产循环寿命在10 000次以上的储能电池。业内人士估计，宁德时代 2022 年储能电池年出货量将达 1G 瓦时以上，对应市场占用率会提升至 14% 左右。但也有理论表明，锂离子电池的开发空间还很大，理想情况下此类电池能够做到对环境无污染，因此，锂离子电池在新能源汽车的制造领域有着十分重要的位置。

（2）钠离子电池。钠和锂具有相似的物理化学性质，且钠离子电池与锂离子电池具有相似的工作原理，钠离子电池也是一种比较合适的储能电池选择，但由于锂离子电池优异的电化学性能，因此钠离子电池没有得到广泛研究。而随着电动汽车、智能电网时代的到来，锂的需求量大大增加，但同时锂的储量有限，且分布不均，这对于发展要求价格低廉、安全性高的智能电网和可再生能源大规模储能的长寿命储能电池来说，可能是一个瓶颈问题。相比锂资源而言，钠储量十分丰富，约占地壳元素储量的 2.64%，且分布广泛、提炼简单、成本低廉，近年来得到了国内外研究人员的广泛关注。

从能量密度的角度来说，现在的钠离子电池的能量密度最多只能达到锂离子电池的一半，因此钠离子电池目前只能用在低速电动车、电动船、家庭储能等对能量密度要求较低的领域，还不能用于高速电动汽车。

从产业情况来看，目前钠离子电池的产业化还停留在初级阶段，很多研究成果只是停留在高校与研究所，离真正落地还需要一定的时间。2019 年 1 月，位于鞍山的辽宁星空钠电电池有限公司自主研发的钠离子电池进入量产阶段，世界上首条钠离子电池生产线投入运行，预计规模化生产后年产值将超过 100 亿元。钠离子电池是一个新兴的产业，在目前的中国，钠离子电池产业正在加速发展，钠离子电池是未来储能电池的重要发展方向之一。

（3）铅酸电池。铅酸电池（VRLA），是一种电极主要由铅及其氧化物制成、电解液是硫酸溶液的蓄电池。自从法国人普兰特于 1859 年发明铅酸蓄电池，至今已有 160 多年的历史。铅酸蓄电池在理论研究方面，在产品种类及品种、产品电气性能等方面都取得了长足的进步。无论是在交通、通信、电力、军事还是在航海、航空各个经济领域，铅酸蓄电池都起到了不可缺少的重要作用。

我国铅酸电池技术成熟，也是全球最大的铅酸蓄电池生产国和铅酸蓄电池消耗国。电池材料来源广泛，成本较低，其缺点是循环次数少，使用寿命短，在生产回收等环节处理不当易造成污染环境。但铅酸电池也具有一定的优势，比如，铅酸电池可以通过回收后进行再次利用，原材料的价格也较为便宜。因此，铅酸电池在市场上仍然抢手并被广泛使用，市场占有率很高。

（4）液流电池。液流电池一般称为氧化还原液流电池，是一种新型的大型电化学储能装置，正负极全使用钒盐溶液的称为全钒液流电池，简称钒电池。全钒液流电池是一种新型蓄电储能设备，不仅可以用作太阳能、风能发电过程配套的储能装置，还可以用于电网调峰，提高电网稳定性，保障电网安全。

与其他储能电池相比，液流电池具有设计灵活、充放电应答速度快、性能好、电池使用寿命长、电解质溶液容易再生循环使用、选址自由度大、安全性高、对环境友好、能量效率高、启动速度快等优点。

第 5 章　石家庄市："双碳"目标

5.1　石家庄市的基本情况

5.1.1　地理位置——地处京津冀地区

从地理位置上看，石家庄市位于北纬37°27′~38°47′，东经113°30′~115°20′，地处华北平原腹地，地势平坦，铁路、公路交通四通八达，京广铁路、石德铁路、石太铁路都经过此地。

石家庄市地理位置优越，往东与渤海之间仅相隔一个衡水市，同时北望京津，与资源型大省山西也相距很近，属于环渤海湾经济区。同时，作为河北省的省会，石家庄市承担着河北省政治中心、经济中心、文化中心和信息中心的角色，也是京津冀一体化布局中的一个重要组成部分。

2015年发布的《京津冀协同发展规划纲要》中，第一次从国家的战略角度对河北省进行谋划，第一次系统地制定了支持河北省发展的政策措施，也是第一次把解决河北省与北京、天津两个直辖市之间发展差距的问题上升到了国家层面来进行规划部署。

在石家庄市"十四五"规划中，交通方面重点推进"三个交通圈"的构建，加快建设以高速铁路、城际铁路、高速公路和航空为主体的现代化综合交通网络，建成国家重要的交通枢纽；持续推进高速公路"5+3"项目建设，形成"两环五纵五横"的高速路网格局，增强与京津及周边城市的联系，进一步强化省会对晋、冀、鲁、豫区域的辐射作用。总体而言，石家庄市作为河北省省会城市，在政策的支持下必将有所作为。同时，石家庄市未来的发展方向也被明确为京津冀区域中心城市和冀中南中心城市，成为京津冀世界级城市群的"第三极"。

5.1.2 行政区划——"一城两岸、四组团"

2014年9月，石家庄市对其行政区划进行了调整，撤销了桥东区，把桥东区原所辖范围分别划入桥西区、长安区两区，此外，将藁城县、鹿泉县、栾城县三个县（市）转为区的建制。本次行政区划调整完毕后，石家庄市现在市辖8区14县（市），初步形成了以主城区、正定新区为"双核"，以正定、鹿泉、栾城、藁城四县（区）为"组团"，以"双核"与"组团"间生态协调区为保障的"一城两岸、四组团"的布局结构。行政区划调整大大增加了石家庄市的市辖区面积，使得石家庄市辖区面积由原来的400多平方千米增加到了2 200多平方千米，占石家庄市总行政面积的14%，这一战略举措极大地扩展了石家庄市的城市框架，提升了石家庄市省会城市功能，更有力地促进了石家庄市的发展。

目前，石家庄市也在积极进行正定新区的布局和规划，按照调整后的石家庄市城市总体规划，正定新区位于滹沱河北岸、正定古城东侧，规划面积135平方千米，现有17万人，包括正定、藁城7个乡镇62个村。2017年2月9日，石家庄市委、市政府在正定县召开领导干部会议，宣布实施正定县、正定新区"县区合一"管理体制改革。目前正定新区也正在积极申请国家级新区，一旦申请成功，将会对正定的经济起到很好的促进作用。并且正定新区距离中心城区较近，正定新区经济的发展也必将带动石家庄市经济的繁荣。

5.2 石家庄市经济、能源和环境状况

5.2.1 石家庄市经济发展状况

5.2.1.1 总体情况

2019年,石家庄市修订了2014年至2018年的地区生产总值数据,对以往地区生产总值数据进行"挤水分"。新数据与以往石家庄市统计年鉴中公布的数据差异较大。为了更准确地研究石家庄市的情况,本章和第6章所用到的石家庄市经济数据均为"挤水分"后的数据,并折算为以2018年为基年的不变价。

2020年,全国经济受到新冠肺炎疫情影响,石家庄市的地区生产总值增速也有所下跌,情况特殊不予讨论。"十一五"和"十二五"期间,石家庄市经济发展势头强劲,"十三五"以来增长速度有所放缓。2019年全年,全市地区生产总值(以2018年为基年,下同)为5 735.22亿元,比上年增长6.7%。其中三次产业产值之比为7:31:62,第三产业产值大于第二产业。根据经济发展阶段理论分析与判断,石家庄市已经属于后工业化阶段。

石家庄市地区生产总值及其增速变化情况如图5-1所示,自2005年至2020年,石家庄市地区生产总值一直是不断上升的,但是地区生产总值的增长率总体上呈现下降趋势。

2005年至2019年石家庄市人均地区生产总值与河北省和全国的比较如表5-1所示,从表中可见,2019年石家庄市人均地区生产总值为51 990.9元,高于河北省整体水平,但低于全国水平。

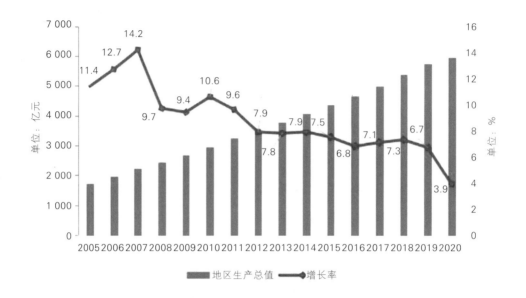

图 5-1 2005 年至 2020 年石家庄市地区生产总值及其增速变化情况（以 2018 年为基年）

表 5-1 石家庄市 2005 年至 2019 年人均地区生产总值情况（2018 年价，单位：元）

年份	石家庄市人均地区生产总值	河北省人均地区生产总值	中国人均国内生产总值
2005 年	18 696.2	18 053.2	18 415.1
2006 年	20 797.1	19 912.7	20 643.4
2007 年	23 363.6	21 824.3	23 450.9
2008 年	25 326.7	23 570.2	25 584.9
2009 年	27 397.6	25 479.4	27 861.9
2010 年	29 941.8	27 823.5	30 676.0
2011 年	32 548.7	30 522.4	41 173.1
2012 年	34 839.2	33 238.9	44 178.8
2013 年	35 959.6	35 731.8	47 359.7
2014 年	38 374.9	37 804.3	50 580.1
2015 年	40 923.9	40 110.3	53 817.2
2016 年	43 370.3	42 557.1	57 153.9
2017 年	46 042.7	45 067.9	60 697.5
2018 年	49 080.4	47 772.0	64 400.0
2019 年	51 990.9	43 642.2	67 069.1

5.2.1.2 石家庄市三次产业发展情况

石家庄市 2005 年至 2019 年产业结构变化情况如表 5-2 所示，自"十一五"以来，石家庄市的产业结构也在进行不断的优化和调整，第一产业占地区生产总值的比重一直呈现下降态势，第一产业增加值占比由 2005 年的 19.17% 持续下降为 2019 年的 7.43%，第三产业占地区生产总值的比重不断上升；"十一五"与"十二五"期间，第二产业的比重上升，"十三五"以来，第二产业的比重逐渐下降。以 2018 年为基年的价格计算，2019 年石家庄市的三次产业增加值占比分别为 7.43%、30.82%、61.75%。若是按照当年价进行计算，2019 年石家庄市的三次产业增加值占比分别为 7.7%、31.5%、60.7%。按照当年价计算，2015 年，石家庄市第三产业增加值占比（45.8%）首次超过第二产业（45.1%），从此以后，第三产业增加值占比逐年上升，第二产业增加值占比逐年下降。

表 5-2　石家庄市 2005 年至 2019 年产业结构变化情况（以 2018 年为基年）

年份	第一产业增加值占比	第二产业增加值占比	第三产业增加值占比
2005 年	19.17%	32.88%	47.95%
2006 年	17.23%	33.84%	48.93%
2007 年	15.71%	34.93%	49.36%
2008 年	14.73%	34.94%	50.32%
2009 年	13.32%	35.00%	51.68%
2010 年	12.25%	35.44%	52.32%
2011 年	11.44%	36.05%	52.51%
2012 年	10.77%	36.71%	52.52%
2013 年	10.11%	36.84%	53.05%
2014 年	9.60%	36.49%	53.92%
2015 年	9.09%	35.75%	55.16%
2016 年	8.54%	34.75%	56.71%
2017 年	8.10%	33.38%	58.52%
2018 年	7.80%	32.20%	60.00%
2019 年	7.43%	30.82%	61.75%

石家庄市三次产业的增长率变化情况如表5-3所示。从各产业增速来看，第三产业增速一直高于地区生产总值的增速，第二产业增速在"十一五"和"十二五"期间高于地区生产总值的增速，而第一产业增长较慢。

表5-3　　　　　　　　　　2006年至2019年石家庄市经济增速情况

年份	地区生产总值	第一产业	第二产业	第三产业
2006年	12.70%	0.90%	15.60%	14.60%
2007年	14.20%	2.20%	15.70%	13.10%
2008年	9.70%	3.90%	10.80%	12.90%
2009年	9.40%	0.20%	11.00%	13.80%
2010年	10.60%	2.70%	13.10%	13.10%
2011年	9.60%	4.30%	13.60%	12.10%
2012年	7.90%	3.60%	12.00%	10.00%
2013年	7.80%	2.70%	9.80%	10.50%
2014年	7.90%	2.60%	7.10%	9.90%
2015年	7.50%	2.30%	5.80%	10.50%
2016年	6.80%	0.90%	4.40%	10.40%
2017年	7.10%	2.30%	3.60%	11.30%
2018年	7.30%	3.30%	3.50%	10.00%
2019年	6.70%	1.60%	2.10%	9.80%
2006—2010年	11.32%	1.98%	13.24%	13.50%
2011—2015年	8.14%	3.10%	9.66%	10.60%
2016—2019年	6.98%	2.03%	3.40%	10.38%

按复合增速来看，石家庄市"十一五"期间复合增速为11.32%，其中第三产业复合增速最高，为13.50%，高于第二产业的13.24%；"十二五"期间，依然是第三产业复合增速最高，为10.60%，高于第二产业的9.66%；去掉特殊年份2020年，"十三五"期间，可以看到第三产业的复合增速远高于第二产业的复合增速，也高于地区生产总值的复合增速。

综上所述，石家庄市作为经济大省河北省的省会城市，地区生产总值增长较为迅速，并且随着时间的推进，石家庄市三次产业发生了较大变化，产业结构变动由主要以第二产业为主转变为以第三产业为主。

下面，我们详细分析石家庄市三次产业的发展背景和发展情况。

（1）第一产业

石家庄市地处华北平原，具有良好的农业生产条件，但是石家庄市第一产业增速缓慢，并且第一产业产值占地区生产总值的比重逐渐降低。一方面是因为石家庄市工业的发展占用了农村用地，另一方面是因为农村越来越多的年轻人开始外出打工，使得农村劳动力减少，从石家庄市的统计年鉴中可以看到，1993年石家庄市第一产业从业人员数有227万人，而到2018年石家庄市第一产业从业人员数只有144.58万人。

（2）第二产业

2005年以来，石家庄市的第二产业在地区生产总值中的比重呈现先增加后下降的趋势。从2005年的32.88%增长到2013年的36.84%，2014年开始持续下降。工业占据了石家庄市第二产业的主体，在工业企业中，规模以上企业的产值占工业总产值的93%。石家庄市工业主要是以传统的重工业为主，传统重工业占比较大。追溯到计划经济的时代，河北省曾经在地理区位优势明显、矿产资源优势突出的情况下实现了重化工业的迅速发展，并且在随后的几十年里，电力行业、钢铁行业、石化行业、建材行业等重化工业迅速成为河北省经济的支柱性产业。"十二五"以来，为打赢"蓝天保卫战"，"京津冀"推进协同治理，石家庄市进行产业结构调整，将钢铁、焦化、水泥等高耗能高污染产业迁出。调研中得知，截至2021年6月底，石家庄市传统重化工企业只剩下4家水泥厂、2家合成氨企业、2家钢铁企业、4家制药企业、1家玻璃厂和4家热电厂。传统重化工业产值大幅下降，但其他工业行业并没有加快发展速度，因此，石家庄市的工业仍然以重工业为主。2018年工业企业中产值较高的主要行业有皮革、毛皮、羽毛及其制品和制鞋业，黑色金属冶炼和压延加工业，医药制造业，石油加工、炼焦和核燃料加工业，化学原料和化学制品制造业，电力、热力生产和供应业等。

在实现"双碳"目标的大潮流之下，如何快速且稳定地发展经济，如何平稳地进行产业结构升级，是石家庄市面临的重要问题。

（3）第三产业

石家庄市第三产业发展迅速，在地区生产总值中所占比重持续增加，从2005年的47.95%增长到2019年的61.75%。

2018年，在第三产业中，增加值占比较大的行业是金融业、交通运输业、仓储和邮政业、批发和零售业以及房地产行业。其中，变化较大的是金融业和房地产业，两个行业占比较2005年均有较大提升，金融业所占比重由2005年的7%增加到2018年的18.89%，房地产业由2005年的6%增加到2018年的10.36%。

石家庄市的旅游资源十分丰富，其中既有正定古城这样的历史文化名城和赵州桥这样的名胜古迹，又有西柏坡这样的现代革命纪念地等人文资源，还有山林、湖泊、温泉等自然资源。石家庄市的旅游资源虽然开发价值很高，但是我们通过实地调研发现，这些旅游资源并没有得到充分的开发利用。如果石家庄市这些旅游资源能得到合理有效的开发和推广，必将对石家庄市第三产业的发展起到良好的带动作用。

5.2.2 石家庄市能源现状

5.2.2.1 石家庄市能源消费情况

2018年石家庄市全市一次能源消费合计3 505.83万吨标准煤。其中煤炭所占比重相当高，远超国家平均水平，为66.22%，石油所占比重为31.12%，天然气所占比重为1.92%，其他能源（风能、生物质能、太阳能和水能）所占比重为0.75%。具体比例如图5-2所示，总体来看，石家庄市的能源消费结构有待改进。

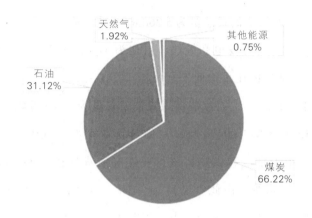

图 5-2　石家庄市 2018 年一次能源消费结构

5.2.2.2　石家庄市煤炭消费情况

为了更好地找到煤炭消费的重点领域以便制定出有针对性的政策措施，本章将煤炭消费量进行细分，分为第一产业、第二产业、第三产业、生活、发电和供热。根据以上的划分，我们将 2014 年的煤炭消费量进行拆分，如图 5-3 所示。

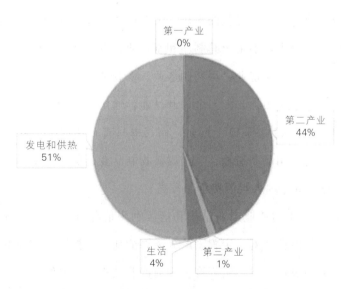

图 5-3　石家庄市 2014 年煤炭消费情况

2014年，石家庄市煤炭消费总量为5 268.83万吨。从图中可以看出，石家庄市的煤炭消费中占比最多的是发电和供热，占比为51%，其次是第二产业，占比为44%，其余部门煤炭消费的比重均低于10%。

通过调研得知，2020年，石家庄市煤炭消费总量为3 041万吨，占能源消费总量的71%，较2015年减少1 004万吨；从细分行业来看，规上工业用煤2 800万吨，其中，大部分用于发电和供热，该行业煤炭消费量在1 900万吨左右，占全市煤炭消费总量的62.48%。由此可见，"十三五"以来，石家庄市重化工行业的退出使得煤炭消费量整体有所减少，由于工业用煤大幅减少，发电和供热行业用煤比例大幅上升。

2018年石家庄市制造业各行业产值及能源消费总量比较如图5-4所示。从图中可见，石家庄市工业产值比较高的行业有皮革、毛皮、羽毛及其制品和制鞋业，黑色金属冶炼和压延加工业，医药制造业，石油加工、炼焦和核燃料加工业，化学原料和化学制品制造业，电力、热力生产和供应业等行业。其中，电力、热力生产和供应业，黑色金属冶炼和压延加工业，化学原料和化学制品制造业，非金属矿物制品业，石油加工、炼焦和核燃料加工业能源消费量较大。图5-5是2014年石家庄市制造业各行业产值及能耗、煤耗的比较，工业产值比较高的行业有农副食品加工业，纺织业，皮革、毛皮、羽毛及其制品和制鞋业，石油加工、炼焦和核燃料加工业，化学原料和化学制品制造业，医药制造业，橡胶和塑料制品业，非金属矿物制品业，黑色金属冶炼和压延加工业，金属制品业，通用设备制造业，专用设备制造业，电气机械和器材制造业等13个行业，而其中只有石油加工、炼焦和核燃料加工业，化学原料和化学制品制造业，非金属矿物制品业，黑色金属冶炼和压延加工业4个行业的能源消费量和煤炭消费量非常高。

由此可见，2018年制造业产业结构和能源利用情况有所变化，但能源消耗大户和工业产值大户仍然存在着一定程度的分离。能耗"双控"一方面取决于产业结构的调整，另一方面也可以在一定程度上倒逼产业结构转型升级。

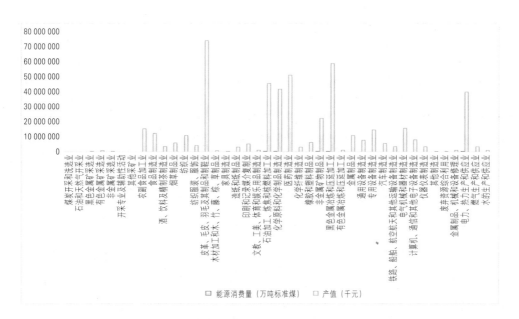

图5-4　2018年石家庄市制造业各行业产值及能源消费量比较

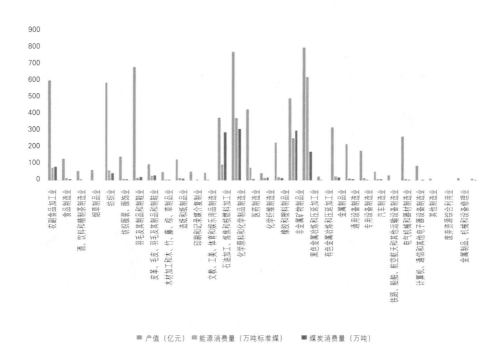

图5-5　2014年石家庄市制造业各行业产值及能耗、煤耗比较

5.2.3　石家庄市环境现状

根据生态环境部公布的2019年全国生态环境质量简况，按照环境空气质量综合指数评价，168个重点城市中，环境空气质量相对较差的20个城市（从第168名到第149名）依次是安阳、邢台、石家庄、邯郸、临汾、唐山、太原、淄博、焦作、晋城、保定、济南、聊城、新乡、鹤壁、临沂、洛阳、枣庄、咸阳和郑州，石家庄市名列其中，排名倒数第3，总体来看，石家庄市的空气质量在全国范围内排名靠后。

石家庄市区空气污染主要是"煤烟型"的污染，但是现在又有向"复合型"污染转化的趋势，主要污染物为可吸入颗粒物。经统计，2019年石家庄城市环境空气质量优良天数为185天（其中Ⅰ级天数为29天，Ⅱ级天数为156天），占总天数的50.7%，Ⅲ级天数为103天，占总天数的28.2%，Ⅳ级天数为42天，占总天数的11.5%，Ⅴ级天数为29天，占总天数的7.9%，Ⅵ级天数为6天，占总天数的1.6%。具体各级污染的天数如图5-6所示：

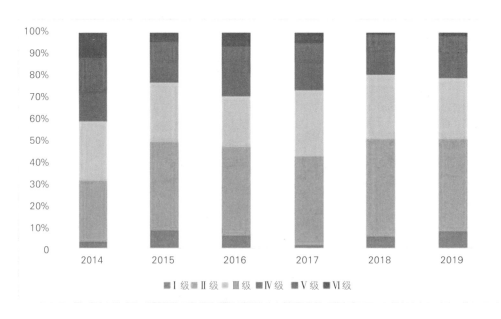

图5-6　2014年至2019年石家庄市区大气污染情况

2015年12月31日,《京津冀协同发展生态环境保护规划》正式发布,在规划中明确提出京津冀地区$PM_{2.5}$的年平均浓度到2017年应该被控制在73微克/立方米以内,到2020年,这一数值应被控制在64微克/立方米左右,较2013年的数据下降约40%。这份规划的发布,可以被认为是国家正式给京津冀地区的$PM_{2.5}$浓度画了红线,下面我们重点来看石家庄市$PM_{2.5}$的情况:

从全市$PM_{2.5}$年均浓度来看,2015年为87.5微克/立方米,2016年为95.3微克/立方米,2017年为82.2微克/立方米,2018年为74微克/立方米,2019年为63微克/立方米。可以看出,石家庄市的$PM_{2.5}$浓度呈现下降趋势,且2019年的年平均浓度已经控制在64微克/立方米以内,空气质量大幅提升,但远未达到国家空气质量二级标准。

目前,石家庄市的源解析工作已经完成,石家庄市$PM_{2.5}$源解析结果如图5-7所示:石家庄市$PM_{2.5}$来源中,市外传入的占23%~30%,本地产生的占70%~77%。其中,在占比较大的本地来源中,燃煤占比最高,达到了28.5%,工业生产、扬尘、机动车紧随其后,分别占比25.2%、22.5%、15.0%,其他生物质燃烧、餐饮、农业等占比为8.8%。

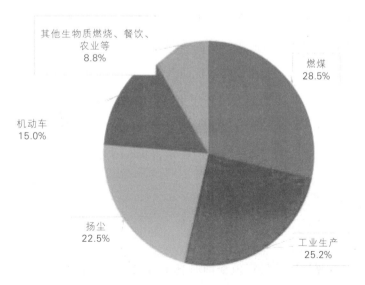

图5-7　石家庄市$PM_{2.5}$源解析结果

可见，燃煤是石家庄市$PM_{2.5}$形成的最主要因素，调整能源结构可以最大化发挥减污降碳的协同效应。

5.3 石家庄市"双碳"目标

5.3.1 碳排放与碳中和目标

石家庄市"十四五"规划指出，到2025年，石家庄市单位地区生产总值二氧化碳排放降低20%，单位地区生产总值能源消耗降低15%；要积极做好碳达峰、碳中和工作，落实2030年前碳排放达峰行动方案，探索符合石家庄市战略定位、发展阶段、产业特点、能源结构和资源禀赋的低碳发展路径。落实能源消费"双控"制度，推动煤炭消费尽早达峰。建立减污降碳协同机制，探索开展碳捕集、利用与封存试验示范，增加森林碳汇。强化非二氧化碳温室气体管控。

5.3.2 "双控"及能源结构调整

石家庄市"十四五"规划明确要求：到2025年，能源综合生产能力达到150万吨标准煤；要积极开展化石能源清洁高效利用，推动煤炭能源清洁高效利用、拓展天然气能源规模化应用、加速成品油优质升级；推动风电、光伏、氢能等非化石能源协调发展，提升可再生能源开发利用规模，促进非化石能源对化石能源的替代，推进绿色低碳转型。根据在当地调研的结论，"十四五"规划预计能源消费量增加6%~7%，用煤量下降10%，大概300万吨标准煤；光伏发电装机容量预计增加200万~300万千瓦。

5.3.3 生态红线约束

石家庄市能源控制的目标值要同时基于石家庄市"十四五"规划中大气、水资源、碳排放等生态红线确定。其中大气红线约束要求：2025年，$PM_{2.5}$浓度要控制在49微克/立方米以内，空气质量优良天数达到64%，比2020年提升8个百分点，大气污染加快退出全国"倒十"。水资源红线要求：到2025年，石家庄市全市地表水达到或好于Ⅲ类水体比例较2020年提高5.5个百分点，达到55.5%；地下水压采能力达到0.82亿立方米。同时，到2025年，石家庄市单位地区生产总值二氧化碳排放降低20%，单位地区生产总值能源消耗降低15%。

5.4　石家庄市实现"双碳"目标的有利条件和不利条件

5.4.1　石家庄市能源结构调整的有利条件

5.4.1.1　替代能源的可得性和可利用性

（1）天然气资源供应充足，"县县通"工程已基本实现

对于"双碳"目标，一方面，在同样热值的情况下，天然气的二氧化碳排放仅是煤炭的一半，有利于减少碳源；另一方面，相比煤炭来说，天然气是清洁能源，增加天然气消费占能源消费总量的比例有利于煤炭总量控制与能源清洁化利用。此外，"十三五"期间，石家庄市积极推进"煤改气"工程，单是2020年便推进了103万户家庭完成"煤改气"，平原地区烧煤情况几乎为零，大多数家庭改用天然气，天然气管网初步铺设完成。碳中和目标导向下的能源转型重点在于退煤，对于石家庄市这样煤炭消费占比较高的城市来说，相较于煤炭和石油，天然气是更清洁、排放更少的能源，并且已经建成大部分管网基础设施，因此，天然气替代煤炭是高碳能源结构走向碳中和的过渡选择，将对碳中和目标的实现发挥重要作用。

目前石家庄市天然气供应量充足，气源主要来自"西气东输"工程的陕宁二线、三线。石家庄市自2013年提出"气化石家庄"的战略后，已基本完成"县县通"工程，供气管道基本实现贯通各个县城。2020年石家庄市全年用气量为25亿立方米，较2015年的9.38亿立方米有大幅上涨。同时《河北省国民经济和社会发

展第十四个五年规划纲要》中也提到，推进天然气集输管网建设，完善支干线管网和输配管网，加强储气能力建设，因地制宜建设液化天然气点供设施，全面提升"县县通气"覆盖率。

（2）太阳能项目逐步投产

石家庄市处于太阳能资源较为丰富的地带，年辐射量为1 259~1 350千卡/平方厘米，年日照时数为2 563~2 852小时，占可照时数的58%~65%，利用太阳能的项目以每年4~5个的数量在增长。石家庄市也在发展分布式光伏发电，2019年全市光伏发电126.0万千瓦，光伏发电并网村达到124个。"十四五"规划明确指出，加快推进风能、太阳能、生物质能等可再生能源项目建设，提高非化石能源占比，重点推进灵寿抽水储能电站，赞皇、平山、灵寿等地光伏项目建设。

（3）地热资源存在应用潜力

石家庄市也有较为丰富的地热资源，近年来，石家庄市浅层地热能的开发利用呈现快速增长趋势，截至2020年1月，市区与正定县境内共有地源热泵工程40多处，其中大部分为地下水源热泵，地埋管热泵约有10处；浅层地热能利用工程供暖或制冷的建筑物面积约268.85万平方米。石家庄市地热资源的有效利用可以促进能源结构调整。

（4）依托特高压电网增加外来电力

石家庄市是特高压输电网络的节点城市，雄安—石家庄1 000千伏特高压交流输变电工程已经完工并正式投入运行，潍坊—临沂—枣庄—菏泽—石家庄1 000千伏特高压交流工程也正式投入运营。石家庄节点是连接蒙西—天津南工程和榆横—潍坊的特高压交流工程的重要节点，加强了华北地区特高压电网主网架。"十四五"时期，石家庄市谋划500千伏滹沱河和石南2座变电站建设，结合石家庄市电网5座500千伏变电站及省外陕西—山西—石家庄6回联络线，省内500千伏线路20回，形成桂山—石北—滹沱河—辛集—廉州—石南—元氏环网结构；谋划建设220千伏红旗、解放、石钢、国际、裕翔等变电站，规划建设县域220千伏变电站16座，容量636万千伏安，有序建设县域110千伏变电站51座，容量542.4万千伏安，到 2025 年，每个县由 2 座及以上 220 千伏变电站和 2 座及以上 110 千伏变电站供电。预计依托国家特高压电网工程建设，高标准谋划建设高压输电线路和变电站，加快城乡配电网建设改造升级，逐步解决电厂围城问题，增加外来电力比例，解决经济发展高度依赖煤炭消费的情况，促进产业结构转型升级，实现经济高质量发展；增加外来绿色电力，促进经济增长和碳排放脱钩，有利于实现碳中和。

（5）屋顶分布式光伏发电有待发展

石家庄市发展屋顶分布式光伏潜力较大。工业厂房、设施农业、家庭屋顶等都可以发展光伏电站，仅工厂而言，石家庄市目前已经实现县（市、区）都有省级园区，可依托的厂房面积非常充足，但目前真正做到在屋顶上建起这个"微电厂"的还比较少。2021 年 6 月 20 日，国家能源局发布《整县（市、区）屋顶分布式光伏开发试点方案》，再次为屋顶分布式光伏开发注入强心剂。充分利用城市公共建筑、产业聚集区、工业园区屋顶等区域，推广应用分布式光伏发电系统，是未来依托可再生能源的新型电力系统重要内容。

5.4.1.2　京津冀一体化带来的能源结构调整

《京津冀协同发展规划纲要》已经印发实施，提出河北省要成为"产业转型升级试验区、京津冀生态环境支撑区"。这两个定位是河北省未来发展的方向，未来河北省的产业结构转型升级和成为生态环境支撑区的压力会倒逼河北省能源结构优化调整，作为河北省省会的石家庄市也相应地会有节能减排的压力，这种压力不只是来自石家庄市内部的压力，还包括国家和省传导过来的压力，有利于石家庄市的能源结构调整。

5.4.1.3　交通、建筑领域能源结构调整潜力大

石家庄市在"十四五"规划中明确提出，要继续实施"公转铁"工程，推进铁路主导大宗及中长距离货物运输，统筹"油、路、车"治理，加强柴油货车污染排放执法监管，推广使用新能源和清洁能源汽车，鼓励老旧车辆提前淘汰，到 2025 年城市公交车、出租车、物流配送车、渣土车、邮政车全部更换为新能源汽车；要深入开展绿色建筑行动，加大既有建筑节能改造力度，推广被动式超低能耗建筑和

装配式建筑，到 2025 年全市城镇绿色建筑占新建建筑的比例达到 95% 以上。

5.4.2　石家庄市能源结构调整的不利条件

5.4.2.1　替代能源的可得性和可利用性

（1）人均地区生产总值较低，天然气承受能力有限

虽然石家庄市天然气供给比较充足，但是相对于石家庄市较低的地区生产总值来讲，价格依旧较高，工业企业承受能力有限。通过调研得知，"十三五"期间工业用气量几乎没有上升。自 2021 年 4 月 1 日起，石家庄市主城区（新华、桥西、裕华、长安、高新）和循环化工园区非居民用管道天然气最高销售价格调整为 3.02 元/立方米，相较于其他能源来说天然气成本仍然偏高。

（2）可再生资源匮乏

石家庄市水能和风能资源都比较匮乏，不能通过对水能或者风能的利用来实现煤炭消费总量的减少。太阳能资源也不多，且光伏板占地面积大，可拓展的空间较少。

5.4.2.2　高耗能产业已大量迁出，重点行业节能减排潜力小

为打赢"蓝天保卫战"，自"十三五"以来，石家庄市积极推进重点行业产能压减，围绕削减煤炭消费量，重点推进钢铁、水泥、焦化、火电等行业压减产能，"散乱污"企业整治基本完成，高耗能高污染企业持续退出，2020 年高耗能企业仅存 50 多家，相较于"十一五"时期减少了 100 多家。耗煤量最大的发电供热行业也都实现了超低排放与深度治理。总体来看，石家庄市高耗能行业去产能已经完成目标，节能减排潜力较小。

5.4.2.3　京津冀一体化或致未来承接耗煤产业

在京津冀一体化的过程中，河北省势必会承接北京或天津的一部分产业，石家庄市也会承接一些产业，目前已经确定的是北京金隅水泥厂将落户石家庄市，此类项目会在绝对量上提高石家庄市的煤炭消费总量，这也是石家庄市控制煤炭消费和调整能源结构的不利因素。

5.5　石家庄市的能源结构调整措施

经过实地调研和查阅数据可知，石家庄市煤炭消费总量中有 62.48% 左右是发电和供热行业消费的，高耗能行业大量退出，工业增加值占比有所下降，整体经济发展速度有所放缓。结合经济发展目标与节能减排目标，石家庄市在"十四五"规划中明确了能源结构调整措施。

加快构建绿色低碳产业体系：实施制造业重点专项绿色改造，开展制造业绿色发展示范工程，推进生物医药、化工、钢铁等行业工艺技术装备绿色改造。鼓励企业实施绿色战略、绿色标准、绿色管理和绿色生产，推行"互联网+绿色制造"模式，开发绿色产品，建设绿色工厂，打造绿色供应链，构建绿色制造体系。大力发展节能环保、清洁生产和清洁能源产业。在钢铁、火电、水泥、化工等重点行业推广低碳节能技术改造，控制工业领域温室气体排放。加快构建绿色低碳的综合交通运输体系，实施一批绿色公路、绿色机场等示范工程。全面推行清洁生产，推进钢铁、石化、建材、纺织、食品等重点行业强制性清洁生产审核。

具体来说有以下几个方面：

（1）优化能源结构。充分利用西气东输、西电东送的西北清洁能源，依托特高压电网，增加外来电力比例，持续控煤减排，优化能源结构。

（2）实施热电退城压减替代。实施热电退城搬迁工程，推进燃煤电厂清洁能源替代，以热定电、压减发电，逐步实现热电联产企业由发电为主向供热为主转变。

（3）改善农村环境。推进农村清洁取暖工程，提高农村光热、电热、生物质锅炉采暖比例。

（4）改善运输结构。加快推进大宗物料运输"公转铁"，发展绿色低碳交通体系。严格限制重型车辆入市，加快重型载货汽车绕城路线规划控制，逐步实现市区公交、出租、市政车辆的新能源化。

（5）实施重污染企业退城搬迁。加快"退二进三"步伐，积极推进不符合城市功能定位的钢铁、化学合成和生物制药、有色金属、化工等重污染企业退出城市建成区。

第6章　石家庄市：基于系统动力学模型的"双碳"方案

6.1　潜力分析

石家庄市系统动力学模型总体上分为基准情景和"双碳"情景。基准情景下，石家庄市采取现有的政策措施和节能减排技术，没有更进一步的措施、投资和新技术引进。"双碳"情景描述的是以"碳达峰、碳中和"为目标，立即进行"双碳"布局，在基准情景下加快转型升级，推动产业结构、能源结构进一步优化，2030年之前实现碳达峰，碳达峰后立即着手推进碳中和，争取2060年实现碳中和。

根据第3章的论述，碳排放和能源消费总量控制政策总体上可以分为三大类：经济结构调整、能源结构优化、能源效率提高。本章的情景模拟部分也分经济结构调整、能源结构优化、能源效率提高这三部分进行情景的设计。

6.1.1　经济结构调整

经济结构的调整分为第一、二、三产业的调整，以及产业内部主要是第二产业内部行业的调整。本部分所指的主要是第一、二、三产业结构的调整，而产业内部尤其是第二产业内部结构的调整，将在后面的"能源结构优化"这一部分进行论述，因为产业结构的调整必然伴随着能源结构的优化，正是由于第二产业内部结构的调整才导致了第二产业能源消费结构的优化。

经济结构的调整会影响石家庄市的碳排放和能源消费总量，可以从三个方面来理解：

第一，从单位产值的能源消费量来看，第二产业的能源强度是最高的，远高于第一产业和第三产业。

第二，从总能耗来看，第二产业的能源消费量比第一产业和第三产业都要高。

第三，从能源消费结构来看，第二产业的能源消费中煤炭占比高于第一产业和第三产业。

所以，要通过经济结构的调整来影响石家庄市的碳排放和能源消费总量，最为重要的是要促进第二产业转型升级，实现清洁、高质量发展。

基准情景下，按照现有的"保一产、提二产、增三产"的经济结构变化趋势，加快发展现代产业，改造提升钢铁、化工、建材、纺织、食品等传统产业，由此可知，石家庄市计划提高第二产业发展速度，大力发展高质量工业。因此，第二产业与第三产业的发展速度应相差无几，到2030年，第一产业的结构占比为5.2%，第二产业的结构占比为32%，第三产业的结构占比为62.8%；到2035年，第一产业的结构占比为3.1%，第二产业的结构占比为31.9%，第三产业的结构占比为65%。

"双碳"情景下，石家庄市作为河北省的省会城市和首都政治"护城河"排头兵，不仅要坚决贯彻落实"双控"目标，还要推动煤炭消费尽早达峰，提早进行碳中和布局，所以"双碳"情景下2030年第二产业的占比应小于基准情景下2030年第二产业的占比。石家庄市是"京津冀"世界级城市群的重要一极，也是河北省全省的政治、经济、科技、金融、文化和商贸物流中心，同时，也被规划为未来全国重要的战略性新兴产业和先进制造业基地，转型升级、绿色崛起示范城市，科技创新及成果转化基地。可以预见，未来几年石家庄市经济结构将步入一个快速调整期。

总体来看，石家庄市在产业结构调整、能源结构调整方面决心很大、潜力也很大。所以本章将"双碳"情景下2030年的产业结构调整为5.2∶30∶64.8，2035年的产业结构调整为3.1∶29∶67.9。

石家庄市基准情景和"双碳"情景下的经济结构调整情况如表6-1所示。

表 6-1　　　石家庄市基准情景和"双碳"情景下的经济结构调整情况

年份	第一产业增加值比例	第二产业增加值比例	第三产业增加值比例
基准情景	2018→2030→2035	7.8%→5.2%→3.1%	32.2%→32%→31.9%	60%→62.8%→65%
"双碳"情景	2018→2030→2035	7.8%→5.2%→3.1%	32.2%→30%→29%	60%→64.8%→67.9%

6.1.2 能源结构优化

根据石家庄市系统动力学模型，需将能源结构划分为第一产业能源结构、第二产业能源结构、第三产业能源结构、居民生活能源结构、发电能源结构、供热能源结构。

按照我们的调研结果，对于石家庄市而言，可再生能源比例会逐步提高，天然气将是石家庄市能源结构优化的主要替代能源。

6.1.2.1 第一产业能源结构

对于第一产业结构的能源消费而言，由于其能源消费量占比较少，2018年第一产业的能源消费量约占社会总能耗的2.56%，而且第一产业内部的能源消费结构变化并没有非常明显的趋势，所以本部分不考虑第一产业内部的能源消费结构变化，可以粗略认为，第一产业能源消费结构在2030年与2018年相同。

6.1.2.2 第二产业能源结构

第二产业中煤炭占能源的比例，用公式可以表示为：

$$Coal_z = \frac{Coal}{E} = \sum \frac{E_i}{E} \times \frac{Coal_i}{E_i}$$

其中 $Coal_z$ 表示的是第二产业中煤炭占第二产业能源消费的比例，E_i 表示第二产业内部 i 行业的能源消费量，E 表示第二产业的能源消耗，$Coal_i$ 表示第二产业中 i 行业的煤炭消费量。从而，在假定同一行业内部能源消费结构不变的前提下根据不同行业能源消费量占比的变化，可以确定出煤炭在第二产业能源消费量中占比情况的变化。

因为模拟的基准年为2018年，所以本章参考2018年石家庄市的能源数据来调整2030年、2035年的数据，主要是对2030年、2035年的各部门能源消费占第二产业能源消费总量的比重进行调节。第5章提到，电力、热力生产和供应业，黑色金属冶炼和压延加工业，化学原料和化学制品制造业，非金属矿物制品业，石油加工、炼焦和核燃料加工业能源消费量较大。在基准情景下，石家庄市计划改造提升传统钢铁、化工、绿色建材、食品加工、纺织行业，大力发展工业，因此，第二产业的能源消费量会上升，尤其是电力、热力生产和供应业的能源消费应该增加，计划改造提升的传统工业行业用能比例也应该增加。非金属矿物制品业，石油加工、炼焦和核燃料加工业等行业的能源消费占第二产业总能耗的比例应该减小。另外，石家庄市大力发展现代产业，新一代信息技术产业、生物医药健康产业、先进装备制造业、节能环保产业等产业的能耗占第二产业总能耗的比例应相应增加。"双碳"情景下，石家庄市产业结构调整更加深刻，计划改造提升的传统行业中，高耗能的电力、热力生产和供应业，黑色金属冶炼和压延加工业，化工行业的能源消费应少于基准情景，"4+4"现代产业的能耗占比增加更多。

石家庄市第二产业内部各行业的能耗情况如表6-2所示。

表6-2　　　　　　　　　石家庄市第二产业内部各行业的能耗情况

项目名称	能源占比		
	2018	2030（基准）	2030（"双碳"）
总 计	100%	100%	100%
黑色金属矿采选业	0.002%	0.002%	0.002%
有色金属矿采选业	0.012%	0.011%	0.014%
非金属矿采选业	0.002%	0.001%	0.002%
农副食品加工业	0.297%	0.429%	0.527%
食品制造业	0.398%	0.575%	0.706%
酒、饮料和精制茶制造业	0.171%	0.165%	0.202%
烟草制品业	0.029%	0.028%	0.035%
纺织业	0.793%	1.147%	1.408%

项目名称	能源占比		
纺织服装、服饰业	0.094%	0.135%	0.166%
皮革、毛皮、羽毛及其制品和制鞋业	0.079%	0.114%	0.141%
木材加工和木、竹、藤、棕、草制品业	0.238%	0.345%	0.423%
家具制造业	0.020%	0.019%	0.023%
造纸和纸制品业	0.568%	0.273%	0.269%
印刷和记录媒介复制业	0.114%	0.055%	0.054%
文教、工美、体育和娱乐用品制造业	0.019%	0.018%	0.022%
石油加工、炼焦和核燃料加工业	7.089%	3.416%	3.356%
化学原料和化学制品制造业	13.145%	13.934%	12.445%
医药制造业	3.072%	5.921%	10.907%
化学纤维制造业	0.730%	0.704%	0.864%
橡胶和塑料制品业	0.495%	0.477%	0.586%
非金属矿物制品业	10.573%	5.094%	5.005%
黑色金属冶炼和压延加工业	25.648%	27.185%	24.282%
有色金属冶炼和压延加工业	0.039%	0.056%	0.050%
金属制品业	0.780%	1.503%	2.768%
通用设备制造业	0.188%	0.362%	0.667%
专用设备制造业	0.124%	0.239%	0.441%
汽车制造业	0.091%	0.176%	0.324%
铁路、船舶、航空航天和其他运输设备制造业	0.070%	0.134%	0.248%
电气机械和器材制造业	0.159%	0.306%	0.563%
计算机、通信和其他电子设备制造业	0.140%	0.270%	0.498%
仪器仪表制造业	0.005%	0.010%	0.019%
其他制造业	0.005%	0.005%	0.006%
废弃资源综合利用业	0.026%	0.025%	0.031%
金属制品、机械和设备修理业	0.014%	0.013%	0.016%
电力、热力生产和供应业	34.731%	36.813%	32.882%
燃气生产和供应业	0.005%	0.005%	0.006%
水的生产和供应业	0.037%	0.036%	0.044%

与此同时，对第二产业的各行业按产值能耗分成了三类：高耗能行业、中耗能行业、低耗能行业，如表6-3和表6-4所示。

表6-3　　　　　　　　　　第二产业各行业按产值能耗分组

高耗能行业	中耗能行业	低耗能行业
石油加工、炼焦和核燃料加工业 造纸和纸制品业 化学纤维制造业 木材加工和木、竹、藤、棕、草制品业 化学原料和化学制品制造业 黑色金属冶炼和压延加工业 非金属矿物制品业 电力、热力生产和供应业	其他制造业 家具制造业 酒、饮料和精制茶制造业 废弃资源综合利用业 医药制造业 黑色金属矿采选业 金属制品业 纺织业 有色金属矿采选业 橡胶和塑料制品业	皮革、毛皮、羽毛及其制品和制鞋业 燃气生产和供应业 仪器仪表制造业 烟草制品业 专用设备制造业 电气机械和器材制造业 金属制品、机械和设备修理业 非金属矿采选业 汽车制造业 计算机、通信和其他电子设备制造业 农副食品加工业 铁路、船舶、航空航天和其他运输设备制造业 文教、工美、体育和娱乐用品制造业 印刷和记录媒介复制业 纺织服装、服饰业 通用设备制造业 食品制造业 有色金属冶炼和压延加工业 水的生产和供应业

表6-4 2018年石家庄市第二产业内部能源消费结构

行业	行业产值合计（亿元）	产值占比	行业能源合计（万吨标准煤）	能源消费占比	行业产值单耗（吨标准煤/万元）
高耗能行业	2 146.21	44.84%	2 199.95	92.72%	1.03
中耗能行业	826.95	17.28%	127.53	5.38%	0.15
低耗能行业	1 813.11	37.88%	45.12	1.90%	0.02

2018年第二产业中，高耗能行业内能源消费占比高达92.72%，中耗能行业内能源消费占比为5.38%，低耗能行业内能源消费占比为1.90%，高耗能行业的产值单耗为1.03吨标准煤/万元，远高于中耗能和低耗能行业。因此"双碳"目标的重点应该是高耗能行业。

需要说明的是，第二产业内部结构变化的情景设计包括两部分：产值占比、行业产值单耗。基准情景下，石家庄市"十四五"规划中指出，要改造提升传统行业，推动钢铁精品化发展、化工精细化发展、建材绿色化发展、纺织服装高端化发展、食品功能化发展。因此，基准情景下石家庄市部分高耗能行业改造升级，能源消费量上升，部分高耗能行业持续去产能，能源消费量下降。综合来看，高耗能行业的产值占比略微减少，低耗能行业的产值占比将大幅增加，中耗能行业仅会有小幅上涨。行业产值单耗从2018年到2030年、2035年都将呈现下降的趋势，只是中耗能行业下降的幅度更大，具体如表6-5所示。

表6-5 石家庄市第二产业内部结构的变化（基准情景）

行业	产值占比 2018年→2030年→2035年	行业产值单耗（吨标准煤/万元）2018年→2030年→2035年
高耗能行业	44.84%→35%→30%	1.03→0.85→0.75
中耗能行业	17.28%→19%→20%	0.15→0.10→0.08
低耗能行业	37.88%→46%→50%	0.02→0.015→0.013

"双碳"情景下，高耗能行业的产值占比减少更多，具体情况如表6-6所示。

表6-6　　　　　石家庄市第二产业内部结构的变化（"双碳"情景）

行业	产值占比 2018年→2030年→2035年	行业产值单耗（吨标准煤/万元） 2018年→2030年→2035年
高耗能行业	44.84%→32%→27%	1.03→0.83→0.73
中耗能行业	17.28%→20%→21%	0.15→0.10→0.07
低耗能行业	37.88%→48%→52%	0.02→0.015→0.012

基准情景下，石家庄市持续推动煤炭清洁利用、推进天然气能源规模化应用、重点建设电网系统，促进能源清洁化利用推进绿色低碳转型。因此，在基准情景下，煤炭的比重持续下降，石油的比重小幅度上升，天然气比重上升，电力、热力比重上升。"双碳"情景下，煤炭降幅增大，化石能源整体比重较基准情景有所下降，电力比重大幅上升。

石家庄市第二产业的能源消费结构的变化情况如表6-7所示。

表6-7　　　　　石家庄市第二产业能源消费结构的变化

	基准情景 2018年→2030年→2035年	"双碳"情景 2018年→2030年→2035年
煤炭	21.4%→12%→6%	21.4%→5.5%→3.5%
石油	3.6%→5%→6%	3.6%→4%→3.5%
天然气	4.8%→7%→8%	4.8%→6.5%→6%
电力	60%→64%→67%	60%→71%→73%
热力	10.2%→12%→13%	10.2%→13%→14%

6.1.2.3 第三产业能源结构

第三产业中煤炭占能源的比例，与第二产业类似，用公式可以表示为：

$$Coal_z = \frac{Coal}{E} = \sum \frac{E_i}{E} \times \frac{Coal_i}{E_i}$$

其中 $Coal_z$ 表示的是第三产业中煤炭占第三产业能源消费的比例，E_i 表示第三产业内部 i 行业能源消费量，E 表示第三产业的能源消耗，$Coal_i$ 表示第三产业中 i 行业的煤炭消费量。从而，在假定同一行业内部能源消费结构不变的前提下根据不同行业能源消费量占比的变化，可以确定出煤炭在第三产业能源消费量中占比情况的变化。

第三产业能源消费结构中，电力和石油消费占比较高，交通运输、仓储和邮政业是用能大户。基准情景下，石家庄市计划大力发展现代商贸物流业、旅游业、金融业、科技服务与文化创意产业；推进运输结构改善，加快推进大宗物料运输"公转铁"，发展绿色低碳交通体系，逐步实现市区公交、出租、市政车辆等新能源化。因此，第三产业石油消费比重将会下降，电力、热力、天然气、其他能源的比重会上升。"双碳"情景下，石油比重下降更多，电力、热力、其他能源比重上升更多，天然气涨幅略低于基准情景。

综上所述，石家庄市第三产业的能源结构在基准情景和"双碳"情景下的调整如表6-8所示。

表6-8　　　　　　　　　　　　石家庄市第三产业能源结构的变化

	基准情景 2018年→2030年→2035年	"双碳"情景 2018年→2030年→2035年
煤炭	3.37%→2.4%→2%	3.37%→2%→1.5%
石油	24.53%→17.6%→16%	24.53%→15.6%→13%
天然气	8.2%→10%→10.5%	8.2%→9%→8%
其他能源	0%→3%→3.5%	0%→5%→8%
电力	58.4%→60.2%→61%	58.4%→61.4%→62%
热力	5.5%→6.8%→7%	5.5%→7%→7.5%

6.1.2.4　居民生活能源结构

居民生活的能源消费结构，在基准情景下将按现有趋势变化。《2013—2017年气化石家庄实施方案》的落实使得石家庄市现阶段天然气消费占全市能源消费总量的比重上升至7%，基本实现"县县通气"。2018年，居民侧还未实现全面煤改电、煤改气，平原地区、山区县仍有部分居民烧煤。因此，在基准情景下，天然气、其他能源、电力、热力四种能源所占比例都会逐渐增加，煤炭所占比例始终下降，石油所占比例也会小幅度下降。"双碳"情景下，作为居民侧实现"双碳"目标的重要能源，在碳达峰之前，天然气消费比重会略微上升，碳达峰以后，为了实现碳中和目标，天然气消费比重会略微下降；包含可再生能源在内的其他能源占比大幅上升，电力、热力所占比重也会上升，具体如表6-9所示。

表6-9　　　　　　　　　　　石家庄市居民生活能源结构的变化

	基准情景 2018年→2030年→2035年	"双碳"情景 2018年→2030年→2035年
煤炭	8.5%→5%→3%	8.5%→5%→2%
石油	12%→10.5%→9.5%	12%→10%→8.5%
天然气	10.6%→12%→13%	10.6%→11.5%→10.8%
其他能源	8.5%→9.5%→10%	8.5%→10%→12.7%
电力	42%→43%→44%	42%→43.5%→45%
热力	18.4%→20%→20.5%	18.4%→20%→21%

6.1.2.5　发电能源结构

对于发电的能源消费结构，基准情景下，石家庄市只是拆除了几个小电厂的锅炉，大的电厂如上安电厂、西柏坡电厂并没有拆除，这也是河北省最大的两个电厂，关停这种电厂短期内不能实现。只能通过限制发电，未来通过外来电力的形式来补充石家庄市的电力需求，减少煤炭的消费。石家庄市可再生能源很少，但仍然要积极推进可再生能源建设，最大限度地利用可再生资源。石家庄市"十四五"规划要加快推进风能、太阳能、生物质能等可再生能源项目建设，提高非化石能源占比，重点推进灵寿抽水储能电站，赞皇、平山、灵寿等地光伏项目建设。所以，石家庄市发电的能源结构中可再生能源的比例会有所提高。"双碳"情景下，化石能源的投入下降更多，其他能源的比重涨幅更大。基准情景和"双碳"情景的发电能源结构的变化如表6-10所示。

表6-10　　　　　　　　　　石家庄市发电的能源结构变化

	基准情景 2018年→2030年→2035年	"双碳"情景 2018年→2030年→2035年
煤炭	96.08%→92.45%→91%	96.08%→92%→90%
石油	0.02%→0.05%→0.07%	0.02%→0.04%→0.04%
天然气	2.1%→2.5%→2.93%	2.1%→2%→2.1%
其他能源	1.8%→5%→6%	1.8%→5.96%→7.86%

有报道指出，未来京津冀一体化电网建设主要依托电力输入，京津冀地区应做好电力接纳，进一步加大从外省向京津冀地区的送电能力，除北京外，还应主要加大对天津，特别是河北省的电力输入。雄安—石家庄、榆横—潍坊两条特高压输电线路将在石家庄市交汇。北京到2020年外来电力占本市电力消费将超过70%，天津计划2025年外来电力比例达到35%以上。作为河北省省会和京津冀世界级城市群未来发展的"重要一极"，在基准情景下，石家庄市外来电力比例将从2018年年底的3.58%上升至2030年的10%，2035年的15%。

国家电网特高压发展规划指出，河北省未来的定位是"三华"地区特高压电网的重要节点和通道，到2020年，河北电网规划建成"四交"（锡盟—北京东—济南—南京、榆横—石家庄—潍坊、蒙西—北京西—天津南、张北—北京西—石家庄—赣州）和"三直"（±800千伏呼盟—唐山、俄罗斯—霸州、蒙古国—沧州）特高压工程。按照规划，未来河北电网将可以多方位、多通道受电，来自内蒙古、山西、陕西等地的电力可以输入河北电网，河北电网也将成为特高压交流和特高压直流相互配合的输电通道，届时区外电力输入能力将超过 4 500 万千瓦，河北全省的受电比例将达到 40% 以上。所以，"双碳"情景下，可以合理假设石家庄市外来电力比例在 2030 年将达到 25%，2035 年将达到 34%。

6.1.2.6 供热能源结构

石家庄市供热的能源结构如表 6-11 所示，2018 年供热消费的能源量为 404.67 万吨标准煤，其中煤炭占比为 92.92%，"双碳"情景下，预计在 2030 年煤炭消费量的占比将下降到 50%，2035 年将下降到 30%；天然气占比将会大幅上涨，由 2018 年的 2.22% 上升到 2030 年的 32%，2035 年将会达到 35%；其他能源占比在 2030 年将达到 16.5%，2035 年将达到 33.5%。

表 6-11 　　　　　　　　　　石家庄市供热的能源结构变化

	基准情景 2018年→2030年→2035年	"双碳"情景 2018年→2030年→2035年
煤炭	92.92%→80%→74%	92.92%→50%→30%
石油	0.41%→1%→1%	0.41%→1.5%→1.5%
天然气	2.22%→13%→16%	2.22%→32%→35%
其他能源	4.45%→6%→9%	4.45%→16.5%→33.5%

6.1.3 能源效率提高

能源效率可表示为能源强度的倒数，则能源效率提高可用能源强度下降来表示。能源强度即单位产值能源消费量，可分为第一产业能源强度、第二产业能源强度、第三产业能源强度。随着产业结构转型、节能深入推进、技术创新变革，三次产业的能源强度都呈下降趋势。在"双碳"情景下，更加注重能源消费总量和能源强度控制，对利用煤炭等的低效率生产方式加速淘汰，能源效率会进一步提高。

第二产业的能源强度受工业企业的 R&D 影响，基准情景下提高工业企业的 R&D 支出在地区生产总值中所占比例，2030 年为 2.6%，2035 年达到 3%，可得 2030 年第二产业能源强度下降到 0.77 吨标准煤/万元，2035 年下降到 0.58 吨标准煤/万元；"双碳"情景下进一步提高 R&D 支出在地区生产总值中所占比例，则第二产业能源强度的下降幅度更大，2030 年下降至 0.75 吨标准煤/万元，2035 年下降至 0.51 吨标准煤/万元。基准情景和"双碳"情景下三次产业的能源强度变化如表 6-12 所示。

表 6-12　　　　　　　石家庄市三次产业能源强度的变化（吨标准煤/万元）

	基准情景 2018 年→2030 年→2035 年	"双碳"情景 2018 年→2030 年→2035 年
第一产业能源强度	0.22→0.15→0.12	0.22→0.14→0.1
第二产业能源强度	1.16→0.77→0.58	1.16→0.75→0.51
第三产业能源强度	0.25→0.20→0.18	0.25→0.19→0.15

6.2　结果分析

由于系统动力学是对现实情况的一个仿真模拟，在模型搭建完成以后，对不同情景进行模拟之前，需要检验模型的有效性。

一般来讲，具体的检验方式是将历史值与模型的模拟值进行对比。本章选出地区生产总值、能源消费量、煤炭消费量这三个变量来进行实际值和模拟值的对比，图 6-1、图 6-2 和图 6-3 是对石家庄市系统动力学模型的检验结果。

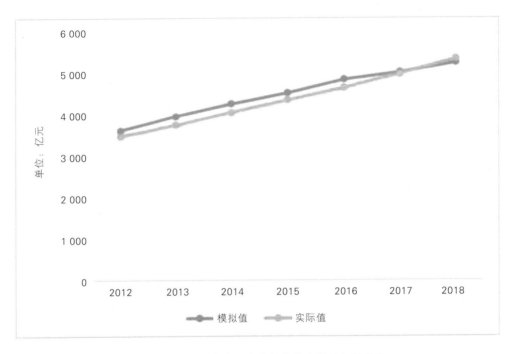

图6-1　石家庄市地区生产总值的实际值与模拟值

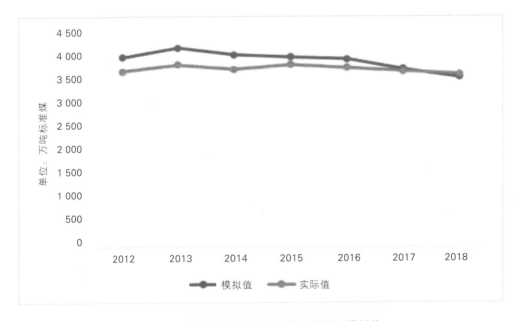

图6-2　石家庄市能源消费量的实际值与模拟值

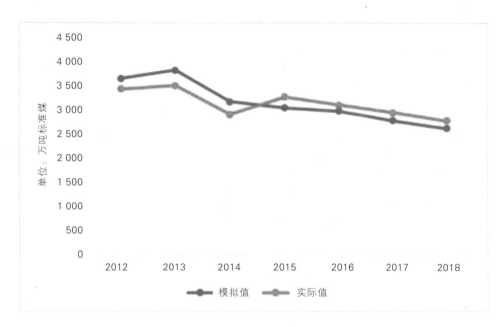

图 6-3　石家庄市煤炭消费量的实际值与模拟值

通过上面的实际值与模拟值的对比图可以看出，石家庄市的系统动力学模型实际值和模拟值的基本吻合，并且通过计算也可以得出，模拟值和实际值的差异均在 10% 的允许误差范围之内。

所以，可以认为石家庄市的系统动力学模型是有效的。

6.3　"双碳"方案及措施研究

通过基准情景和"双碳"情景下地区生产总值、能源消费量、二氧化碳排放量、煤炭消费量、天然气消费量、电力和外来电力、可再生能源的对比，进一步比较 2025 年、2030 年和 2035 年不同情景下碳排放和能源消费情况以及非化石能源和煤炭占比，说明石家庄市只有在"双碳"情景下，立即进行"双碳"布局，加快全面深化改革，加快转型升级，推动产业结构、能源结构进一步优化，才能基本达到"十四五"规划纲要中对大气、水资源、碳排放强度以及能源强度等约束目标，才能在"双碳"目标背景下，依托新发展动力，形成引领经济发展新常态的体制机制和发展方式，成为京津冀城市群的"重要一极"。

首先，从地区生产总值上来看，"双碳"情景下的地区生产总值要低于基准情景下的地区生产总值。在"双碳"情景下，地方政府为了达到碳排放强度和能源强度的目标，会相应减少固定资产投资额，从而也就影响资本的形成，根据生产函数，资本的总量相对基准情景下的资本存量少了，那么产出值也会相应变少。石家庄市地区生产总值如图6-4所示，2030年，"双碳"情景下的地区生产总值要比基准情景下的地区生产总值低1 201亿元，为8 704亿元。2035年，"双碳"情景下的地区生产总值要比基准情景下的地区生产总值低918亿元，为10 725亿元。基准情景下，2025年，石家庄市地区生产总值达到8 146亿元，年均增长率超过6%，满足石家庄市"十四五"规划目标。"双碳"情景下，2025年，石家庄市地区生产总值为7 483亿元，"十四五"年均增长率预计为4.69%。

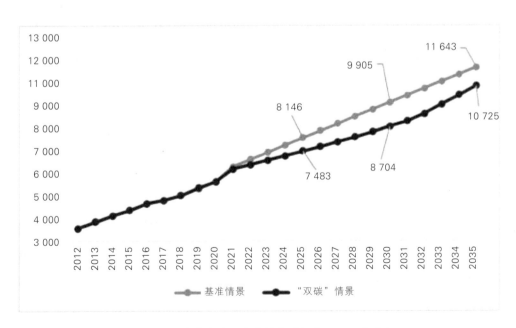

图6-4　石家庄市地区生产总值（亿元，2018年价）

6.3.1 能源消费

从总的能耗来看，2030 年，石家庄市"双碳"情景下的能源消费总量为 4 126 万吨标准煤，比基准情景下的能源消费量减少了 753 万吨标准煤；2035 年，石家庄市"双碳"情景下的能源消费总量为 3 900 万吨标准煤，比基准情景下的能源消费量减少了 905 万吨标准煤。

过去几年内，为了打赢"蓝天保卫战"，石家庄市持续开展大气污染强化攻坚行动，去产能、调结构，大量工业被迫退出，能源消费量逐年降低。"十四五"开始，石家庄市计划"提二产、增三产"，改造提升传统工业，发展第二产业，这必定伴随着能源消费的增加，所以长期来看，石家庄市的能耗呈现出先增加后减少的趋势。石家庄市能源消费量如图 6-5 所示，基准情景下，石家庄市能源消费量在 2031 年达峰，峰值为 4 885 万吨标准煤；"双碳"情景下，石家庄市能源消费量提前在 2021 年达峰，峰值为 4 197 万吨标准煤。

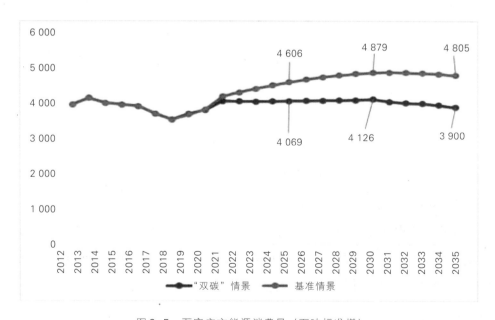

图 6-5　石家庄市能源消费量（万吨标准煤）

石家庄市能源强度的变化如图6-6所示。基准情景下，2020年至2025年能源强度下降了12%；"双碳"情景下，能源强度下降了15%，达到了石家庄市"十四五"规划纲要中万元地区生产总值能耗累计降低15%的要求。

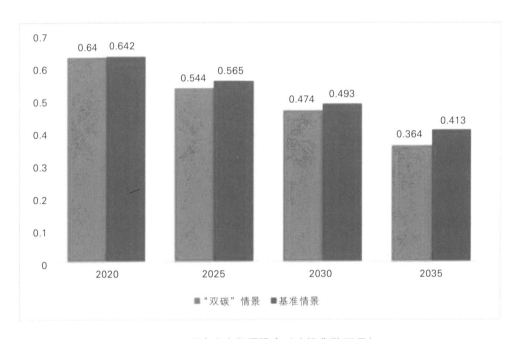

图6-6 石家庄市能源强度（吨标准煤/万元）

6.3.2 二氧化碳排放

模型中，二氧化碳的排放分为4个部分，即煤炭产生的二氧化碳、石油产生的二氧化碳、天然气产生的二氧化碳和外来电力产生的二氧化碳。模型中对于外来电力对应的碳排放系数统一采用2.64。

如果不考虑外来电力的二氧化碳排放，由于石家庄市是电力调入型城市，所以碳排放总量比包含外来电力的排放降低较多，并且碳排放峰值出现在2013年。"双碳"情景下2030年碳排放总量为7 507万吨，2035年为5 984万吨，如图6-7所示。

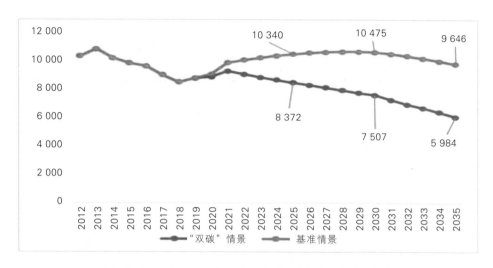

图6-7　石家庄市二氧化碳排放量（万吨）（不含外来电力）

考虑外来电力的排放，如图6-8所示，2030年，石家庄市"双碳"情景下的二氧化碳排放量为 9 176 万吨，比基准情景下的二氧化碳排放量降低了 2 046 万吨；2035 年，石家庄市"双碳"情景下的二氧化碳排放量为 8 124 万吨，比基准情景下的二氧化碳排放量降低了 2 647 万吨。"十四五"以前，石家庄市大力削减煤炭消费总量，积极调整产业结构，碳排放在 2013 年达峰；"十四五"以后，石家庄市计划发展高质量工业，虽然能源消费总量和二氧化碳排放量都会小幅度增加，但由于有煤炭消费总量、二氧化碳排放强度等指标约束，模拟后期依然呈现比较平稳的下降趋势。控制住煤炭以后，无论是在基准情景还是在"双碳"情景下，二氧化碳排放量最终都会呈现下降趋势，"双碳"情景下更早开始下降。由此可见，重点城市控制住煤炭消费总量后，碳达峰将会提前实现。煤炭消费控制是实现"双碳"目标最重要的制约条件，可以在一定程度上使城市的碳排放提前达到峰值。

石家庄市二氧化碳排放强度如图6-9所示，基准情景下，2025年石家庄市碳排放强度为 1.331 吨/万元，比 2020 年下降了 13.74%。"双碳"情景下，2025年石家庄市碳排放强度为 1.254 吨/万元，比 2020 年下降了 18.36%，与石家庄市"十四五"规划纲要中单位地区生产总值二氧化碳排放降低20%的要求相差不大，实现了90%以上。

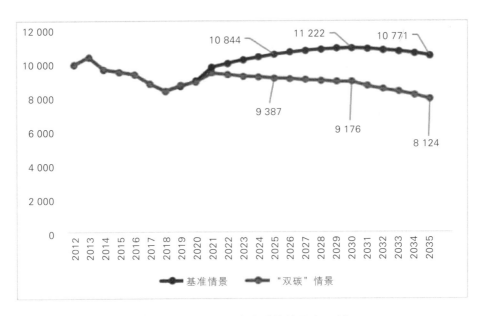

图6-8　石家庄市二氧化碳排放量（万吨）

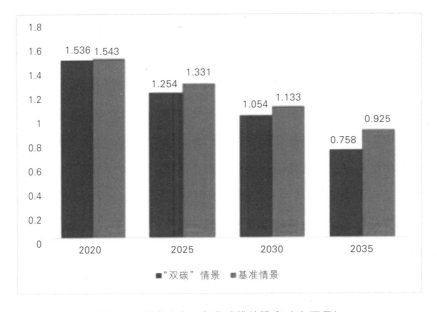

图6-9　石家庄市二氧化碳排放强度（吨/万元）

6.3.3 煤炭

从煤炭的消费情况来看，由于 2018 年以前石家庄市大幅削减煤炭消费量，产业结构和能源消费结构转型升级已取得初步成效，因此，无论是在基准情景还是在"双碳"情景下，煤炭消费量最终都会下降，但"双碳"情景下煤炭消费量削减更多。石家庄市煤炭消费量如图 6-10 所示，2030 年，基准情景下的煤炭消费量为 3 230 万吨标准煤，"双碳"情景下的煤炭消费量为 2 205 万吨标准煤。2035 年，基准情景下的煤炭消费量为 2 870 万吨标准煤，"双碳"情景下的煤炭消费量为 1 684 万吨标准煤。两个情景中，煤炭消费量的峰值都停留在 2013 年。

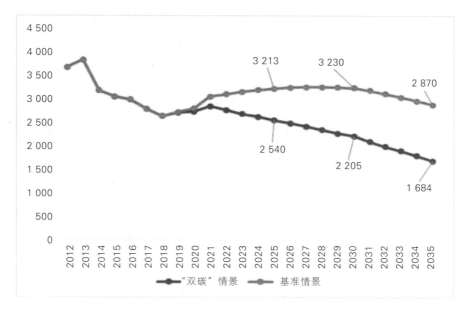

图 6-10　石家庄市煤炭消费量（万吨标准煤）

石家庄市煤炭消费在能源结构中的变化如图 6-11 所示，煤炭消费在能源结构中是逐渐下降的，基准情景下，煤炭消费比例下降缓慢，2030 年为 66.20%，2035 年为 59.73%。"双碳"情景下，煤炭消费比例下降较快，2030 年为 53.43%，2035 年为 43.18%。

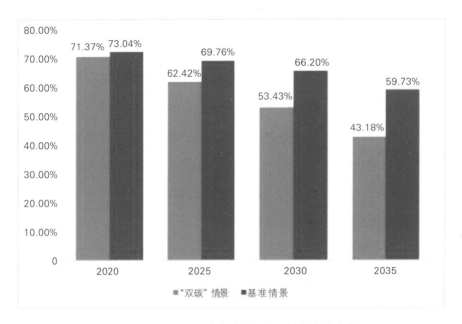

图6-11 石家庄市煤炭消费在能源结构中的变化

"双碳"情景下，2025年、2030年和2035年煤炭在各个部门消费的情况如图6-12所示，可以看出煤炭在各个部门消费量都在减少，尤其是发电供热和第二产业。

发电供热和第二产业是石家庄市能源结构调整的重点。系统动力学模型将煤炭消费量分为第一产业、第二产业、第三产业、居民生活、发电供热等部分。

图6-13是"双碳"情景下石家庄市减煤量的部门分配情况，其中，"十四五"期间第二产业的减煤量贡献和2030—2035年期间发电供热的减煤量贡献最大，贡献比重分别为85.3%和83.1%。分时间段来看，在"双碳"情景下，"十四五"期间石家庄市共减煤184万吨标准煤，其中第二产业减煤156.89万吨标准煤，发电供热减煤20万吨标准煤，第三产业减煤3.24万吨标准煤；2025—2030年期间，共减煤335.38万吨标准煤，第二产业减煤135.2万吨标准煤，发电供热减煤185万吨标准煤，居民生活减煤7.3万吨标准煤；2030—2035年期间，共减煤520.07万吨标准煤，第二产业减煤52.19万吨标准煤，发电供热减煤432万吨标准煤，居民生活减煤27.55万吨标准煤。

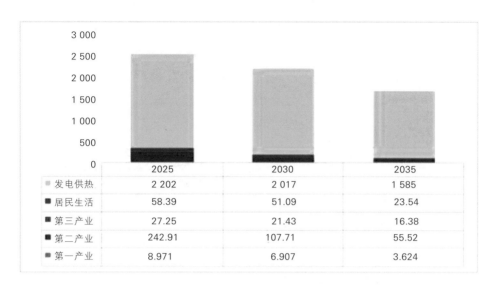

图6-12　石家庄市"双碳"情景下煤炭消费量（万吨标准煤）

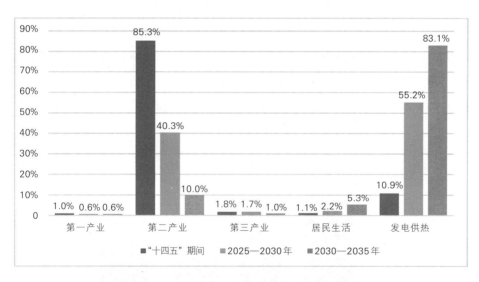

图6-13　石家庄市"双碳"情景下减煤量部门分配

6.3.4　石油

从石油的消费情况来看，如图6-14所示，石家庄市"双碳"情景下的石油消费量下降幅度更大。2030年，基准情景下的石油消费量为489.42万吨标准煤，"双

"碳"情景下的石油消费量为377.16万吨标准煤。2035年，基准情景下的石油消费量为486.39万吨标准煤，"双碳"情景下的石油消费量为317.39万吨标准煤。

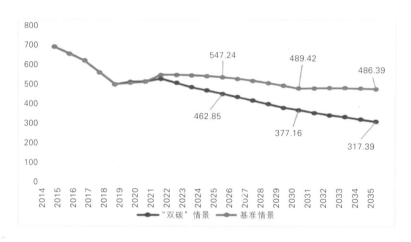

图6-14　石家庄市石油消费量（万吨标准煤）

石家庄市石油消费比例如图6-15所示，石油消费在能源结构中虽然逐渐下降但是变化不大，特别是在基准情景下，石油消费比例下降较为缓慢，2030年为10.03%，2035年为10.12%。"双碳"情景下，石油消费比例在2030年为9.14%，到2035年下降到8.14%。

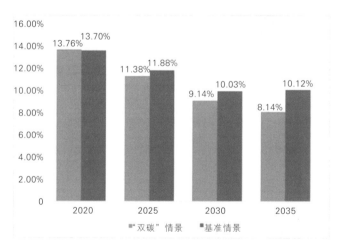

图6-15　石家庄市石油消费在能源结构中的变化

石家庄市在"双碳"情景下的石油消费量如图 6-16 所示。"双碳"情景下，由于石油的碳排放因子较大，其消费量会受到一定程度的控制。石油的主要消费集中在第三产业、第二产业、居民生活等部门，"十四五"期间，石油在居民生活部门的消费略有增加，其余部门的石油消费均在下降。2030 年至 2035 年，仅发电供热部门的石油消费量略微上升，其他部门的石油消费量均在下降。

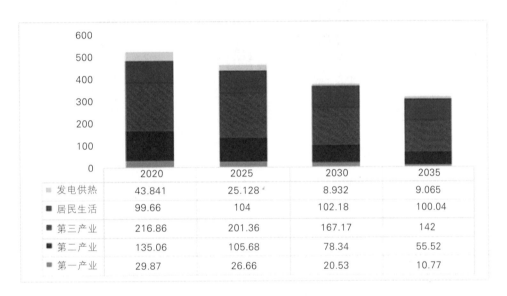

	2020	2025	2030	2035
■ 发电供热	43.841	25.128	8.932	9.065
■ 居民生活	99.66	104	102.18	100.04
■ 第三产业	216.86	201.36	167.17	142
■ 第二产业	135.06	105.68	78.34	55.52
■ 第一产业	29.87	26.66	20.53	10.77

图 6-16　石家庄市石油消费量（万吨标准煤）

在"双碳"情景下，石油减少量的部门分配如图 6-17 所示。"十四五"期间贡献最大的部门是第二产业，贡献比例为 47.0%，2025—2030 年期间和 2030—2035 年期间贡献最大的部门均为第三产业，占比依次为 39.9% 和 42.1%。"十四五"期间石家庄市共减少石油消费 62.46 万吨标准煤，其中第二产业减少 29.38 万吨标准煤，发电供热减少 18.71 万吨标准煤，第三产业减少 15.5 万吨标准煤；2025—2030年期间，共减少石油消费量 85.68 万吨标准煤，第三产业减少 34.19 万吨标准煤，第二产业减少 27.34 万吨标准煤，发电供热减少 16.2 万吨标准煤；2030—2035 年期间，共减少石油消费量 59.76 万吨标准煤，第三产业减少了 25.17 万吨标准煤，第二产业减少22.82万吨标准煤。石家庄市主要减少的石油消费量发生在发电供热部门、第二产业和第三产业。

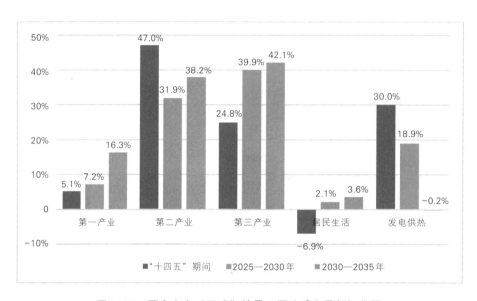

图6-17 石家庄市"双碳"情景下石油减少量部门分配

6.3.5 天然气

从天然气的消费来看，"气化石家庄""县县通"等方案的实施有效促进了天然气的使用。天然气虽然是化石能源，但其碳排放因子相对煤炭和石油来说比较小，是较为清洁的能源。正如第5章所提及的那样，石家庄市可再生能源潜力不大，且在"气化石家庄"等方案的实施下已铺设大量天然气管网。因此，即使在"双碳"情景下，天然气仍是促进石家庄市发展的重要能源，其消费量在前期仍会增长，2030年以后才会有所下降。

基准情景和"双碳"情景下石家庄市天然气消费量模拟如图6-18所示。2030年，基准情景下石家庄市天然气消费量为570.91万吨标准煤，"双碳"情景下天然气消费量为553.55万吨标准煤。2035年，基准情景下石家庄市天然气消费量为648.83万吨标准煤，"双碳"情景下天然气消费量为539.54万吨标准煤。

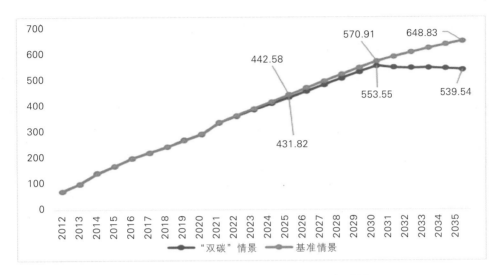

图6-18 石家庄市天然气消费量（万吨标准煤）

石家庄市天然气消费在能源结构中的变化情况如图6-19所示。天然气消费的比例在能源结构中是逐渐上升的，在基准情景下，2030年为11.70%，2035年为13.50%。"双碳"情景下，天然气消费比例上升迅速，2030年为13.42%，2035年为13.83%。

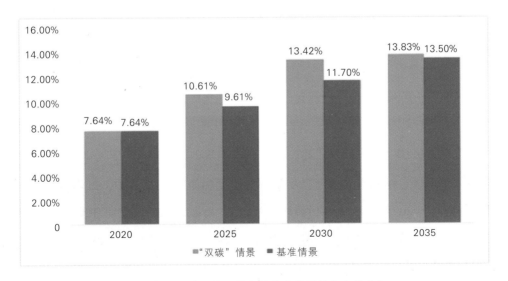

图6-19 石家庄市天然气消费在能源结构中的变化

　　天然气消费主要集中在发电供热和居民生活部门，《2013—2017年气化石家庄实施方案》文件指出，城区居民用户气化率由90%提高到96%以上；城市公交车气化率由74%提高到95%以上，各县（市）、区出租车全部气化。2015年以后随着热电联产项目的实施和大力推进，新增的天然气有很大一部分分配到发电供热部门，"双碳"情景下2020年、2025年、2030年和2035年天然气在各个部门消费的情况如图6-20所示。

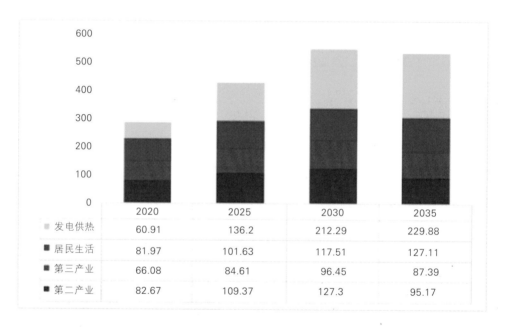

	2020	2025	2030	2035
发电供热	60.91	136.2	212.29	229.88
居民生活	81.97	101.63	117.51	127.11
第三产业	66.08	84.61	96.45	87.39
第二产业	82.67	109.37	127.3	95.17

图6-20　石家庄市"双碳"情景下天然气消费量分配（万吨标准煤）

　　"气化石家庄"措施效果明显，石家庄市煤炭的减量很大一部分是源于天然气的替代。"双碳"情景下，天然气增量的部门分配如图6-21所示。可以看出，"十四五"期间和2025—2030年期间对天然气增量贡献最大的部门都来自发电供热，在两个时期中分别贡献了53.7%和62.5%的天然气增量；在2030—2035年期间，对天然气增量贡献最大的部门来自第二产业，为229.5%，很大程度上弥补了居民生活和发电供热部门天然气消费量的降低。"十四五"期间，共增加天然气消费

140.18 万吨标准煤（11.55 亿立方米），第二产业增加 2.2 亿立方米，第三产业增加 1.53 亿立方米，居民生活增加 1.62 亿立方米，发电供热增加 6.2 亿立方米，发电供热增加的比例最大；2025—2030 年共增加天然气消费 121.74 万吨标准煤（10.05 亿立方米），第二产业增加 1.48 亿立方米，第三产业增加 0.98 亿立方米，居民生活增加 1.31 亿立方米，发电供热增加 6.28 亿立方米，仍是发电供热增加的比例最大；2030 年开始，进入碳中和阶段，开始控制天然气消费，2030—2035 年共减少天然气消费 14 万吨标准煤（1.15 亿立方米），其中由于产业结构的调整，第二产业减少天然气消费 2.64 亿立方米，第三产业减少 0.74 亿立方米，居民生活增加 0.79 亿立方米，发电供热增加 1.44 亿立方米。

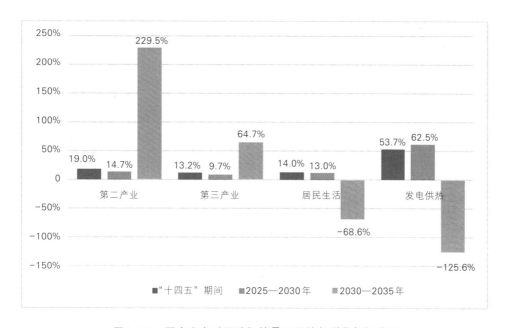

图 6-21　石家庄市"双碳"情景下天然气增量部门分配

新增天然气要优先保障居民生活、采暖供热、工业窑炉和燃煤自备电站的清洁能源替代等，未来仍要继续推进"气化石家庄"的建设，在保证天然气正常供气的条件下，继续加大天然气替代煤炭的比例。

6.3.6 可再生能源

石家庄市可再生能源消费量模拟如图6-22所示,"双碳"情景下,到2030年,石家庄市可再生能源消费量为358.71万吨标准煤,比基准情景增加52.42万吨标准煤;2035年,石家庄市可再生能源消费量为548.91万吨标准煤,比基准情景增加175.46万吨标准煤。

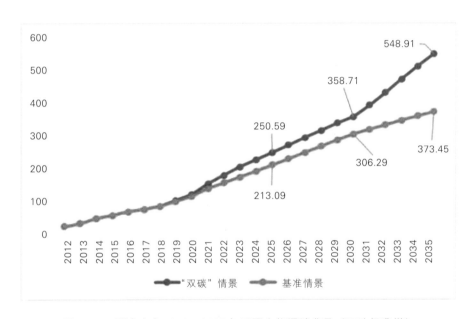

图6-22 石家庄市2012—2035年可再生能源消费量（万吨标准煤）

《石家庄市散煤污染整治专项行动方案》指出,各县（市）区建成区要因地制宜确定清洁供热方式,优先实施热电联产挖潜和工业余热利用,鼓励开发利用地热、光能、生物质能、轻烃等清洁能源实现集中供热。积极推动"煤改太阳能""煤改地热"支持政策,在具备地热资源的地区推广地热采暖,对使用生物质成型燃料为农户和农业生产单位供暖的,提供补贴,这些政策对可再生能源的推广起到了重要的作用。

可再生能源在能源结构中比例的变化如图 6-23 所示，可以看出在"双碳"情景下有一个明显的上升过程。"双碳"情景下，2030 年可再生能源的比例为 8.69%，2035 年可再生能源的比例为 14.07%。在 2020 年，即使是"双碳"情景下，石家庄市的可再生能源比例仍远远落后于全国 15% 的目标，也低于河北省 7% 的目标。目前石家庄市可再生能源的比例非常低，在近期发展可再生能源具有比较多的障碍和不确定性。到 2030 年，预期随着技术的进步，石家庄市可再生能源的发展会有一个大的进步，但是依然远远低于全国 20% 的目标。

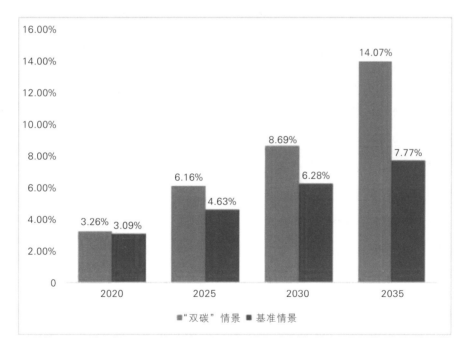

图 6-23　石家庄市可再生能源在能源结构中的变化

"双碳"情景下石家庄市 2020 年、2025 年、2030 年和 2035 年可再生能源在各个部门消费的情况如图 6-24 所示，可以看出，可再生能源的消费在发电供热、第二产业和居民生活这些部门都有显著的增加，尤其在发电供热部门增加最多。

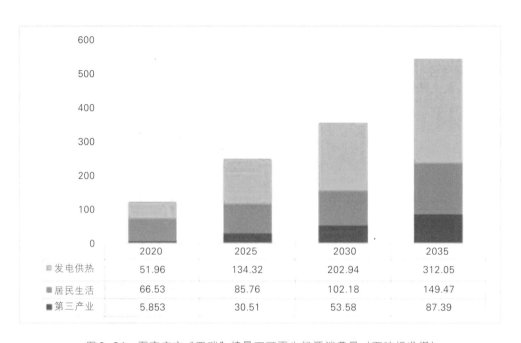

图6-24 石家庄市"双碳"情景下可再生能源消费量（万吨标准煤）

"双碳"情景下，可再生能源消费的部门分配如图6-25所示。在"十四五"期间，共增加可再生能源126.25万吨标准煤，发电供热占65.2%，第三产业占19.5%，居民生活占15.2%；在2025—2030年期间，共增加可再生能源108.11万吨标准煤，发电供热占63.5%，第三产业占21.3%，居民生活占15.2%；在2030—2035年期间，共增加可再生能源190.21万吨标准煤，发电供热占57.4%，第三产业占17.8%，居民占24.9%。发电供热部门增加的可再生能源消费量远远高于第三产业和居民生活部门，因为发电供热部门相对于第三产业和居民生活部门，对可再生能源的成本更加敏感，预期随着技术的进步和成本的下降，分布式能源及被动式节能建筑、低碳建筑会逐渐普及，在发电供热部门会利用更多的可再生能源。

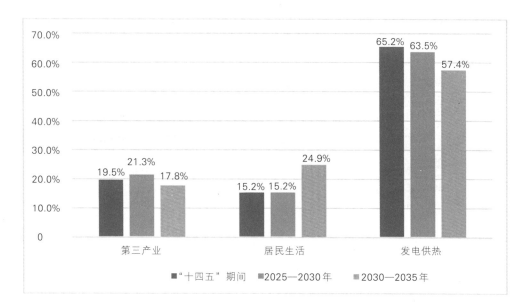

图 6-25　石家庄市"双碳"情景下可再生能源增量部门分配

6.3.7　电力和外来电力

由于燃煤发电效率的提高，每千瓦时电力的煤耗减少，所以外来电力的折标煤系数也相应下降。2020 年以全国发电平均煤耗替代石家庄市外来电力的折标煤系数，并假设自 2020 年开始，可再生能源发电占比大幅提高，外来电力折标煤系数每年大幅下降，则具体转换系数如表 6-13 所示。

表 6-13　　　　　　　　　　外来电力用发电煤耗法折标煤系数

	2020	2025	2030	2035
转换系数 （吨标准煤/万千瓦时）	2.98	2.58	2.33	2.08

石家庄市电力消费量模拟如图 6-26 和图 6-27 所示，其中外来电力消费量的模拟如图 6-28 和图 6-29 所示。"双碳"情景下，到 2030 年，石家庄市电力消费量约为 2 529 万吨标准煤（863.14 亿千瓦时），占总能源的 61.29%；其中外来电力为

632.22 万吨标准煤（215.77 亿千瓦时），占电力消费的 25%。

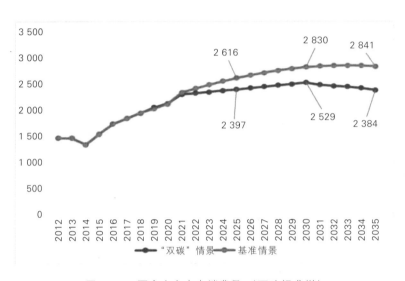

图6-26　石家庄市电力消费量（万吨标准煤）

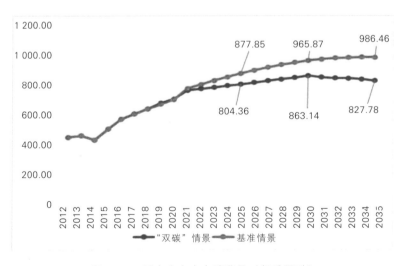

图6-27　石家庄市电力消费量（亿千瓦时）

2035年，石家庄市电力消费量约为 2 384 万吨标准煤（827.78 亿千瓦时），占总能源的 61.13%；其中外来电力约为 810.43 万吨标准煤（281.40 亿千瓦时），占电力消费量的 34%。

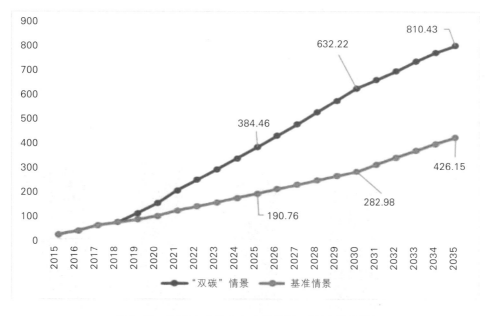

图 6-28 石家庄市外来电力消费量（万吨标准煤）

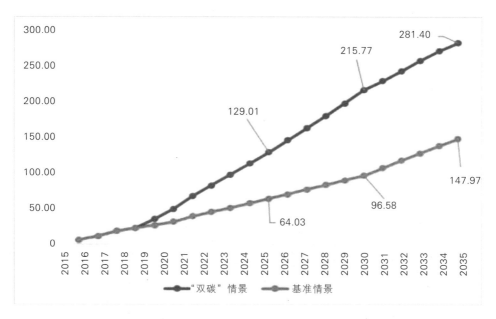

图 6-29 石家庄市外来电力消费量（亿千瓦时）

"双碳"情景下2020年、2025年、2030年和2035年电力在各个部门消费的情况如图6-30所示，可见电力在第一产业、第二产业的消费变化不大，在第三产业和居民生活的比例增加较多。

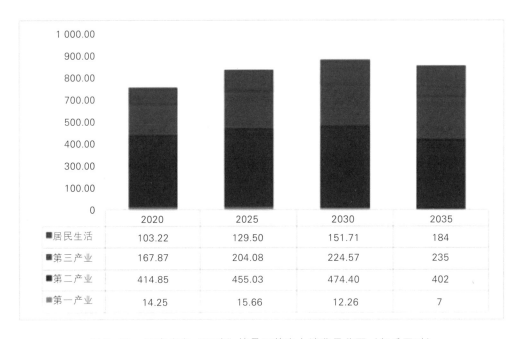

	2020	2025	2030	2035
■居民生活	103.22	129.50	151.71	184
■第三产业	167.87	204.08	224.57	235
■第二产业	414.85	455.03	474.40	402
■第一产业	14.25	15.66	12.26	7

图6-30　石家庄市"双碳"情景下的电力消费量分配（亿千瓦时）

需要指出的是，通过模型的模拟可以看出，石家庄市"双碳"目标的实现，除了经济结构调整、产业结构优化、能源结构调整、能源效率提高之外，还有很重要的原因是，外来电力的增加，如果没有外来电力，石家庄市"双碳"目标很难实现。石家庄市"十四五"规划中也明确提到，要充分利用西气东输、西电东送的西北清洁能源，依托特高压电网，增加外来电力比例，持续控煤减排，优化能源结构。图6-31是石家庄市外来电力在能源结构中的比例变化。

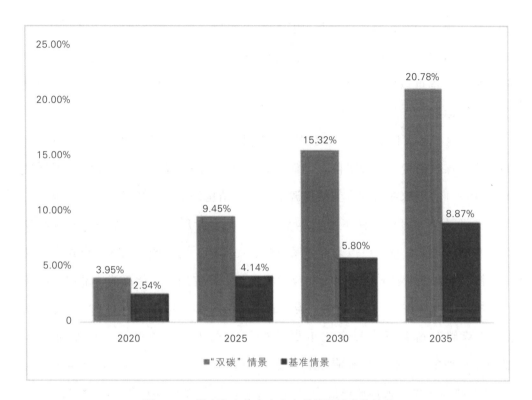

图6-31　石家庄市外来电力占总能源消费的情况

6.4　石家庄市：总结与建议

综上所述，我们选择石家庄市作为案例城市进行了研究，现对研究进行如下总结：

6.4.1　研究结论

基准情景下，2025年石家庄市能源强度是0.565吨标准煤/万元，相较于2020年下降了12%，碳排放强度是1.33吨/万元，较2020年下降了13.7%，均未达到"十四五"规划中的控制目标。"双碳"情景下，石家庄市的碳排放强度和能源强度将得到有效控制，2025年能源强度为0.544吨标准煤/万元，相较于

2020 年下降了 15%，能源强度控制目标可以实现；碳排放强度是 1.254 吨/万元，较 2020 年下降了 18.4%，碳排放强度控制目标可以完成 90%。总的来看，"双碳"情景基本可以实现石家庄市"十四五"规划中设定的碳排放强度和能源强度控制目标。

为打赢"蓝天保卫战"，石家庄市在"十二五""十三五"期间大力去产能、调结构，煤炭消费量大幅下降，能源消费量和二氧化碳排放量也呈现下降趋势。截至 2018 年，石家庄市的产业结构调整和能源结构调整已初显成效，全市煤炭消费占能源消费总量的比例下降至 74%，三产比重上升至 60%，经济增速有所放缓。基准情景下，石家庄市秉持"保一产、提二产、增三产"的发展模式大力发展经济，能源消费量和碳排放量相应大幅增加，研究期内，能源消费量峰值出现在 2031 年，为 4 885 万吨标准煤，碳排放峰值出现在 2030 年，为 11 222 万吨标准煤。"双碳"情景下，石家庄市更早进行"碳达峰、碳中和"产业布局与能源结构调整，产业结构和能源结构变革更深刻，研究期内，能源消费量峰值为 4 157 万吨标准煤，碳排放峰值为 10 658 万吨，均出现在 2013 年。这意味着，在已控制住煤炭消费的前提下，考虑"双碳"目标的经济发展模式可以提前实现碳达峰，煤炭消费控制为碳达峰奠定了良好基础，可以说是促成"双碳"目标实现最关键的条件之一。

"双碳"情景下，石家庄市产业结构调整和能源结构变革都更为深刻，其能源结构变化如图 6-32 所示，煤炭、石油的消费量持续下降；天然气是排放较少的清洁能源，是现阶段走向碳达峰和碳中和重要的替代能源，其消费量呈现先增加后基本稳定的趋势；外来电力占比大幅提高，可再生能源占比也持续增加。"双碳"情景下，继续推进产业结构调整，依托天然气替代能源，大力发展可再生能源，积极引进外来电力，是实现经济发展与碳排放目标的可靠路径。

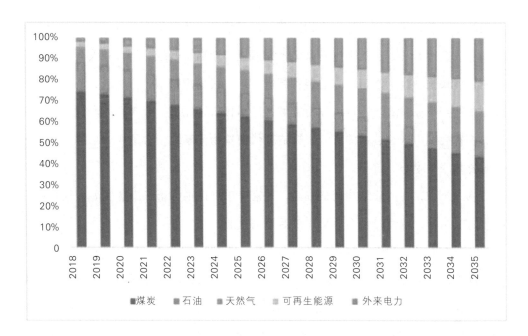

图6-32 "双碳"情景下石家庄市能源结构变化情况

6.4.2 石家庄市"双碳"目标的政策建议

基于模型，我们认为，石家庄市要实现碳排放强度、能源强度控制目标，可以通过经济结构调整、能源结构优化和能源效率提高的路径来实现。下面根据石家庄市的实际情况，围绕这几条路径提出一些可供采纳的政策选项。

（1）在经济结构调整方面

首先，石家庄市要继续推进产业结构调整，推动经济高质量发展，谨防重蹈"高耗能、高污染"覆辙。在国际减排降碳的大背景下，碳排放控制是必然趋势。经过多年的去产能、调结构，石家庄市的产业结构优化已有一定成效，要持续推进高耗能、高污染企业退出，严控高耗能、高污染项目上马；积极发展"4+4"现代产业，积极推进传统工业改造升级，坚定不移地推进产业结构优化。

其次，石家庄市可以把握京津冀协同发展机遇，做好京津部分产业的承接工作。比如，可以通过进一步完善园区基础设施建设和公共服务体系，打造京津科技成果转化基地，承接京津地区生物医药、电子信息、装备制造、节能环保等产业制造环节或整体转移，进而促进石家庄市制造业产业结构升级。培育壮大战略性新兴产业，加快推动生物医药、先进装备制造、新一代信息技术、新材料、节能环保等战略性新兴产业发展。建设国际商贸城，以承接未来北京、天津大的商贸企业，充分发挥省会城市区位方面的优势，打造现代商贸物流基地，力争成为京津冀南部区域的公共服务中心。

总的来讲，在产业结构调整方面，石家庄市可以推进第三产业发展，优化第二产业内部结构，持续淘汰高耗能、重污染的企业。

（2）在能源结构优化方面

首先，石家庄市可以持续推进"气化石家庄"项目，充分利用京津冀的区位优势，在保证天然气气源供应充足的基础上，推进电力、供热中的天然气替代。同时，石家庄市政府可以积极创新融资模式，加快天然气管道建设等基础工程的推进，扩大用于居民生活的天然气覆盖面，增大第二产业、第三产业对天然气的使用量，推进天然气规模化应用。

其次，石家庄市要大力发展可再生能源，积极推进地热能、太阳能、风能等可再生能源的开发利用，特别是农村地区可以尝试生物质能、太阳能等可再生资源的开发利用，大力发展工业园区、公共建筑等屋顶分布式光伏发电，多途径进行能源替代，减少煤炭和石油消费量。

最后，石家庄市要大力提高外来电力占能源消费总量的比例。目前，雄安—石家庄1 000千伏特高压交流输变电工程已经完工并正式投入运行，潍坊—临沂—枣庄—菏泽—石家庄1 000千伏特高压交流工程也正式投入运营，石家庄市正积极进行电网改造升级。石家庄市作为省会能源传输区域中心和特高压输电网络节点城市，可以通过大力引进外来电力的形式减少本地的能源消费，并且可以通过购买清洁电力减少碳排放。

（3）在能源效率提高方面

可以通过在科技方面的投资来实现产业技术革新，从而达到提高能源使用效率的目的。可以持续推广高效节能环保型的锅炉系统。并且，可以持续发展循环经济、产业园区化经济，把相同产业或者能够实现资源最大化利用的产业集中起来，尽最大努力降低产业的能耗。政府要严格按照审核标准，严控"高耗能、高污染"项目上马。持续推进"煤改气""煤改电"工程，也有助于提升能源使用效率。同时，应注重居民节能意识的培养。

此外，可以依托京津高校众多的优势，在本市建立产学研的联盟，吸引优秀人才到石家庄市发展，增强石家庄市的科技实力，促进能源使用效率的提高。

第7章 西安市："双碳"目标

7.1 西安市的基本情况

7.1.1 地理位置——立足关中城市群，最大的西部中心城市

西安市地处中国陆地版图中心和中国中西部两大经济区域的接合部，是西北通往中原、华北和华东各地市的必经之路，是丝绸之路经济带的经济、文化和商贸中心，位于我国关中地区，在关中平原中部，北临渭河，南依秦岭，东与渭南地区为邻，西与咸阳地区相接，是西北边陲的重要枢纽城市。

在全国区域经济布局上，西安市作为新亚欧大陆桥中国段——陇海兰新铁路沿线经济带上最大的西部中心城市，是国家实施西部大开发的桥头堡，具有承东启西、连接南北的重要地位，是全国干线公路网中最大的节点城市之一。

7.1.2 行政区划——十一区二县，八大发展平台

西安市下辖十一区二县，包括新城、碑林、莲湖、雁塔、未央、灞桥、阎良、临潼、长安、高陵、鄠邑11个市辖区及周至、蓝田2个县，总面积10 752平方千米。第七次人口普查数据显示，截至2020年11月1日零时，西安市常住人口为1 295.29万人。预计到"十四五"时期末，西安市将成为拥有1 400万以上人口的国际化大都市。

西安市科技力量雄厚、人才众多，现已培育了高新技术产业、装备制造业、旅游产业、现代服务业、文化产业等五大主导产业，形成了西安市高新技术产业开发

区、西安市经济技术开发区、曲江新区、阎良国家航空高技术产业基地、国家民用航天产业基地、浐灞生态区、国际港务区，以及 2017 年西安市代管的国家级新区——西咸新区八大发展平台。

7.2 西安市经济、能源和环境现状

7.2.1 西安市经济发展状况

西安市 2020 年地区生产总值为 10 020.39 亿元（按 2010 年可比价计算为 7 632.32 亿元），首次跃入万亿元新台阶，按可比价计算比 2019 年增长 5.2%。2020 年西安市地区生产总值过万亿元大关，成为西北地区首个跨入"万亿俱乐部"的城市，实现"十三五"规划的圆满收官。地区生产总值过万亿元，对西安市来说是一个重要的里程碑。2004 年，西安市经济总量迈上千亿元的台阶，2014 年突破 5 000 亿元，"十三五"时期连续跨越 5 000 亿元台阶，直到 2020 年首次跃上地区生产总值万亿元新台阶。从图 7-1 可以看出，2005 年以来，西安市地区生产总值处于不断上升的趋势，但其增速整体上呈现下降趋势。2020 年第一产业、第二产业和第三产业的占比分别为 2.69%、37.46% 和 59.85%，如图 7-2 所示，第三产业占比高于第二产业占比，可以看出，西安市并不是一个传统意义上的工业城市。根据经济发展阶段理论分析与判断，西安市处于后工业化阶段。2020 年相比于 2005 年，第一产业和第二产业占比降低，第三产业占比提高，这表明，西安市的产业结构呈现优化趋势。一个不容忽视的事实是，西安市的工业增长十分平稳。2020 年西安市第二产业增加值 3 328.27 亿元，同比增长 7.4%；规模以上工业六大支柱产业产值增长 23.7%，快于规模以上工业总产值增速。这也体现出西安市构筑的"6+5+6+1"的现代产业体系，为经济高质量发展提供的强大支撑。

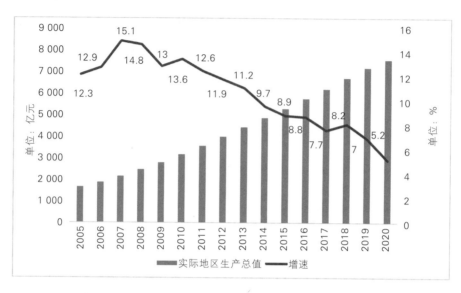

图7-1　2005年至2020年西安市地区生产总值及其增速变化情况（以2010年为基年）

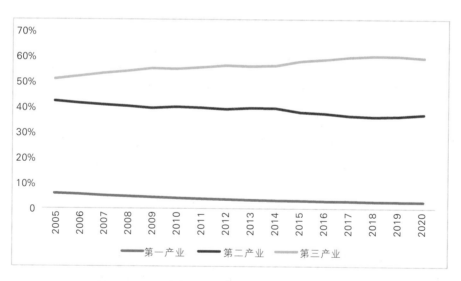

图7-2　2005年至2020年西安市产业结构变化情况

"十三五"时期是西安市建设国际现代化大都市，加快建设现代产业体系的关键时期。到"十三五"时期末，西安市建立起了国内有竞争力、国际有影响力的产业群，步入工业化高级阶段中期。创新驱动发展步伐加快，全面创新改革试验区、国家自主创新示范区和国家"双创"基地建设取得明显成效，国家新一代人工智能创新发展试验区、首个国家级硬科技创新示范区启动建设。纵观 2020 年，西安市依托三星、陕汽、西飞、西电、西部超导、杨森等龙头企业，做强电子信息制造、汽车、航空航天、高端装备、新材料新能源、生物医药等 6 大支柱产业，年内实现规模以上先进制造业总产值 3 200 亿元以上；依托华为、中兴、铂力特等龙头企业，做大人工智能、机器人、5G 技术、增材制造、大数据与云计算等 5 大新兴产业，年内主营业务收入达 350 亿元以上；现代金融、现代物流、研发设计、检验检测认证、软件和信息服务、会议会展等 6 大生产性服务业成为新的经济增长极，年内总收入达 3 000 亿元以上；促进文化旅游深度融合，树立"千年古都·常来长安"品牌，打造西安市曲江新区、西安市高新区、西安市经开区"文化+旅游+科技"增长极，西安市港务区、西安市浐灞生态区"体育+旅游+会展"增长极。

2020 年，西安市战略性新兴产业产值比 2019 年增长 13.3%，高技术产业产值增长 23.4%，均高于全市规模以上工业总产值增速。这表明，产业结构的调整带动了经济增长，高技术产业、战略性新兴产业成为带动西安市经济增长的主动力。

7.2.2 西安市能源现状

7.2.2.1 西安市能源消费结构

西安市是典型的能源输入型城市，能源消耗逐渐增长，全市 94% 的能源从外部调入，对外依赖严重。其一次能源主要是水力发电和可再生能源利用，二次能源生产转换以电力、热力和原油加工为主。

2014 年和 2019 年西安市终端能源消费结构分别如图 7-3 和图 7-4 所示。2014 年西安市终端能源消费量为 2 457.94 万吨标准煤，其中煤炭消费占能源消费总量的 53.4%。2019 年西安市终端能源消费量为 2 807.04 万吨标准煤，比 2014 年增长了 14.2%。这表明以大气污染治理为目标的能源结构调整效果显著。在主要能源品种终端消费中，与 2014 年相比，2019 年的煤炭消费占比下降为 30%，石油消费占比也在下降，天然气、电力的消费占比却增加了，可见西安市的能源消费结构在这几年间处于不断优化的状态，但煤炭消费占比仍然较大，在"双碳"目标下能源消费结构需进一步优化。

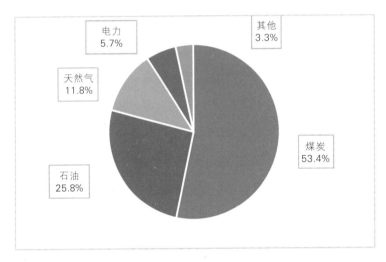

图7-3　2014年西安市终端能源消费结构

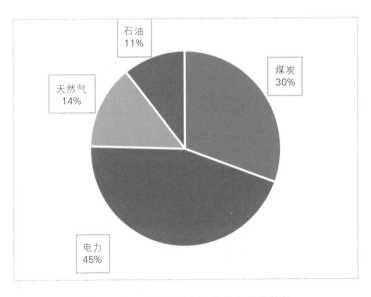

图7-4　2019年西安市终端能源消费结构

西安市工业终端能源利用的分产业耗能情况和产值情况如图7-5所示。可以看出,2019年耗能产业主要集中在农副食品加工业,化学原料及化学制品制造业,非金属矿物制品业,汽车制造业,电气机械及器材制造业,计算机、通信和其他电子设备制造业等,并且不同产业间的能源消费量差异较为明显。但是,从产值上看,产值比较高的行业主要集中在汽车制造业、铁路、船舶、航空航天和其他运输设备制造业、电气机械及器材制造业以及计算机、通信和其他电子设备制造业。两者除汽车制造业、电气机械及器材制造业和计算机、通信和其他电子设备制造业外,吻合度较低,即西安市能源消费大户与总产值大户存在着分离的现象。由此可以看出,对于西安市来说,大力发展高新技术产业,严控高耗能、高排放产业对于"双碳"目标的实现十分重要。

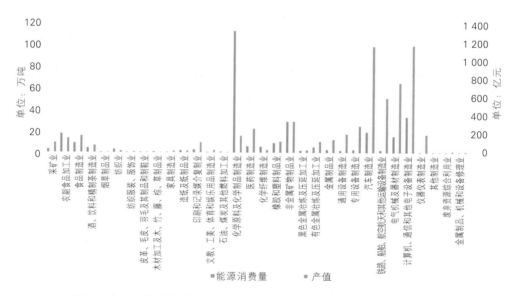

图7-5 2019年西安市工业终端能源利用的分产业耗能情况和产值情况

7.2.2.2 煤炭消费结构

为了更好地找到煤炭消费的重点领域以便制定出有针对性的政策措施,本节将煤炭消费量进行细分,分为第一产业、第二产业、第三产业、生活、发电和供热等部门，西安市2014年的煤炭消费总量为1 312.5万吨标准煤，其各个部门煤炭消费的具体占比如图7-6所示。

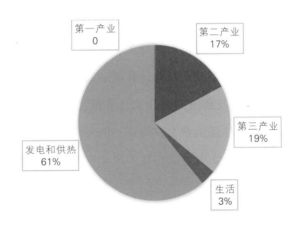

图7-6　2014年西安市分部门煤炭消费占比情况

从图7-6可以明显看出，2014年西安市分部门煤炭消费中占比最高的是发电和供热部门，占比为61%，其次是第三产业和第二产业，占比分别为19%和17%，第三产业占比已经超过第一产业和第二产业。

进一步分析煤炭从投入到终端消费的情况，由图7-7可知，2019年西安市煤炭终端消费主要用来发电和供热（83%），其次是工业直接利用（15%）。在工业直接利用中，化学原料及化学制品制造业消耗的煤炭最多。西安市2019年规上工业企业分行业煤炭消费量和产值情况如图7-8所示。总体来看，2019年西安市工业直接利用中耗煤量较大的前五个行业与产值比较高的行业之间并没有较大的吻合度，即煤炭消费大户与工业总产值大户存在分离现象。所以，西安市未来可以通过第二产业内部的产业结构调整来实现第二产业整体的能源消费结构优化，进而达到控制煤炭消费的目的。

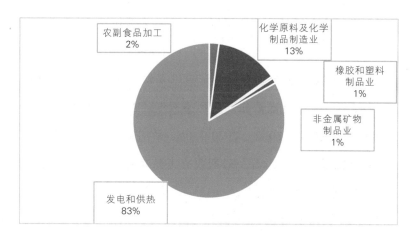

图7-7 2019年西安市煤炭终端消费情况

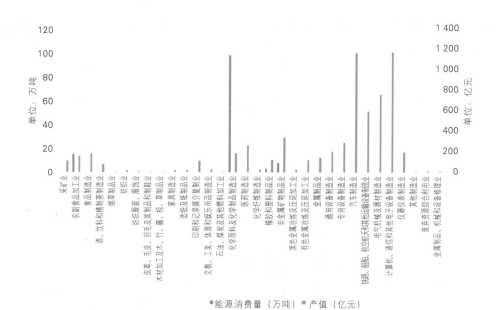

图7-8 2019年西安市规上工业企业分行业煤炭消费量、产值情况

7.2.3 西安市环境现状

7.2.3.1 西安市大气污染现状

《2020年陕西省国民经济和社会发展统计公报》显示，2020年西安市共监测空

气污染366天，环境空气质量达到二级以上的天数为250天，比2019年增加25天，达标率为68.3%。参照《环境空气质量标准》（GB3095-2012），西安市2020年每天的达标情况为优级天数56天，创有监测记录以来最佳成绩；重度污染天数15天，较2019年减少13天，其中首次消除严重污染天气。西安市在全国168个重点城市空气质量排名中顺利退出后20位。2020年PM$_{2.5}$平均浓度为51微克/立方米，同比下降10.5%，顺利完成了"十三五"时期收官考核指标任务，"十三五"时期打赢"蓝天保卫战"圆满收官。

2015年和2020年西安市空气质量状况如图7-9所示。可以看出，从2015到2020年，西安市的空气污染状况有一定好转，空气质量状况为优的天数增加了三倍多，可见有关部门的空气污染防治政策与行动产生了显著效果，但从整体状况看，2015年的空气质量优良率为68.8%，2020年的空气质量优良率不升反降，且与全国平均水平87%有较大差距。

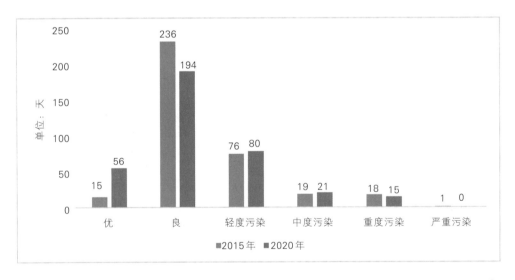

图7-9　2015年和2020年西安市空气质量状况

西安市2015年和2020年四种大气污染物（SO$_2$、NO$_2$、PM$_{10}$和PM$_{2.5}$）的年平均

浓度及达标情况如图 7-10 所示，图中横线为我国环境空气质量标准（GB3095-2012）二级浓度限值。可以看出无论是二氧化硫（SO_2）、二氧化氮（NO_2）、PM_{10}还是$PM_{2.5}$，2020 年其浓度均比 2015 年有所下降，其中，SO_2浓度下降幅度最大，下降了 64.7%。2018 年上半年，生态环境部发布了全国 365 个城市的$PM_{2.5}$浓度排名，西安市位列第 15 位。与大气污染物排放标准相比，仅有SO_2这一种污染物低于标准浓度，2020 年NO_2、PM_{10}和$PM_{2.5}$这三种污染物的浓度分别超过国家环境空气质量标准二级的 3.5%、14.4% 和 45.7%，虽然西安市空气污染物浓度逐年下降，但与排放标准相比仍有较大差距，空气污染状况十分严峻。

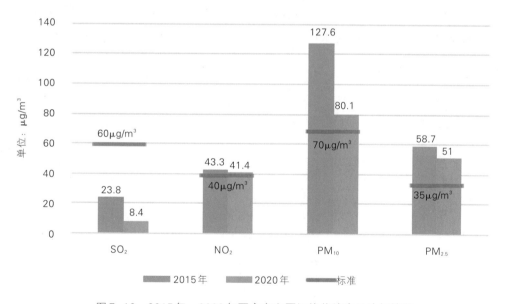

图 7-10　2015 年、2020 年西安市主要污染物浓度及达标情况

西安市及周边地区外来输入性污染占总污染的比重为 30% 左右，而西安市所在的汾渭平原煤炭占一次能源消费的比重近 90%，远超全国平均水平（60%）。西安市燃煤燃烧对SO_2、NO_2和烟粉尘排放分别约有 71%、49% 和 40% 的贡献率，对$PM_{2.5}$的贡献率为 40% 左右。因此，要控制西安市的大气污染，实现"双碳"目标，

首先应该解决"重煤"的能源结构所导致的污染问题，注重源头防治，实现对煤炭消费总量的控制和能源消费结构的优化升级。

7.2.3.2　西安市水资源、水污染现状

《西安市 2019 年水资源公报》显示，2019 年西安全市水资源总量为 27.62 亿立方米，比 2018 年偏丰 26.1%。西安市人均水资源占有量仅有 213 立方米，远远低于全国人均水资源量 2 062.9 立方米。国际公认的绝对缺水线是人均水资源量 500 立方米，而人均水资源占有量达到 1 000 立方米则是国际范围内公认的维持地区经济社会发展的必要指标，由此可见，西安市属于严重缺水的城市。

就整个西安市来说，水源地的水质较好。从 2021 年 6 月 24 日绿网发布的西安市 25 个监测点的结果来看，西安市劣 V 类水、黑臭水源地均为零，如图 7-11 所示，水质状况在全国省会城市中较好。但从河流水质情况来看，并不乐观，水质污染严重。

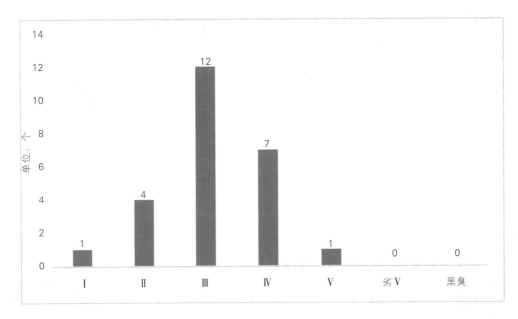

图 7-11　2021 年西安市水源地水质状况

西安市 2019 年 13 条河流的 33 个断面、排污渠的 2 个断面、景观娱乐用水的 4 个断面的监测结果如表 7-1 所示。

表 7-1   2019 年西安市河流水质评价结果

水质类别	断面个数（个）	占监测断面的百分比（%）
Ⅱ类	15	45.45
Ⅲ类	8	24.24
Ⅳ类	6	17.18
劣Ⅴ类	4	13.13

从表 7-1 中可以看出，Ⅳ类水和劣Ⅴ类水占比高达 30.3%，西安市的河流污染情况较严重。主要污染物是 COD、氨氮和酚。COD 主要来自造纸、食品加工、化纤生产等的工业废水。氨氮主要来自生活污水、化工污水、农用化肥。酚主要来源于造纸、木材防腐和化工等行业排出的废水。西安市的河流污染主要是由高污染企业未达标的污水直接排入渭河及其支流造成的，如造纸、食品加工、化学原料加工、木材加工等行业的工业废水，以上行业中造纸业属于高煤耗行业，食品加工业和化学原料加工业属于中煤耗行业。可见西安市的水污染有相当一部分是由燃煤企业造成的，控制西安市的煤炭消费总量、调整优化能源消费结构势在必行。

7.3 西安市"双碳"目标

7.3.1 碳排放与碳中和目标

在国家层面正式提出"双碳"目标并将碳中和纳入我国经济社会发展的顶层布局后，全国各地纷纷基于当地的发展情况，围绕"双碳"目标针对性地制定了"十四五"发展规划目标和 2021 年工作重点。

西安市在"十四五"规划中指出，到 2025 年，单位地区生产总值二氧化碳排放量降低15%。森林覆盖率要超过48.03%，城市空气质量优良天数比率要达到74%（见表7-2）。各地要积极做好碳达峰、碳中和工作，落实2030年前碳排放达峰行动方案，探索符合西安市战略定位、发展阶段、产业特点、能源结构和资源禀赋的低碳发展路径。同时落实能源消费"双控"制度，调整产业结构、能源结构，推动煤炭消费尽早达峰。为此，要建立减排降碳协同机制，开展碳捕集、利用与封存试验，加快风光储氢多能融合示范基地建设，增加森林碳汇，强化非二氧化碳温室气体管控。

表7-2　　　　　西安市在"十四五"规划中的部分能源与环境指标

总指标	幅值
单位地区生产总值能源消耗降低	12%
单位地区生产总值二氧化碳排放降低	15%
城市空气质量优良天数比例	74%
地表水达到或好于Ⅲ类水比例	>73%
森林覆盖率	>48.03%
单位地区生产总值用水量降低	2%

7.3.2　"双控"及能源结构调整

西安市在"十四五"规划中指出，到2025年，西安市单位地区生产总值能耗降低12%，煤炭消费总量控制在800万吨以内。2021年6月25日，西安市人民代表大会常务委员会发布《关于优化调整产业结构能源结构交通运输结构推动大气环境质量持续改善的决定》，明确要优化调整能源结构，推进减污降碳。该文件同时明确了西安市在"十四五"时期末退出煤电的目标，这意味着在2025年前西安市燃煤热电企业将全部关停或搬迁，从而实现天然气对煤炭的全面替代。

陕西省在"十四五"规划中明确指出，大力发展风电和光伏，有序开发建设水电和生物质能，扩大地热能综合利用，提高清洁能源占比。按照风光火储一体化和源网荷储一体化开发模式，优化各类电源规模配比，扩大电力外送规模。到2025

年，电力总装机超过 13 600 万千瓦，其中可再生能源装机 6 500 万千瓦。西安市为响应省级层面的目标要求，对清洁能源的发展也会做出相应的调整。

7.3.3　生态红线约束

西安市在"十四五"规划中指出，要推动生态环境质量持续好转，生态系统稳定性不断增强，主要污染物排放总量持续减少，大气污染治理取得明显成效，资源利用效率大幅提高，生产生活方式绿色转型成效显著，生态文明建设达到新高度。

本模型中"双碳"的目标值要基于西安市在"十四五"规划中大气、水资源、碳排放等生态红线的确定。《西安市蓝天保卫战 2021 年工作方案》指出，到 2021 年，全市优良天数力争达到 260 天以上，$PM_{2.5}$ 浓度控制在 48 微克/立方米以下，空气质量排名力争退出全国 168 个重点城市后 30 位。水资源红线要求：到 2025 年，单位地区生产总值用水量比 2020 年下降 2%，地表水达到或好于 III 类水体比例要高于 73%，全市河湖水质全部达到准 IV 类。同时，到 2025 年，西安市单位地区生产总值二氧化碳排放量比 2020 年降低 15%。

7.4　西安市实现"双碳"目标的有利条件和不利条件

7.4.1　西安市能源结构调整的有利条件

7.4.1.1　丝绸之路经济带建设、新一轮西部大开发战略、关中-天水经济区建设的机遇

"十三五"是西安市建设具有历史文化特色国际化大都市、全面实现小康社会的关键时期，也是西安市工业化和城镇化快速发展的时期。建设"一带一路"的构想，为古丝绸之路赋予全新的时代内涵。西安市作为丝绸之路经济带的起点，同时也作为中国西部的经济、文化中心，在国家西部城市的可持续发展的过程中，有着举足轻重的地位，同时也肩负着重大责任。

新一轮西部大开发将在西部形成新一轮经济快速上升，在更大范围内吸引国际产业和关键要素向西安市的集聚，促进软硬件更加优化并带动相关产业加速发展；同时关中–天水经济区发展机遇赋予了西安市"国际化大都市"的目标定位，为西安市加快经济发展方式转变、实现更好更快发展提供了有力支持。

7.4.1.2 替代能源的可得性和可利用性

（1）天然气

天然气是可替代煤炭的清洁能源，位于陕北靖边地区的长庆油田是西安市的天然气气源。早在2000年，长庆油田即被探明拥有800亿立方米的资源总量，而该油田的累计已探明储量达7 084亿立方米，控制储量则为5 076亿立方米。2019年，中国第三个石油天然气交易中心落户西安市，为西安市天然气的进一步发展提供了机遇。

目前，西安市已经完成了天然气城市气化工程的第一期和第二期，三期工程正在进行。西安市政府2013年已经申请年度气量20亿立方米。天然气城市气化工程全年共完成投资8 500万元，铺设了次高压管道7.1千米，并已建设附属配套设施；同时铺设了中压管道及支线13.5千米，以配合城市道路建设和用户发展之需。

（2）可再生能源

西安市可再生能源发展潜力较大。太阳能较为丰富，全年日照时数1983～2 267小时，总辐射量为450万千焦/平方米～504万千焦/平方米；地热能资源非常丰富，地质构造为渭河盆地西安凹陷，具有埋藏深、水温高的特点，大地热流值高于世界平均水平，仅城区可以开发的地热面积就有约780平方千米，地下热水可采储量5.39亿立方米；生物质能发展潜力较大，年产农林废弃物约400万吨，日产垃圾6 500万吨以上；风能在特定地域具有一定发展潜力，秦岭分水岭实测平均风速5.5米/秒，最大风速9米/秒。

西安市实力雄厚的能源科技研发能力为各种替代能源的可利用性提供了强有力的保障。截至2019年，西安市全面创新改革试验区17项国家授权改革任务全面完成，累计上报改革经验68条，国家累计推广经验56条，累计被国家采纳12条，上报改革经验质量和国家采纳数量均居8个试验区前列。西安市目前有11个国家重点实验室。2019年全市共获得实用新型专利18 937项，发明专利9 017项，截至2018年年底，累计拥有创新创业载体平台110个，孵化面积近500万平方米。拥有国内外知名企业研发中心120个，其中世界“500强”研发机构48个；区内企业累计获得国家和省（部）级科技奖300余项。其中陕西四季春清洁热源股份有限公司研发的中深层干热岩供热制冷技术、蓝色海洋太阳能有限公司的平板太阳能光热应用系统均处于国际领先水平。

7.4.1.3 产业结构调整潜力较大

目前，西安市能源消费大户与工业总产值大户之间匹配度较低，存在分离的现象。工业增加值排名靠前的汽车制造业、电气机械和器材制造业、铁路、船舶、航空航天和其他运输设备制造业等行业的单位工业增加值能耗都比较低。这三大行业都是高科技行业，也是西安市目前的支柱产业。西安市在“十四五”规划中指出持续开展质量提升和“标准化+”专项行动，打响“西安制造”品牌，到2025年，力争规模以上先进制造业总产值超过1万亿元。西安市做强支柱产业、构建现代产业体系的决心和计划为大力发展上述行业提供了强有力的保障和推动作用。与此同时产业结构的调整也会倒逼能源结构的转型升级。

7.4.1.4 交通、建筑结构调整潜力大

西安市在“十四五”规划中指出要从根本上调整优化交通运输结构，加快建设绿色交通体系，实施新能源汽车推广计划，鼓励绿色出行，不断提高公共出行分担率；推动建筑节能，发展绿色建筑。新增出租车、公交车、网约车纯电动率达到100%。2023年现有天然气公交车全部完成电动化更新，其中2021年更新不少于1 000辆。推广装配式建筑，2021年装配式建筑占城镇新建建筑比例达到30%以上。

7.4.1.5 与治理水污染有协同效应

西安市的水污染主要由造纸、食品加工、化学原料加工、木材加工等行业造成，其中造纸业属于高煤耗行业，食品加工业和化学原料加工业都属于中煤耗行业。淘汰上述高中煤耗行业的落后产能，禁止新建和扩建该类企业，不仅控制了煤

炭总量消费，优化了能源结构，还可以降低污染物的排放，从而达到治理水污染的目标。

7.4.1.6 与大气污染防治协同

西安市燃煤燃烧对于 SO_2、NO_2 和烟粉尘排放分别约有71%、49%和40%的贡献率，对 $PM_{2.5}$ 的贡献率为40%左右。煤炭消费量大、消费结构不合理及技术水平低等因素带来了严重的环境污染问题，并制约着区域空气质量的改善。同时，日益严格的环境空气质量标准和主要大气污染物持续减排对煤炭利用过程中的大气污染物排放也提出了很高的要求。因此，进行大气污染防治，改善西安市的空气质量，必须实现煤炭的清洁化利用，大力发展清洁能源，严控煤炭消费总量，优化能源消费结构。

7.4.2 西安市能源结构调整的不利条件

7.4.2.1 天然气和电力应急调峰能力不足

西安市能源结构调整的一个主要障碍是天然气和电力应急调峰能力不足。西安市产业用能和居民生活用能不平衡，第二产业主要以燃煤为主，主城区第三产业和居民生活用能以电力、天然气为主，造成主城区用电用气的峰谷差较大，且调峰困难；用户用能不平衡，特别是西安市众多的大专院校放假期间用能需求急剧下降；季节用能不平衡，春秋季电力和天然气消费低，夏季冬季消费量大幅增加，天然气和电力不能有效保障，由此产生的缺口只能由煤电补齐。一方面目前我国煤电深度调峰目标仅完成了1/4，另一方面火电利用小时数变化区间过大并不具备经济性。

7.4.2.2 能源利用效率较低

自2005年以来，西安市单位地区生产总值能耗不断下降，但与我国一线城市相比仍有一定差距，主要是能源消费环节浪费比较严重，如燃煤锅炉热效率较低、建筑采暖热能浪费严重、电机综合效率低下、照明用电浪费比较普遍等。2019年，西安市单位地区生产总值能耗为0.324，比北京市高40.9%。

7.4.2.3 电力基础设施建设落后

西安市电网建设速度不能满足用电需求的快速增长，用电负荷平均每年增加38万千瓦，平均增速11%，而变电容量每年增加56万千伏安，平均增速8.9%。现有电网的供电能力难以保障西安市追赶超越，建设国家中心城市的用电需求，预计夏季高峰期间，西安电网将有7座330千伏、54座110千伏的变电站及87台主变压器重载运行，存在负荷缺口约50万千瓦。以西安市西郊地区为例，目前为西郊地区供电的330千伏河寨变电站和草滩变电站供电能力严重不足，近年来持续重载运行。

7.5 西安市的能源结构调整措施

经过实地调研和查阅数据可知，2019年西安市煤炭消费量占能源消费比重为30.6%。近年来西安煤炭消费量不断下降，占比也不断降低，但距2025年实现全面退出煤电的目标仍然有较大差距。结合经济发展目标与节能减排目标，西安市在"十四五"规划中明确了能源结构调整措施。

7.5.1 提高能效和优质能源比例

西安市要充分释放和提高火电企业供热能力，探索推进大唐西安热电厂剩余发电机组供热能力提升改造，提高能源转换效率，从而降低燃煤机组的供电煤耗。切实贯彻落实国家制定的煤耗削减目标，严格控制发电小时数。

除此之外，西安市应大力推广节能技术，从用户使用、工业利用、电网能效管理等多方面全面践行国家节能减排政策，并增加对提高能效、减少燃煤污染的技术研发的资金；加大对天然气发电技术的开发力度，提高天然气占火力发电使用能源的比例。

7.5.2 推动清洁取暖

提高天然气在西安市供热能源使用中的比重，发展天然气热电冷联产技术等，强化天然气供应保障，并推进建造天然气调峰电站等配套设施的建设。大力发展地热能、储能式电锅炉、污水源热泵、空气源热泵和分布式供热等清洁取暖方式，新建居民住宅、科研单位、商业综合体优先采用清洁能源取暖方式。因地制宜、综合施策推动农村清洁能源替代，推广新型环保炉具，积极推动农作物秸秆等生物质废弃物资源化利用，利用生活垃圾无害化处理设施余热开展周边村镇供热试点建设，持续提升农村地区清洁取暖水平。尽快启动"引热入西①"（北线）长距离供热项目。

同时严防燃煤散烧，对已确定的洁净煤供应网点，采暖期每月、非采暖期每季结合实际开展煤质抽检。以洁净煤生产、销售环节为重点，组织开展洁净煤煤质专项检查，依法严厉打击销售劣质煤行为。对现有燃煤集中供热站要提高燃煤质量，完成除尘、脱硫、脱硝等环保设施提标改造，削减集中供热燃煤消费。对于非清洁能源供热进行严格管控，新增集中供热需求必须由清洁能源热源保障，新增供暖面积逐步采用分布式供热方式。

此外，供热端不仅应从供热发出端控制，还应该从用户使用端施行控制手段，即从建筑、民生方面入手，鼓励建造绿色新建筑，督促老建筑进行隔热层、供暖系统的改造，普及使用智能电表，暖气使用实行分户计量等。

7.5.3 加快产业转型升级

通过产业结构调整，带动西安市能源消费结构调整。开展区域空间生态环境评价工作，建立"三线一单"为核心的生态环境分区管控体系。有序推进热电企业搬迁（替代）。研究制订灞桥热电厂搬迁（替代）方案，启动西安市热电有限责任公司搬迁（替代）工作，加快落后产能淘汰。推进重点行业绩效分级管理。鼓励企业自主升级，整体提升工业企业污染防治水平。推进工业园区集约高质量发展，加大对工业园区生产要素、环保设施、循环改造项目的支持，督促园区限期开展环境影

---

① 引热入西：把西安市周边华能铜川照金电厂、锦阳电厂、华电杨凌电厂等电厂的余热资源引入西安，同时建设热力环网，实现全市热力"一张网"，满足西安市供热需求。

响跟踪评价，根据环境影响跟踪评价结果，指导园区针对性开展整改整治工作，全面提升工业园区发展质量和生态环境治理水平。

7.5.4　全面发展可再生能源

全面发展可再生能源，不断增加优质能源本地供应量和保障水平，提高抵御风险的能力。

优先发展地热能。充分发挥地热能的科技和资源优势，大力推广应用水源泵、污水能源泵和干热岩等地热能利用新技术，优先使用地热能供热制冷，培育地热能产业经济链。到 2020 年，地热能供热（制冷）面积达到 4 960 万平方米。大力扶持太阳能开发利用。鼓励和支持多种太阳能设施和设备在城乡大规模应用，到 2020 年，太阳能总集热面积达到 238 万平方米，太阳能光伏装机容量达到 24.665 万千瓦，光伏发电与电网销售电价相当。积极推进生物质能综合利用。到 2020 年，西安市沼气利用总量折合可达到 7 万吨标准煤；生物质发电装机容量达到 3.6 万千瓦，垃圾发电装机容量达到 23.2 万千瓦，生物柴油年产能达到 27.5 万吨。

7.5.5　加快调整优化交通运输结构

大幅提升铁路货运比例，优化调整货物运输结构。继续提升重点行业企业"公转铁"货运比例。构建"外集内配、绿色联运"的公铁联运城市绿色物流配送新体系。

加快车辆结构升级。大力推广新能源汽车，鼓励渣土车、垃圾清运车实行电动化替代，加快电动车充电桩（站）配套建设。加快建成以轨道交通为骨干、电动公交车为基础、电动出租车（含网约车）为补充、公共自行车和共享单车等慢行系统为延伸的城市绿色公共交通系统。同时，加强在用机动车的管理，加大超限、超载的查处力度，降低超限、超载带来的污染物排放。

7.5.6 加快调整优化用地结构

推广装配式建筑。将扬尘管理工作不到位的不良信息纳入建筑市场信用管理体系，情节严重的，列入建筑市场主体"黑名单"。在规划过程中运用产业关联模型识别高关联度产业企业，构建产业共生链，提升产业关联度并推动高关联产业临近布局，缩短上下游企业距离，减少不必要的客货运输碳排放。

以省级重点示范镇和文化旅游名镇为示范，开展四类小城镇建设、"美丽宜居村庄"建设，促进城乡统筹发展。加强对山边、水边、路边的环境整治，规划建设一批城市公园、滨河绿道、城市客厅，为市民提供优良的公共空间和休闲场所。

7.5.7 强化科技支撑能力建设

完善生态环境"智慧平台"建设，完善环境监测监控网络，完成重点污染源自动监控系统升级改造，初步整合市生态环境局系统现有信息化平台数据，加大社会污染源"精细化"管控。

开展"一市一策"空气质量保障工作，以"$PM_{2.5}$和O_3协同控制"为目标，持续开展大气污染源清单更新、夏季O_3成因分析与防控、挥发性有机物减排、机动车废气污染综合治理、重污染天气科学应对、重点行业绩效分级、空气质量预警预报、$PM_{2.5}$在线源解析以及跟踪驻点等工作。

7.5.8 加强宣传引导

积极开展多种形式的宣传教育，普及大气污染防治科学知识，建立宣传引导协调机制，发布权威信息，及时回应群众关切的热点、难点问题。进一步加大环境信息公开力度，鼓励公众通过多种渠道举报环境违法行为。引导公众增强节约意识、环保意识、生态意识，倡导形成简约适度、绿色低碳的生活方式。

同时运用媒体曝光、公开约谈、通报批评、严肃问责等措施，夯实各级工作职责，实现生态环境"全民监督"，严格考核奖惩，落实各项工作措施。

第 8 章　西安市：基于系统动力学模型的"双碳"方案

8.1　潜力分析

西安市系统动力学模型总体上分为基准情景和"双碳"情景。基准情景是指西安市在宏观经济缓慢转型和能源技术缓慢发展的情况下，二氧化碳排放量在各目标年的预测值。其中，宏观经济缓慢转型是指西安市维持现有经济发展方式，经济结构、要素结构和产业结构都按照自然状态发展，无特殊政策干预；能源技术水平具体表现为能源效率提升缓慢，非化石能源稳步发展。

"双碳"情景描述的是在基准情景下响应国家号召，引入"碳达峰、碳中和"目标，进一步加强政策力度，表现为通过控制化石能源尤其是煤炭的消费以及发展清洁能源来调整能源结构、提高高新服务业比重来调整产业结构。

根据第 3 章的论述，碳排放和能源消费总量控制政策总体上可以分为三大类：经济结构调整、能源结构优化、能源效率提高。本章的情景模拟部分也分为经济结构调整、能源结构优化、能源效率提高这三部分。

8.1.1　经济结构调整

经济结构的调整分为第一、二、三产业的调整，以及产业内部主要是第二、三产业内部结构的调整。本节所指的主要是第一、二、三产业结构的调整，而产业内部尤其是第二、三产业内部结构的调整，在后续"能源结构调整"部分展开论述。

产业结构的调整必然伴随着能源结构的调整，正是因为第二、三产业内部结构的调整才导致了第二、三产业能源消费结构的调整。

模型结果显示，"十四五"期间，西安市产业结构日趋优化，到2035年产业结构也处在不断优化的过程中。西安市产业结构变化的模拟如表8-1所示，在基准情景下，到2025年，第一产业的结构占比为2.5%，第二产业的结构占比为38.0%，第三产业的结构占比为59.5%；到2035年，第一产业的结构占比为1.7%，第二产业的结构占比为30.0%，第三产业的结构占比为68.3%。第一产业和第二产业的占比下降，第三产业的占比提高。在"双碳"情景下，到2025年，第一产业的结构占比为2.4%，第二产业的结构占比为35.4%，第三产业的结构占比为62.2%；到2035年，第一产业的结构占比为1.6%，第二产业的结构占比为28.3%，第三产业的结构占比为70.1%。"双碳"情景与基准情形的产业结构变化趋势基本一致，但在"双碳"情景下第三产业占比增幅更大，产业结构优化趋势更为明显。

表8-1　　　　　　　　　　西安市产业结构变化情况

	年份	第一产业增加值比例	第二产业增加值比例	第三产业增加值比例
基准情景	2019→2025→2035	2.7%→2.5%→1.7%	36.7%→38.0%→30.0%	60.5%→59.5%→68.3%
"双碳"情景	2019→2025→2035	2.7%→2.4%→1.6%	36.7%→35.4%→28.3%	60.5%→62.2%→70.1%

8.1.2　能源结构优化

根据本章模型，需将能源结构划分为第一产业能源结构、第二产业能源结构、第三产业能源结构、发电能源结构、供热能源结构五部分。

8.1.2.1　第一产业能源结构

2019年西安市第一产业的能源消费量约占总能源消费量的0.69%，尽管份额极小，但本章也对其能源结构进行了分析，结果如表8-2所示。

在"十四五"期间，西安市围绕建设具有鲜明特色的都市型现代农业总体战略，走"资源节约、环境友好"的农业现代化道路。在"双碳"情景下，煤炭消费比例下降幅度较大，而天然气、电力、热力会有小幅上升。

表 8-2 西安市第一产业能源消费结构变化情况

	基准情景 2019年→2025年→2035年	"双碳"情景 2019年→2025年→2035年
煤炭	15.84%→9.73%→1.20%	15.84%→9.57%→0.7%
石油	36.18%→31%→17%	36.18%→30.5%→15.5%
天然气	1.45%→2.67%→4%	1.45%→3%→5%
电力	46.53%→52.8%→73.80%	46.53%→53.03%→74.5%
热力	0%→3.8%→4%	0%→3.9%→4.3%

8.1.2.2 第二产业能源结构

第二产业中煤炭占能源的比例，用公式可以表示为：

$$Coal_z = \frac{Coal}{E} = \sum \frac{E_i}{E} \cdot \frac{Coal_i}{E_i}$$

其中 $Coal_z$ 表示的是第二产业中煤炭占第二产业能源消费量的比例，E_i 表示第二产业内部 i 行业的能源消费量，E 表示第二产业的能源消费量，$Coal_i$ 表示第二产业中 i 行业的煤炭消费量。从而，在假定同一行业内部能源消费结构不变的前提下根据不同行业能源消费量的占比的变化，可以推断出煤炭在第二产业能源消费量中的占比情况。

西安市加强对电力、建材、造纸等"两高"行业的节能低碳管理，加大用先进技术改造传统产业的力度。推广高效节能环保锅炉，因地制宜、综合施策推动农村清洁能源替代，推广新型环保炉具，积极推动农作物秸秆等生物质废弃物资源化利用，利用生活垃圾无害化处理设施余热开展周边村镇供热试点建设，持续提升农村地区清洁取暖水平。高燃煤项目要进行煤耗等量或减量置换，鼓励现有高耗煤、高排放企业转型升级。

本章对第二产业的各行业按单位产值能耗分成了如表8-3所示的三类：高耗能行业、中耗能行业、低耗能行业。

表8-3   第二产业各行业单位产值能耗分组

高耗能行业	中耗能行业	低耗能行业
化学纤维制造业 纺织业 石油加工、炼焦和核燃料加工业 非金属矿物制品业 黑色金属冶炼和压延加工业 农副食品加工业 橡胶和塑料制品业 造纸和纸制品业 有色金属冶炼和压延加工业	食品制造业 木材加工及木、竹、藤、棕、草制品业 采矿业 建筑业 计算机、通信和其他电子设备制造业 化学原料和化学制品制造业 汽车制造业 电气机械和器材制造业	医药制造业 纺织服装、服饰业 废弃资源综合利用业 家具制造业 专用设备制造业 金属制品业 金属制品、机械和设备修理业 通用设备制造业 印刷和记录媒介复制业 烟草制品业 文教、工美、体育和娱乐用品制造业 其他制造业 铁路、船舶、航空航天和其他运输设备制造业 皮革、毛皮、羽毛及其制品和制鞋业 仪器仪表制造业

在基准情景和"双碳"情景下，第二产业能源消费结构变化情况如表8-4所示。可以看出，在"双碳"情景下，2025年煤炭占比降到了13%，2035年的占比为3%。煤炭消费总量控制效果显著。2025年电力、天然气的占比将分别上升到68.6%、10.33%，2035年的占比分别增加至69%和13%。

表 8-4 西安市第二产业能源消费结构变化情况

	基准情景	"双碳"情景
	2019年→2025年→2035年	2019年→2025年→2035年
煤炭	19.18%→14%→6%	19.18%→13%→3%
石油	2.15%→4.07%→10%	2.15%→2.73%→6%
天然气	8.9%→7%→3%	8.9%→10.33%→13%
电力	66.43%→69.3%→71%	66.43%→68.6%→69%
热力	3.39%→5.63%→10%	3.39%→5.3%→9%

8.1.2.3 第三产业能源结构

第三产业中煤炭占能源的比例用公式可以表示为：

$$Coal_z = \frac{Coal}{E} = \sum \frac{E_i}{E} \cdot \frac{Coal_i}{E_i}$$

其中 $Coal_z$ 表示的是第三产业中煤炭占第三产业能源消费量的比例，E_i 表示第三产业内部 i 行业的能源消费量，E 表示第三产业的能源消费量，$Coal_i$ 表示第三产业中 i 行业的煤炭消费量。因此，在假定同一行业内部能源消费结构不变的前提下根据不同行业能源消费量的占比的变化，可以推断出煤炭在第三产业能源消费量中的占比情况。

西安市已经进入到后工业化阶段，但也可以看出，第二产业对于第三产业有很强的推动作用。西安市在"十四五"规划中指出，要基本形成"6+5+6+1"现代产业体系，先进制造业强市建设取得突破性进展。

首先讨论 2019 年西安市第三产业内部各行业的能源消费具体情况。本章将第三产业分为交通运输、仓储和邮政业，批发、零售业和住宿、餐饮业以及其他（金融业，房地产业，教育，卫生、社会保障和社会福利业，文化、体育和娱乐业，信息传输、计算机服务和软件业等）。2014 年西安市第三产业内部的能源消费结构如表 8-5 所示，从表中我们可以看出，第三产业的控煤重点应该是批发、零售业和住宿、餐饮业及其他。

表8-5　　　　　　　　　2014年西安市第三产业内部的能源消费结构

行业	行业增加值（亿元）	增加值占比	行业能源合计（万吨标准煤）	行业能源占比	行业单位增加值能耗（吨标准煤/万元）	行业内煤炭消费量（万吨标准煤）	行业内煤炭消费量在能源消费量中的占比
交通运输、仓储和邮政业	235.58	7.74%	368.86	37.20%	1.57	6.44	1.75%
批发、零售业和住宿、餐饮业	777.8	25.57%	152.48	15.37%	0.2	3.12	2.05%
其他	2 028.89	66.69%	470.28	47.43%	0.23	186.86	39.73%

　　由于西安市第三产业的内部结构已经很多年没有太大变化，对第三产业能源结构在"双碳"情景下的设计，不能跟第二产业趋同。本次估算中我们假设第三产业内部结构和行业产值单耗不发生变化，仅对行业内煤炭消费占比进行模拟。基准情景和"双碳"情景下西安市第三产业内部结构变化情况如表8-6和表8-7所示。

表8-6　　　　　　　　　基准情景下西安市第三产业内部结构变化情况

	行业增加值单耗 2014年→2025年→2035年	行业内煤炭消费量占比 2014年→2025年→2035年
交通运输、仓储和邮政业	1.57→1.3→1	1.75%→1.5%→1.2%
批发、零售业和住宿、餐饮业	0.196→0.18→0.15	2.05%→1.75%→1.5%
其他	0.23→0.2→0.15	39.73%→30%→21%

表8-7　　　　　"双碳"情景西安市第三产业内部结构变化情况

	行业增加值单耗 2014年→2025年→2035年	行业内煤炭消费量占比 2014年→2025年→2035年
交通运输、仓储和邮政业	1.57→1.3→1	1.75%→1.3%→1%
批发、零售业和住宿、餐饮业	0.196→0.18→0.15	2.05%→1.5%→1%
其他	0.23→0.2→0.15	39.73%→15.5%→2%

通过上述分析可以看出，在第三产业中交通运输、仓储和邮政业，批发、零售业和住宿、餐饮业的煤炭消费量并不大。因此，控制煤炭消费的重点应该是第三产业的其他领域，尤其是社会服务业，有很大的削减空间。

在基准情景和"双碳"情景下，第三产业能源消费结构变化情况如表 8-8 所示。在"双碳"情景下，2025 年煤炭占比将下降到 3%，2035 年为 1%；其他能源和电力将会有较大幅度上涨，预计 2025 年分别达到 9.6% 和 32.2%，2035 年分别为 23% 和 39%。

表 8-8　　　　　　　　　第三产业能源消费结构变化情况

	基准情景 2019 年→2025 年→2035 年	"双碳"情景 2019 年→2025 年→2035 年
煤炭	4.81%→3.33%→2%	4.81%→3%→1%
石油	17.1%→14%→11.4%	17.1%→13.2%→9%
天然气	12.93%→14.5%→17.5%	12.93%→14.67%→18%
其他能源	2.76%→7.6%→17%	2.76%→9.6%→23%
电力	28.33%→32.57%→40.1%	28.33%→32.2%→39%
热力	34.07%→28%→12%	34.07%→27.33%→10%

8.1.2.4　居民生活能源结构

2019 年居民生活用煤共计 60.23 万吨标准煤，主要分布在除西安市建成区以外其他的周边县区，以散煤的形式消耗，热效率低。由于燃煤主要用于取暖和做饭，所以可以发展新能源和可再生能源，逐步提高天然气和电能的消费比重。

在基准情景和"双碳"情景下，居民生活能源消费结构变化情况如表 8-9 所示。在"双碳"情景下，2025 年煤炭在居民生活能源结构中只占 5.78%。与此同时，天然气、电力、其他能源的占比将分别达到 21.13%、51.65%、11%。2035 年，天然气占比为 27.4%，电力占比为 52%，其他能源占比为 15%。

表 8-9   西安市居民生活能源消费结构

	基准情景 2019年→2025年→2035年	"双碳"情景 2019年→2025年→2035年
煤炭	8.75%→6.5%→2.5%	8.75%→5.78%→0.3%
石油	6.75%→4.67%→2%	6.75%→4.33%→1%
天然气	17.46%→21%→27%	17.46%→21.13%→27.4%
其他能源	9.91%→10.83%→12.5%	9.91%→11%→15%
电力	48.88%→50.67%→51%	48.88%→51.65%→52%
热力	8.25%→6.33%→5%	8.25%→6.1%→4.3%

8.1.2.5 发电能源结构

对于发电的能源消费结构,基准情景仍按照现有的趋势进行确定。西安市可利用的可再生能源较少,但仍最大限度地开发利用可再生能源资源。在"双碳"情景下,西安市发展分布式能源,推动秸秆发电、垃圾焚烧发电等项目建设,提高非化石能源占比,有序推进大唐灞桥热电厂、西安市热电有限责任公司、大唐西安热电厂、大唐渭河热电厂、陕西渭河发电有限公司等燃煤热电企业搬迁。

在基准情景和"双碳"情景下,发电能源消费结构变化情况如表8-10所示。在"双碳"情景下,2025年煤炭在发电能源消费结构中的占比将下降到77.33%,2035年下降到60%;2025年天然气占比将上升到6.67%,其他能源为17.12%;2035年天然气占比为20%,其他能源占比为23.5%。在"双碳"情景下,除天然气外,化石能源比重下降幅度更大,非化石能源比重增加更多。

表 8-10   西安市发电能源消费结构

	基准情景 2019年→2025年→2035年	"双碳"情景 2019年→2025年→2035年
煤炭	90.21%→80.33%→69%	90.21%→77.33%→60%
石油	0.02%→0.68%→2%	0.02%→0.51%→1.5%
天然气	0%→5%→15%	0%→6.67%→20%
其他能源	9.76%→13.99%→14%	9.76%→17.12%→23.5%

2018年4月，西安市政府以"三中心"（西安丝路国际会展中心、西安丝路国际会议中心、西安奥林匹克体育中心）指挥部的名义提出由政府出资对港务区、浐灞生态区、未央区、经开区辖区内8条330千伏的高压线路进行迁改落地，进一步优化西安市东北部电网结构，提高供电区间负荷转供能力。随着电力需求的增加以及城市"无煤化"目标的实现，西安市的外购电比例不断增加，2016年外购电力比例为52%；2025年，外购电的比例将达到60%；2035年西安市外购电的比例将达到75%。

8.1.2.6 供热能源结构

对于供热的能源消费结构，在"双碳"情景下，通过集中供热、"煤改气"、热电联产等措施，加快淘汰燃煤小锅炉。城市建成区除集中供暖外，实行全面禁煤。对现有燃煤集中供热站要提高燃煤效率，削减集中供热燃煤消费，逐步提高天然气和其他能源的消费比重。充分发挥地热能的资源优势。

在基准情景和"双碳"情景下，供热能源消费结构变化情况如表8-11所示。在"双碳"情景下，2025年煤炭占比将下降到58%，2035年将下降到25%。天然气和其他能源将有较大幅度上涨，2025年天然气占比将达到34.67%，其他能源占比达到6.82%；2035年，天然气和其他能源的占比将分别达到50%和23.5%。

表8-11 西安市供热能源消费结构

	基准情景	"双碳"情景
	2019年→2025年→2035年	2019年→2025年→2035年
煤炭	77.11%→61.33%→40%	77.11%→58%→25%
石油	0.02%→0.68%→2%	0.02%→0.51%→1.5%
天然气	22.87%→31.33%→40%	22.87%→34.67%→50%
其他能源	0%→6.66%→18%	0%→6.82%→23.5%

8.1.3 能源效率提高

如果能源效率可表示为能源强度的倒数，则能源效率提高可用能源强度下降来表示。能源强度即单位产值能源消费量，可分为第一产业能源强度、第二产业能源强度、第三产业能源强度。随着产业结构转型、节能深入推进、技术创新变革，三次产业的能源强度都呈下降趋势。在"双碳"情景下，西安市将更加注重能源消费总量和能源强度控制，加速淘汰煤炭等的低效率生产方式，进一步提高能源效率。

第二产业的能源强度受工业企业的R&D影响，提高工业企业的R&D支出在地区生产总值中所占比例，可得基准情景下2025年第二产业能源强度下降为0.197吨标准煤/万元，2035年下降到0.13吨标准煤/万元；"双碳"情景下进一步提高R&D支出比例，第二产业能源强度的下降幅度更大，2025年将下降至0.187吨标准煤/万元，2035年下降至0.1吨标准煤/万元。基准情景和"双碳"情景下三次产业的能源强度如表8-12所示。

表8-12　　　　　　　　　不同情景下西安市三次产业能源强度

	基准情景 2019年→2025年→2035年	"双碳"情景 2019年→2025年→2035年
第一产业能源强度	0.08→0.65→0.35	0.08→0.06→0.02
第二产业能源强度	0.23→0.197→0.13	0.23→0.187→0.1
第三产业能源强度	0.27→0.222→0.126	0.27→0.213→0.1

8.2　结果分析

前面已经提到，因为系统动力学是对现实情况的仿真模拟，在模型搭建完成以后，对不同情景进行模拟之前，需要检验模型的有效性。一般来讲，具体的检验方式是将历史值与模型的模拟值进行对比。所以，通常选择地区生产总值、产业增加值、煤炭消费量这三个变量来进行实际值和模拟值的对比，图8-1、图8-2和图8-3是西安市系统动力学模型的检验结果。

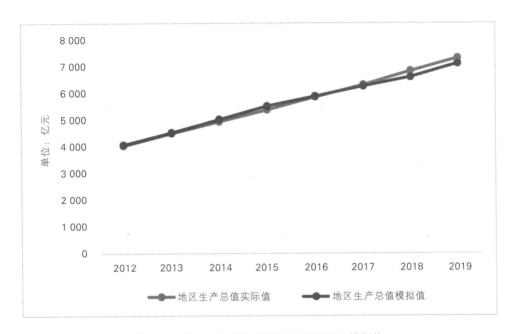

图 8-1 西安市地区生产总值的实际值与模拟值

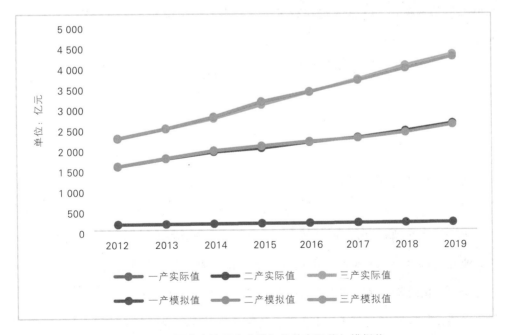

图 8-2 西安市地区产业增加值的实际值与模拟值

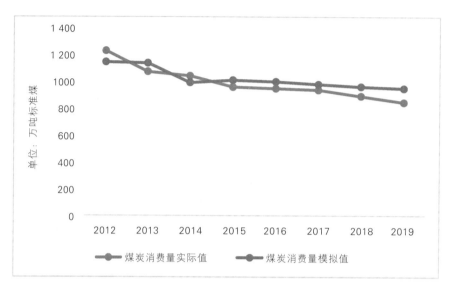

图8-3　西安市地区煤炭消费量的实际值与模拟值

通过上述实际值与模拟值的对比可以看出，西安市的系统动力学模型的实际值和模拟值基本吻合，并且通过计算也可以得出，模拟值和实际值的差异均在15%的允许误差范围之内。

所以，可以认为西安市的系统动力学模型是有效的。

8.3 "双碳"方案及措施研究

通过基准情景和"双碳"情景下地区生产总值、能源消费量、二氧化碳排放量、煤炭消费量、天然气消费量、电力和外来电力、可再生能源的对比，进一步比较2020年、2025年和2035年不同情景下能源强度和碳排放强度下降情况以及非化石能源和煤炭占比，说明西安市只有在"双碳"情景下，立即进行"双碳"布局，进行全面深化改革，加快转型升级，推动产业结构、能源结构进一步优化，才能达到"十四五"规划中对大气、水资源、碳排放以及能源强度等的约束，从而形成引领经济发展新常态的体制机制和发展模式。

　　基准情景和"双碳"情景下西安市地区生产总值的变化情况如图8-4所示。总体来看"双碳"情景下的地区生产总值低于基准情景，这是因为在"双碳"情景下，地方政府为了达到碳排放强度和能源强度的目标，会相应地减少固定资产投资额，从而也就影响资本的形成，根据生产函数，资本的总量相对基准情景下的资本存量少了，那么产出值也会相应变少。2025年"双碳"情景下的地区生产总值比基准情景低16%，为8 072亿元；2035年"双碳"情景下的地区生产总值比基准情景低13.3%，为12 648亿元。

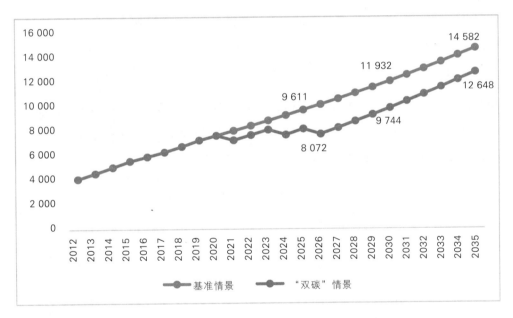

图8-4　西安市地区生产总值（亿元，2010年价）

8.3.1　能源消费

　　工业化进程不断加速的同时，与之相伴的必然是全社会能源消费的快速攀升。西安市作为古丝绸之路的起点，再一次站在"丝绸之路经济带"的新起点上。西安市积极响应"一带一路"倡议，遵循"五通"原则路径，延续丝路历史，传承丝路精神，弘扬丝路文化，立足地理区位、交通、旅游、文化和科教等优势，高标准打造丝绸之路经济带的新起点，努力把西安市建成丝绸之路经济带上最具发展活力、最具创新能力、最具辐射带动作用的中心城市。在迎来发展机遇的同时，西安市对能源的需求必将持续较快增长，节能降耗与社会经济高速发展的矛盾将更加突出。

西安市在"十四五"规划中指出，到2025年，全市单位地区生产总值能耗比2020年下降12%，煤炭消费总量控制在800万吨以内。

西安市能源消费量的模拟如图8-5所示，无论是基准情景还是"双碳"情景，能耗量整体都处于下降的趋势。在基准情景下，能源消费量将在2024年达到峰值2 299万吨标准煤，而"双碳"情景下的能源消费量处于在波动中稳步下降的趋势。2025年，西安市"双碳"情景下的能源消费总量为1 993万吨标准煤，比基准情景下的能源消费量低300万吨标准煤，满足节能低碳规划目标；2035年，西安市"双碳"情景下的能源消费总量为1 606万吨标准煤，比基准情景下的能源消费量低190万吨标准煤。在基准情景下，西安市2025年的能耗量比2020年增加了1.8%。而在"双碳"情景下，"十四五"期间西安市能源消费量的节能降耗效果显著，2025年能耗量比2020年下降了11.5%。

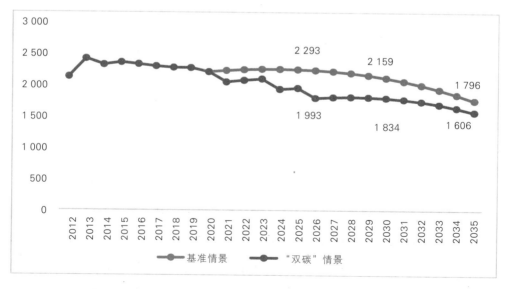

图8-5　西安市能源消费量（万吨标准煤）

在基准情景和"双碳"情景下，西安市 2020 年、2025 年、2030 年和 2035 年单位生产总值能耗的变化情况如图 8-6 所示。在基准情景下，"十四五"期间单位地区生产总值能耗下降了 16.7%；在"双碳"情景下，能源强度下降了 17.1%，均达到西安市"十四五"规划中单位地区生产总值能耗下降 12% 的目标。到 2035 年，基准情景下的单位地区生产总值能耗下降至 0.158，比 2020 年下降了 47.2%；"双碳"情景下的单位地区生产总值能耗下降至 0.127，比 2020 年下降了 57.4%。"双碳"情景下的节能降耗效果更显著。

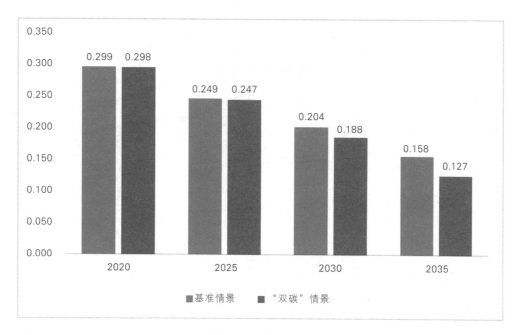

图 8-6　西安市能源强度（吨/万元）

8.3.2　二氧化碳排放

在模型中，二氧化碳的排放分为四个部分，即煤炭燃烧排放的二氧化碳、石油燃烧排放的二氧化碳、天然气燃烧排放的二氧化碳和外来电力生产过程中排放的二氧化碳。模型中对于外购电力对应的碳排放系数统一采用 2.64 吨二氧化碳/吨标准煤。

西安市二氧化碳排放的模拟如图8-7所示。考虑外来电力的排放，2025年，西安市在"双碳"情景下的二氧化碳排放量为4 103万吨，比基准情景下的二氧化碳排放量少了779万吨；2035年，西安市在"双碳"情景下的二氧化碳排放量为2 866万吨，比基准情景下的二氧化碳排放量少了522万吨。相较于2020年，2035年基准情景下的二氧化碳排放量下降了32%，"双碳"情景下的二氧化碳排放量下降了43.2%，"双碳"情景下二氧化碳排放量的下降趋势更为显著。

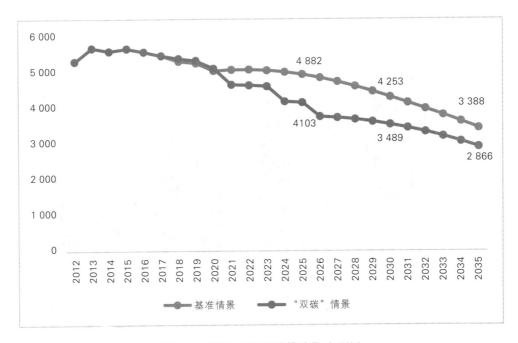

图8-7　西安市二氧化碳排放量（万吨）

如果不考虑外来电力的二氧化碳排放，如图8-8所示，由于西安市是电力调入型城市，所以碳排放总量比包含外来电力的碳排放总量低很多，且排放峰值出现在2013年。在"双碳"情景下，2025年的二氧化碳排放总量为2 605万吨，2035年为1 335万吨。

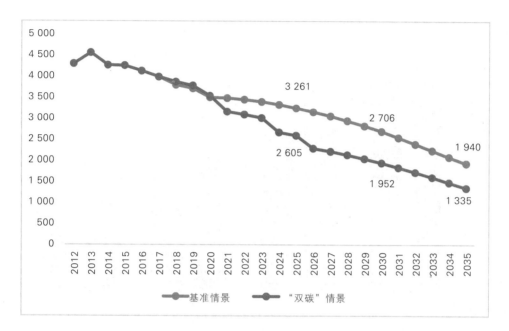

图8-8 西安市二氧化碳排放量（万吨）（不含外来电力排放）

一般来说，我们需要将外来电力的二氧化碳排放考虑进来，所以本章后续涉及的二氧化碳排放都包含外来电力。基准情景和"双碳"情景下西安市2020年、2025年、2030年和2035年碳排放强度的变化情况如图8-9所示。在基准情景下，2025年西安市碳排放强度为0.531吨/万元，比2020年下降了20.6%；在"双碳"情景下，西安市碳排放强度为0.508吨/万元，比2020年下降了24.0%。无论是基准情景还是"双碳"情景，均达到西安市在"十四五"规划中提出的"单位地区生产总值二氧化碳排放降低15%"的目标。在2020年至2035年，基准情景和"双碳"情景下的碳排放强度呈现逐年下降的趋势，基准情景与"双碳"情景逐年拉开差距，2035年"双碳"情景下的碳排放强度将比基准情景低25.3%。

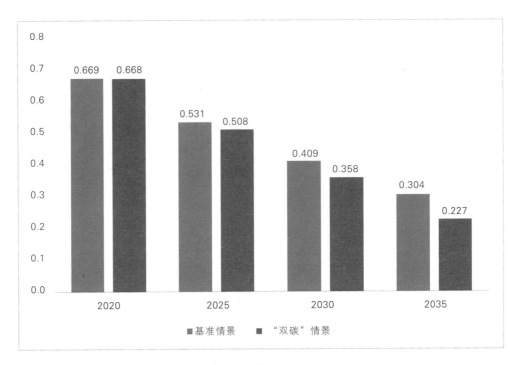

图 8-9　西安市碳排放强度（吨/万元）

8.3.3　煤炭

　　从图 8-10 中可以看出，2020 年之前西安市煤炭消费总量控制取得初步成效，"十四五"期间煤炭消费量持续下降，"双碳"情景下比基准情景下降幅度更大。2025 年，基准情景下的煤炭消费量为 777.02 万吨标准煤（相当于 1 088 万吨原煤），未达到"十四五"规划中设定的 2025 年煤炭消费总量控制在 800 万吨以内的目标；而"双碳"情景下的煤炭消费量为 577.13 万吨标准煤，达到了该目标。2035 年，"双碳"情景下的煤炭消费量为 169.74 万吨标准煤，比基准情景降低了 52.0%，煤控效果十分显著。

　　基准情景和"双碳"情景下西安市 2020 年、2025 年、2030 年和 2035 年煤炭消费量占能源消费总量比重的变化情况如图 8-11 所示，"双碳"情景下煤炭消费量下降幅度比基准情景大，到 2035 年，基准情景下煤炭消费量占比下降至 20.1%，"双碳"情景下降幅度较大，下降至 10.6%。

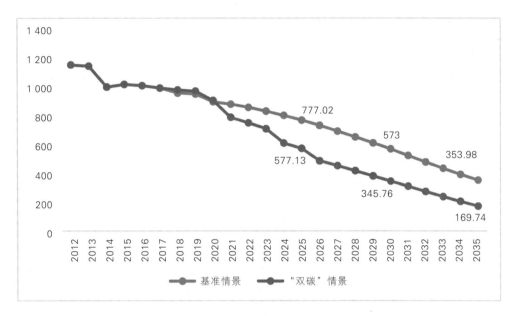

图 8-10　西安市煤炭消费量（万吨标准煤）

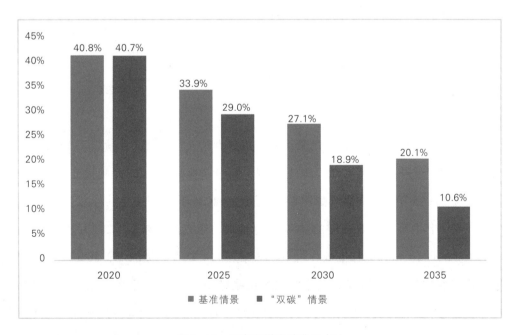

图 8-11　西安市煤炭消费量占比

　　"双碳"情景下2020年、2025年、2030年和2035年煤炭在各部门消费的情况如图8-12所示，煤炭消费最多的部门是发电供热部门，各个部门的煤炭消费量在2020年至2035年都在减少，尤其是居民生活和第一产业，下降幅度最大。

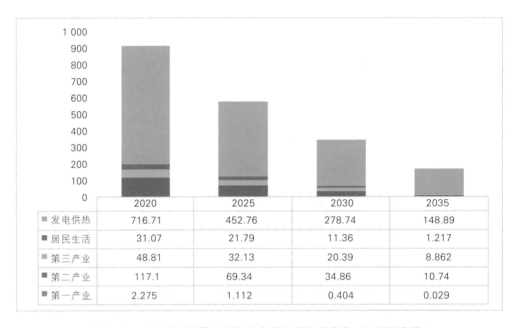

	2020	2025	2030	2035
■ 发电供热	716.71	452.76	278.74	148.89
■ 居民生活	31.07	21.79	11.36	1.217
■ 第三产业	48.81	32.13	20.39	8.862
■ 第二产业	117.1	69.34	34.86	10.74
■ 第一产业	2.275	1.112	0.404	0.029

图8-12　"双碳"情景下西安市各部门煤炭消费量（万吨标准煤）

　　与基准情景相比，"双碳"情景下西安市"十四五"期间共计减煤338.8万吨标准煤，其中第二产业减煤47.76万吨标准煤，第三产业减煤16.68万吨标准煤，发电供热减煤263.95万吨标准煤（如图8-13所示）。2025年至2030年共计减煤231.4万吨标准煤，其中第二产业减煤34.48万吨标准煤，第三产业减煤11.74万吨标准煤，居民生活减煤10.43万吨标准煤，发电供热减煤174.02万吨标准煤；2030年至2035年共计减煤176万吨标准煤，其中第二产业减煤24.12万吨标准煤，第三产业减煤11.528万吨标准煤，居民生活部门减煤10.143万吨标准煤，发电供热减煤129.85万吨标准煤。总体来看，2020年至2035年，减煤量逐渐下降，"双碳"情景下，减煤量最多的部门是发电供热和第二产业，第一产业、第三产业和居民生活对减煤的贡献相对较小。

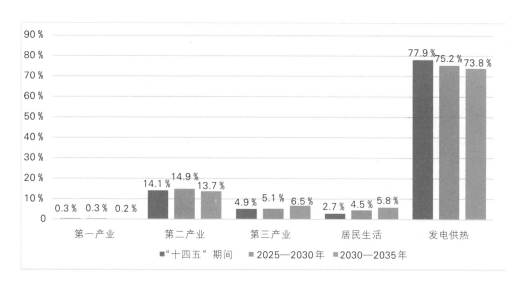

图 8-13 西安市"双碳"情景下"十四五"期间减煤量部门分配

其中，发电供热部门煤耗的下降主要是因为外来电力的替代和可再生能源的增加；第二产业的减煤主要源于产业内部结构调整引起的能源结构调整、能源利用效率的提高，以及天然气的替代等因素。

8.3.4 石油

西安市石油消费量模拟如图 8-14 所示，从石油的消费情况来看，西安市"双碳"情景下的石油消费量下降幅度更大。在基准情景下，2020 年之后，石油消费量在 2026 年达到峰值，整体呈现平稳下降的趋势；"双碳"情景在"十四五"期间下降幅度较大，2025 年较 2020 年下降了 19.3%，在此之后呈现平稳下降的趋势。2025 年，基准情景下的石油消费量为 226.13 万吨标准煤，"双碳"情景下的石油消费量为 179.36 万吨标准煤。2035 年，基准情景下的石油消费量为 171.22 万吨标准煤，"双碳"情景下的石油消费量为 110.63 万吨标准煤。

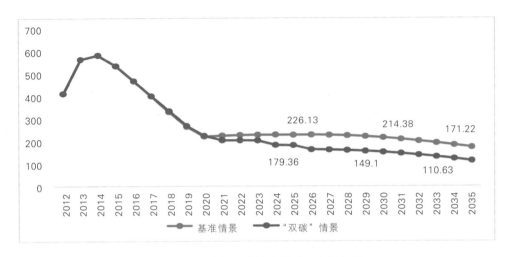

图 8-14　西安市石油消费量（万吨标准煤）

在基准情景和"双碳"情景下，西安市 2020 年、2025 年、2030 年和 2035 年石油消费量占能源消费总量比重的变化情况如图 8-15 所示，石油消费量在能源消费中的占比总体呈下降的趋势，但在基准情景下变化幅度不大，石油消费量所占比重下降极为缓慢，2025 年为 9.86%，2035 年为 9.74%，十年间仅下降了 0.12%。在"双碳"情景下，石油消费量所占比重在 2025 年为 9.00%，到 2035 年下降到 6.89%，下降了 2.11%。

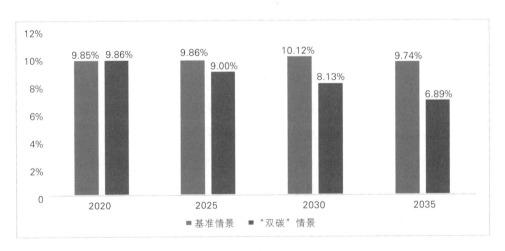

图 8-15　西安市石油消费量占比情况

"双碳"情景下2020年、2025年、2030年和2035年各部门的石油消费量情况如图8-16所示，石油消费量占比较大的是第三产业，第一产业、第三产业和居民生活的石油消费量逐渐下降，而第二产业和发电供热对石油的消费量有所增加。

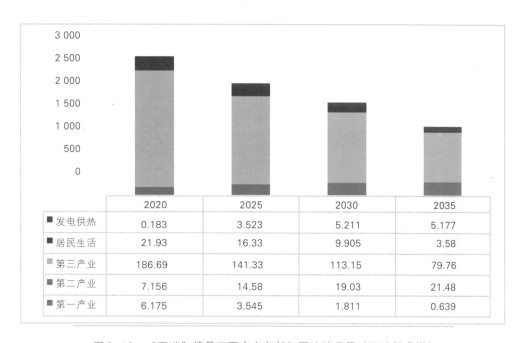

	2020	2025	2030	2035
■ 发电供热	0.183	3.523	5.211	5.177
■ 居民生活	21.93	16.33	9.905	3.58
■ 第三产业	186.69	141.33	113.15	79.76
■ 第二产业	7.156	14.58	19.03	21.48
■ 第一产业	6.175	3.545	1.811	0.639

图8-16　"双碳"情景下西安市各部门石油消费量（万吨标准煤）

如图8-17所示，"双碳"情景下石油减少量最大的部门是第一产业，贡献比重依次为102.4%、90.3%和83.9%，且对于大多数部门来说，石油消费量降幅均在"十四五"期间最大。"双碳"情景下"十四五"期间西安市共减量石油42.8万吨标准煤，其中第一产业减量石油2.63万吨标准煤，第三产业减量石油45.31万吨标准煤；2025年至2030年共计减量石油30.3万吨标准煤，其中第一产业减量石油1.73万吨标准煤，第三产业减量石油28.23万吨标准煤；2030年至2035年期间共计减量石油38.5万吨标准煤，其中第一产业减量石油1.17万吨标准煤，第三产业减量石油

33.39万吨标准煤，第三产业减量石油0.034万吨标准煤，发电供热减量石油0.034万吨标准煤。总体来看，"双碳"情景下，减量石油量最多的部门是第一产业和第三产业，第二产业和发电供热在"十四五"期间和"十五五"期间消耗石油量略有增加，在2030年至2035年略有下降，但对减量石油的贡献仍相对较小。

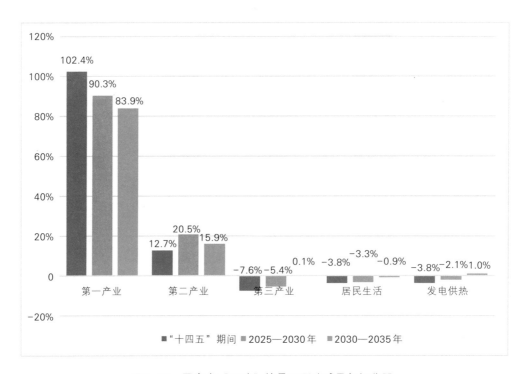

图8-17　西安市"双碳"情景下石油减量部门分配

8.3.5　天然气

从天然气的消费来看，西安市东接山西煤矿产区，南邻秦岭，西连中亚能源中心，北靠鄂尔多斯盆地，周边燃煤、油气及新能源资源丰富。同时，西安市完善的"米"字形的公路网络，横贯境内的铁路货运通道和天然气、煤层气、煤制气及成品油输送管道，为西安市便利用能、优先用能提供了极大的区位优势。2019年，中国第三个石油天然气交易中心落户西安市，为西安市天然气的进一步发展提供了机遇。

在推进城市"无煤化"的过程中，由于西安市的可再生能源资源并不丰富，天然气成为发电、供热的主要能源，天然气消费量在初期会呈现增长的态势。西安市天然气消费量模拟如图8-18所示。在基准情景下，"十四五"期间天然气消费量缓慢增长，在2029年达到峰值后缓慢下降；在"双碳"情景下，"十四五"期间天然气消费量有极小的增长，仅增长了4.7%，在2030年达到峰值，之后逐年下降，这表明西安市有望稳步进入"碳中和"阶段。2025年，基准情景下西安市天然气消费量约为453.08万吨标准煤，"双碳"情景下西安市天然气消费量约为434.43万吨标准煤；2035年，基准情景下西安市天然气消费量为398.21万吨标准煤，"双碳"情景下为414.29万吨标准煤。这为"以气代煤""以气代油"等低碳环保工程建设提供了强有力的资源保障。

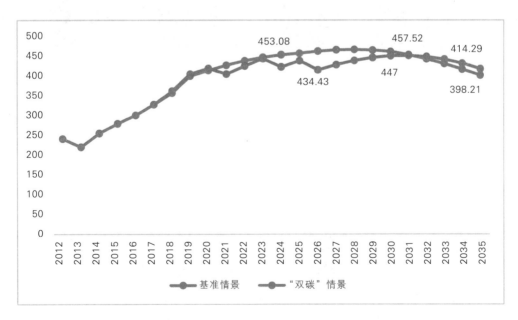

图 8-18 西安市天然气消费量（万吨标准煤）

基准情景和"双碳"情景下西安市2020年、2025年、2030年和2035年天然气消费量占能源消费总量比重的变化情况如图8-19所示，天然气消费量在能源消费总量中的占比总体处于上升趋势。在基准情景下，2025年为19.8%，2035年为22.7%。在"双碳"情景下，天然气消费比重在2025年为21.8%，到2035年上升至25.8%。总体来说，"双碳"情景下天然气消费量增幅大于基准情景。

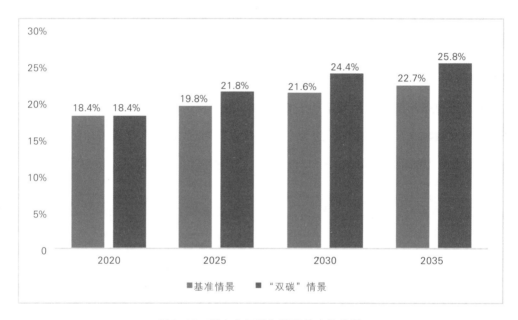

图8-19　西安市天然气消费量占比情况

2020年、2025年、2030年和2035年各部门的天然气消费量情况如图8-20所示，可以看出天然气消费量占比较大的是第三产业和发电供热。2020年至2030年，除第二产业外，其余部门的天然气消费量均不同程度增加；2030年至2035年，除居民生活天然气消费量仍在增加外，其余部门的天然气消费量均减少。

"双碳"情景下西安市天然气消费量减少的部门分配如图8-21所示，从不同部门对天然气减少量的贡献比重来看，天然气消费量减少幅度最大的年份发生在2025—2030年。"十四五"期间西安市天然气消费量共计增加33.3万吨标准煤（2.7

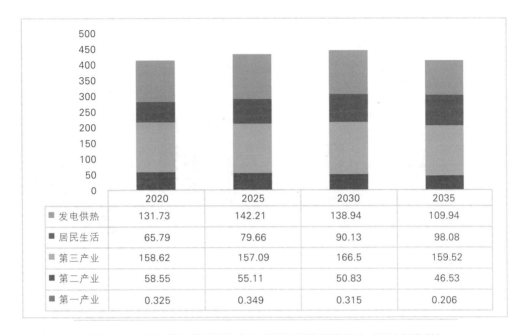

	2020	2025	2030	2035
■ 发电供热	131.73	142.21	138.94	109.94
■ 居民生活	65.79	79.66	90.13	98.08
■ 第三产业	158.62	157.09	166.5	159.52
■ 第二产业	58.55	55.11	50.83	46.53
■ 第一产业	0.325	0.349	0.315	0.206

图 8-20 "双碳"情景下西安市各部门天然气消费量（万吨标准煤）

亿立方米），其中第二产业天然气消费量增加 13.87 万吨标准煤，第三产业天然气消费量增加 10.48 万吨标准煤，居民生活天然气消费量增加 22.79 万吨标准煤，第一产业和发电供热部门天然气消费量降低，分别减少了 1.53 万吨标准煤和 12.31 万吨标准煤；2025 年至 2030 年天然气消费量增速放缓，用量共计增加 13.3 万吨标准煤（1.1 亿立方米），其中第一产业天然气消费量增加 9.41 万吨标准煤，第二产业天然气消费量增加 10.47 万吨标准煤，第三产业天然气消费量减少 3.27 万吨标准煤，居民生活用天然气消费量增加 14.09 万吨标准煤；从 2030 年开始，西安市进入碳排放量持续下降阶段，开始控制天然气消费量，2030—2035 年天然气消费量共计减少 57.0 万吨标准煤（4.7 亿立方米）。由于产业结构的调整，第一产业减少天然气消费量 6.98 万吨标准煤，第三产业减少天然气消费量 29 万吨标准煤，发电供热减少天然气消费量 33.86 万吨标准煤。总体来看，在"双碳"情景下，2020—2035 年，居民生活和第二产业的天然气消费量持续增加，但增速逐渐放缓；第一产业、第三产业和发电供热在此期间有负增长的趋势。

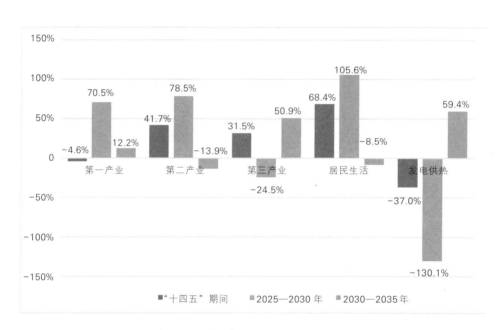

图8-21 西安市"双碳"情景下天然气消费量减少的部门分配

8.3.6 可再生能源

西安市可再生能源消费量如图8-22所示，总体来看"双碳"情景下可再生能源消费量均高于基准情景。在"双碳"情景下，到2025年，西安市可再生能源消费量为234.68万吨标准煤；2035年，西安市可再生能源消费量为388.63万吨标准煤。

西安市可再生能源消费量占比如图8-23所示，通过进一步比较可再生能源消费量在能源结构中的比重变化，可以看出，相比基准情景，在"双碳"情景下可再生能源消费量有一个明显的上升过程。在"双碳"情景下，2025年可再生能源消费量的比重为11.8%，2030年可再生能源消费量的比重为16.9%，与全国20%的目标有一定的差距，2035年可再生能源消费量的比重达到21.1%。在基准情景下，可再生能源消费量的比重虽不断增大，但其比重始终低于"双碳"情景。

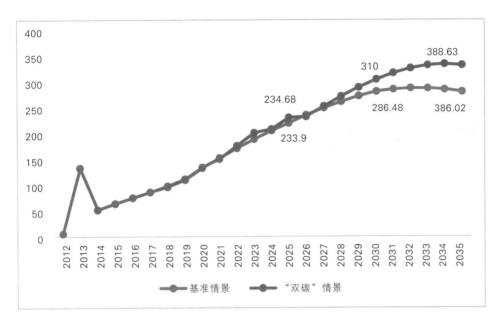

图 8-22 西安市可再生能源消费量（万吨标准煤）

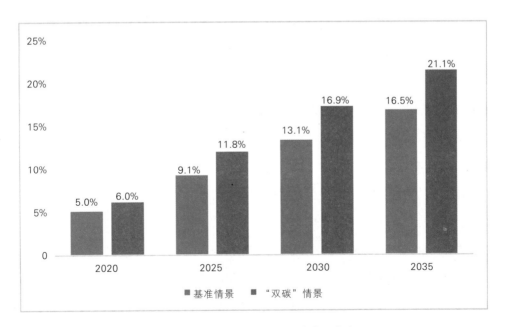

图 8-23 西安市可再生能源消费量占比

2020年、2025年、2030年和2035年可再生能源消费量在各个部门的情况以及可再生能源占比的变化如图8-24所示，可以看出可再生能源消费量较多的两个部门是第三产业和发电供热，尤其在第三产业可再生能源消费量增加最多。

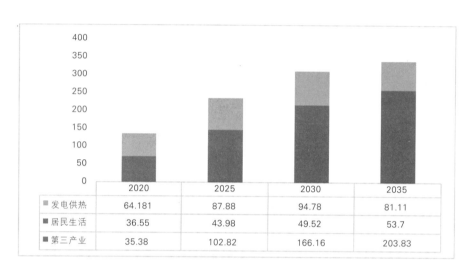

	2020	2025	2030	2035
发电供热	64.181	87.88	94.78	81.11
居民生活	36.55	43.98	49.52	53.7
第三产业	35.38	102.82	166.16	203.83

图8-24 西安市"双碳"情景下可再生能源消费量（万吨标准煤）

"双碳"情景下西安市可再生能源消费量增加的部门分配如图8-25所示。在"十四五"期间，西安市共增加可再生能源消费量98.6万吨标准煤，发电供热部门的可再生能源消费量增加了23.7万吨标准煤，第三产业的可再生能源消费量增加了67.44万吨标准煤，居民生活部门的可再生能源消费量增加了7.43万吨标准煤，对可再生能源消费量增加贡献最大的部门是居民生活；2025年至2030年，共增加可再生能源消费量75.8万吨标准煤，发电供热部门的可再生能源消费量增加了6.9万吨标准煤，第三产业的可再生能源消费量增加了63.34万吨标准煤，居民生活部门的可再生能源消费量增加了5.54万吨标准煤，对可再生能源消费量增加贡献最大的部门仍然是第三产业；2030年至2035年，共增加可再生能源消费量28.2万吨标准煤，发电供热部门的可再生能源消费量减少了13.67万吨标准煤，第三产业的可再生能源消费量增加了37.67万吨标准煤，居民生活部门的可再生能源消费量增加了

4.18万吨标准煤。总体来看，可再生能源消费量增加的速度逐渐放缓。

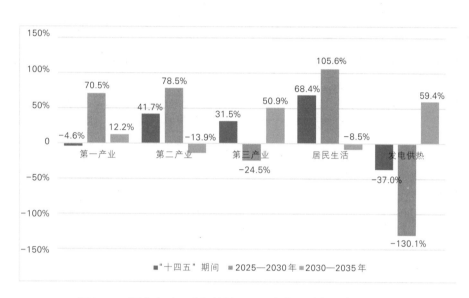

图8-25 西安市"双碳"情景下可再生能源增加量的部门分配

8.3.7 电力和外来电力

由于燃煤发电效率和可再生能源发电占比的提高，每千瓦时电力的煤耗在减少，所以外来电力的折标煤系数也在相应下降。假设自2015年开始，西安市外来电力折标煤系数每5年下降约0.05，则具体折煤系数如表8-13所示。

表 8-13　　　　　　　　　　　西安市外来电力折煤系数

	2012	2013	2014	2015	2020	2025	2030	2035
折煤系数（吨标准煤/万千瓦时）	3.31	3.22	3.14	3.08	3.03	2.98	2.93	2.88

西安市电力消费量如图8-26和图8-27所示，外来电力的消费如图8-28和图8-29所示，电力消费量在基准情景下上升较快，2025年达到峰值后逐年下降；在"双碳"情景下的电力消费量整体呈现稳中有降的趋势。到2025年，西安市电力消

费量约为909.31万吨标准煤，即305.14亿千瓦时，占能源消费总量的46.7%，其中外来电力消费量为567.41万吨标准煤，即190.41亿千瓦时，占电力消费量的62.4%；2035年，西安市电力消费量为781.68万吨标准煤，即271.42亿千瓦时，占能源消费总量的50.1%，其中外来电力消费量为572.97万吨标准煤，即198.95亿千瓦时，占电力消费量的73.3%。

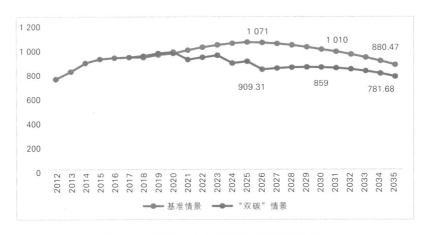

图8-26 西安市电力消费量（万吨标准煤）

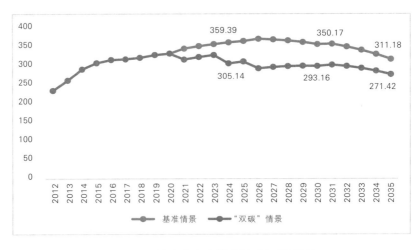

图8-27 西安市电力消费量（亿千瓦时）

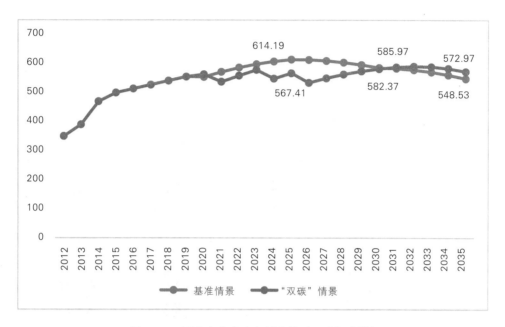

图 8-28　西安市外来电力消费量（万吨标准煤）

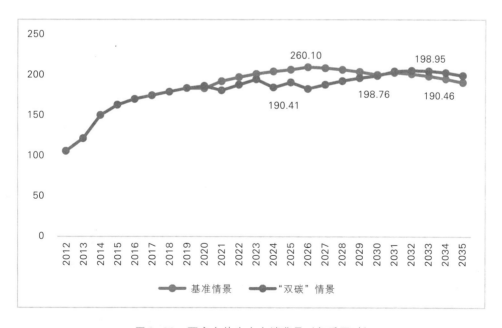

图 8-29　西安市外来电力消费量（亿千瓦时）

2020年、2025年、2030年和2035年电力在各部门消费的情况如图8-30所示，可以看出，电力在居民生活、第一产业和第三产业的消费量变化不大，在第二产业中的消费量呈明显下降的趋势。

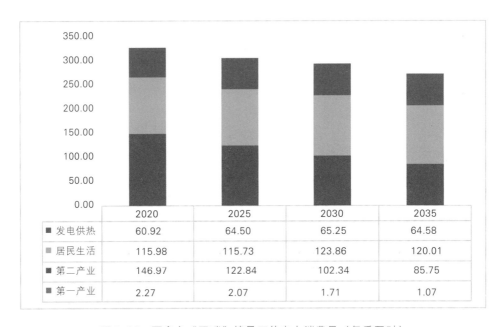

图8-30　西安市"双碳"情景下的电力消费量（亿千瓦时）

需要指出的是，通过模型的模拟可以看出，西安市"双碳"目标得以实现，除了经济结构调整、产业结构优化、能源结构调整、能源效率提高之外，还有很重要的因素在于外购电力的增加，如果没有外购电力，西安市的"双碳"目标很难实现，西安市外购电力占能源消费量比重变化情况如图8-31所示。从图8-31可以看出，"双碳"情景下外购电力所占比例要高于基准情景，且在2020年至2035年，其涨幅也高于基准情景。

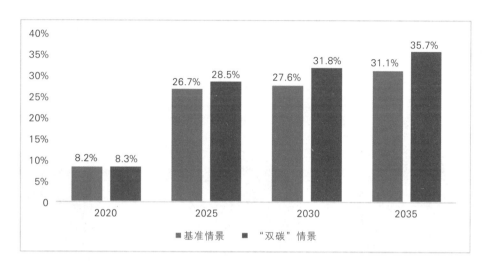

图 8-31　西安市外购电力占比

8.4　西安市：总结与建议

综上所述，我们选择了西安市作为案例城市进行了研究，现对研究进行如下总结：

8.4.1　研究结论

第一，"双碳"情景下西安市的能源消费量、能源强度都得到有效控制。"双碳"情景相比于基准情景，能源消费量处于稳定下降的趋势，而基准情景在小幅上涨后才开始下降。2020 年至 2035 年，基准情景下能源强度下降了 47.2%，而"双碳"情景下降了 57.4%，降幅比基准情景高 10.2%。

第二，"双碳"情景下产业结构优化趋势更为明显。基准情景和"双碳"情景下 2020 年、2025 年和 2035 年西安市产业结构的变化情况如图 8-32 和图 8-33 所示。可以看出无论是基准情景还是"双碳"情景，西安市的产业结构整体都处于第二产业占比不断减少、第三产业占比不断增加的优化趋势中。但在基准情景下，"十四五"期间西安产业结构优化趋势不明显，第二产业占比不减反增，从 37% 增加到 38%，第三产业占比持平；而在"双碳"情景下，"十四五"期间产业结构也有较为明显的优化趋势，第二产业占比从37%降低至35%，第三产业占比从60%提高至62%。

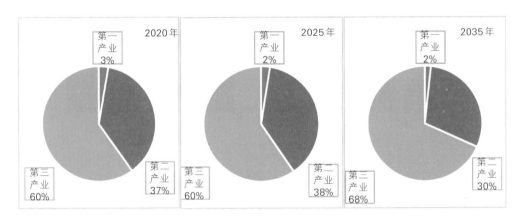

图 8-32　西安市基准情景下产业结构变化情况

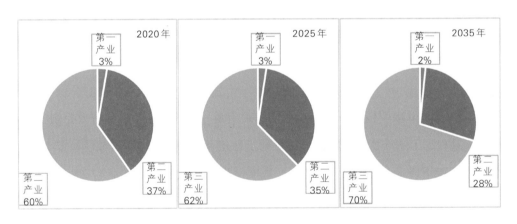

图 8-33　西安市"双碳"情景下产业结构变化情况

第三，"双碳"情景下能源消费结构优化态势更为明显。在基准情景和"双碳"情景下，2020年、2025年和2035年西安市能源消费结构的变化情况如图8-34和图8-35所示。从不同种类的能源消费量来看，2025年西安市煤炭消费量为777.02万吨标准煤，"双碳"情景下为577.13万吨标准煤，而西安市"十四五"规划中提出了2025年煤炭消费总量控制在571.44万吨标准煤的目标，只有在"双碳"情景下才能实现。从不同能源消费占比情况可以看出，无论是基准情景还是"双碳"情景，西安市的能源消费结构都处于不断优化的过程中。但对比同一年份两种情景下的能源消费结构可以发现，"双碳"情景下的能源消费结构比基准情景下的能源消费结构更为优化。以2035年为例，基准情景下煤炭消费占比为17%，而"双碳"情景下仅为9%；基准情景下其他能源消费占比仅为14%，而"双碳"情景下对于其他能源的开发利用更为充分，所占比重为19%。由此可以看出，"双碳"情景下逐渐完善了能源多元供应体系，降低了能源消费污染，促进了能源消费转型升级。

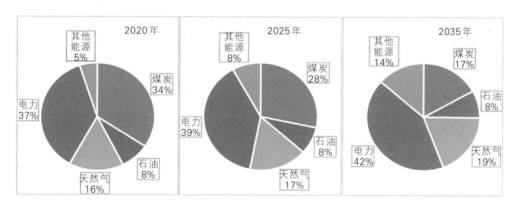

图 8-34　西安市基准情景下能源消费结构变化情况

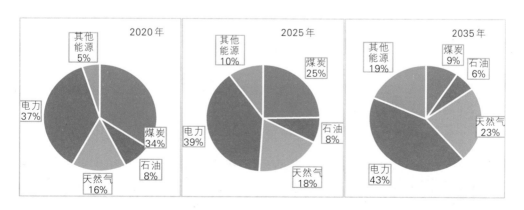

图 8-35　西安市"双碳"情景下能源消费结构变化情况

第四，从碳排放量来看，无论是基准情景还是"双碳"情景，碳排放量整体上都处于不断下降的趋势中。2020年至2035年，基准情景下碳排放量下降了32%，"双碳"情景下碳排放量下降了43.2%，"双碳"情景下碳排放量的下降趋势更为明显。从碳排放强度来看，2025年基准情景下碳排放强度为0.531吨/万元，比2020年下降20.6%；"双碳"情景下碳排放强度为0.508吨/万元，比2020年下降24.0%，均满足西安市"十四五"规划中提出的"单位地区生产总值二氧化碳排放降低15%"的目标。2020年至2035年，基准情景碳排放强度下降了54.6%，"双碳"情景下碳排放量下降了66.0%，碳减排效果更为显著。

8.4.2 西安市实现"双碳"目标的政策建议

基于模型，我们认为，西安市要实现"双碳"目标，可以通过经济结构调整、能源结构优化和能源效率提高的路径来实现。下面根据西安市的实际情况，围绕这几条路径提出一些可供采纳的政策选项。

（1）经济结构调整方面

西安市要加快产业结构的调整，推动经济高质量发展。坚定做强支柱产业、构建现代产业体系的决心，持续开展质量提升和"标准化+"专项行动，加快培育战略性新兴产业，改造提升传统产业，加快发展低碳环保产业，打响"西安制造"品牌。与此同时，要推进重点行业绩效分级管理，积极改善工业产业内部结构，继续实施大项目好项目建设，坚决不上高耗能高污染项目，化解和淘汰过剩、落后产能，鼓励发展低能耗行业，限制高能耗行业。鼓励企业自主升级，整体提升工业企业污染防治水平。

（2）能源结构调整方面

由于西安市大部分煤炭消费集中于发电和供热，考虑到西安市的实际情况和能源供应安全，不宜大刀阔斧地通过减少西安市本地的电厂和供热站的产出来控制煤炭消费量，推进城市"无煤化"的目标也不应"一刀切"式地进行，应当充分考虑可执行性，将重点放在治理散煤燃烧和低效率高污染的小型燃煤工业锅炉上。研究超远距离高效率热力输送技术，拓展西安市周边热源，加大热力外购力度；推广应用热电联产机组超净排放技术，余热余压利用技术，实现高效清洁供电供热；大力发展可再生能源，积极推进地热能、太阳能、风能等可再生能源的开发利用，推广中深层地热能综合开发利用技术，因地制宜发展地热能供热制冷项目，推动中深层低温发电项目试点建设，鼓励建造绿色新建筑，督促老建筑进行隔热层、供暖系统的改造，建设智能电网创新示范区等项目，推动能源供应和消费的全面升级。

（3）能源使用效率方面

"十四五"期间，通过协调天然气足量供应，积极争取天然气用气指标，协调增加高峰期间供气量，开拓彬县煤层气、延长天然气、"西气东输"三线和新疆煤制气等多气源供应局面，保障天然气可靠、足量供应，提高天然气占火力发电使用能源中的比例。大力发展天然气的专线用户，如医院和学校；不断增加优质能源本地供应量和保障水平，提高抵御风险的能力。大力推广节能技术，从用户使用、工业利用、电网能效管理等多方面全面践行国家节能减排政策，并增加对提高能效、减少燃煤污染技术的研发资金。

第9章 宁波市:"双碳"目标

9.1 宁波市的基本情况

9.1.1 地理位置——地处长三角,现代化国际港口城市

宁波市地处我国海岸线中段,位于浙江省东部、长江三角洲南翼,是我国东南沿海重要的港口城市,也是长江三角洲南翼经济中心和浙江省经济中心之一。全市陆域总面积9 816平方千米(其中市区面积为3 730平方千米),海域总面积为8 355.8平方千米,海岸线总长1 678千米,共有大小岛屿约611个。

宁波市自古以工商业和港口运输闻名,具有得天独厚的港口和区位优势。改革开放后,更是围绕港口迅速发展起来。得益于区位、气候、水文等自然条件和产业、交通等经济条件优势,宁波市港口货物吞吐量与集装箱吞吐量极大,且历年来稳步上升(如图9-1所示)。2019年宁波市港口货物吞吐量达58 412万吨,净进口煤炭及其制品4 370万吨、石油及其制品5 871万吨,保障了宁波市能源消费和经济发展基础。位于我国海岸线中部的宁波港是我国有名的深水良港,煤炭、石油、矿石及各种制品等货物往来络绎不绝。2006年,宁波港与舟山港正式合称为宁波–舟山港,并于2015年实现实质性一体化。迄今为止,宁波–舟山港已经连续多年货物吞吐量居全球第一。2019年,其货物吞吐量达112 009万吨,占全国总量的12.2%。随着国家"一带一路"倡议的实施,宁波市将成为"一带一路"建设,特别是21世纪海上丝绸之路建设的排头兵和主力军。

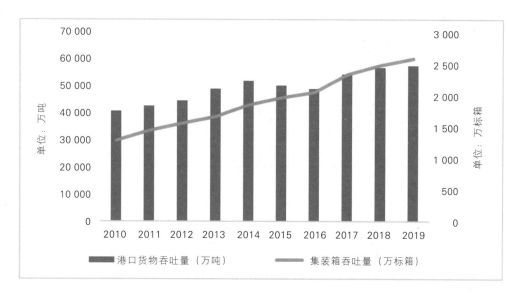

图9-1 宁波市港口运输情况

9.1.2 行政区划——六区四县

宁波市有6个市辖区（海曙区、江北区、镇海区、北仑区、鄞州区、奉化区）、2个县级市（慈溪市、余姚市），2个县（宁海县、象山县）。截至2020年年底，全市拥有户籍人口613.7万人，其中市区306.3万人，占比49.9%。全市城镇人口403.7万人，占比65.8%；乡村人口210.0万人，占比34.2%。从行政面积来看，市辖区面积占宁波市陆域面积的40%，宁波市城市化进程在不断加速。

9.2 宁波市经济、能源和环境状况

9.2.1 宁波市经济发展状况

"以港兴市，以市促港"，宁波市的经济发展和宁波港密不可分。利用港口的集疏运优势，宁波市顺利发展起了临港型大工业——石化、汽车制造、钢铁、电力、船舶制造等几大支柱产业。

宁波市近年来经济发展势头强劲，在全国整体经济增速放缓的大环境下稳步前进。2020年全市实现地区生产总值12 408.7亿元，按可比价格计算，比上年增长3.3%，占全省地区生产总值的19.2%。户籍人均地区生产总值173 677.7元，按2020年平均汇率折算为25 172.14美元，是全国平均水平的2倍多，位列全国重要城市人均地区生产总值的第14位，浙江省内仅次于杭州市位列第2。宁波市三次产业比重为2.38∶53.26∶44.36，第二产业大于第三产业，但保持了第一产业、第二产业比重继续下降，第三产业比重继续上升的趋势。根据经济发展阶段理论分析与判断，宁波市逐渐向后工业化阶段过渡。

宁波市2010年至2020年地区生产总值及增速变化情况如图9-2所示，可见其地区生产总值不断上升，但其增长率总体上呈现缓慢下降趋势。由于新冠肺炎疫情的影响，2020年宁波市地区生产总值的增长率为3.3%，相较于前几年有较大幅度的下降。

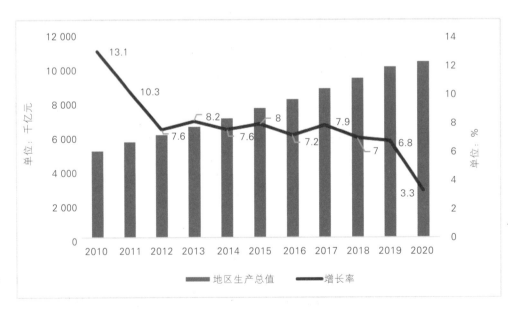

图9-2　2010年至2020年宁波市地区生产总值及其增速变化情况（以2010年为基年）

　　宁波市人均地区生产总值情况如表9-1所示，以2010年为基年计算，2020年宁波市人均地区生产总值为17.37万元，是2010年人均地区生产总值的近两倍，表明这些年来宁波市经济实力逐渐增长，人民生活水平稳步提升。通过与浙江省和全国的比较，可以看出宁波市人均地区生产总值高于浙江省整体水平，也远高于全国水平，属于经济发展水平较高的城市。

　　有研究显示，当全国人均国内生产总值达到14 000美元时，中国将整体达到碳排放峰值并进入绝对量减排阶段，而人均地区生产总值已达14 000美元的城市和地区，有条件率先进入碳排放绝对量下降阶段。经估算，2020年宁波市人均地区生产总值已达173 677.7元，远超这一标准。从经济发展水平来看，宁波市有条件率先实现碳达峰。

表9-1　　　　　　　2010年至2020年宁波市人均地区生产总值情况

年份	宁波市人均地区生产总值 （2010年价，单位：元）	浙江省人均地区生产总值 （2010年价，单位：元）	中国人均国内生产总值 （2010年价，单位：元）
2010	91 952.0	57 708.8	30 734.3
2011	100 673.6	62 463.7	33 523.8
2012	107 883.7	67 269.6	35 993.4
2013	116 244.8	72 437.2	38 610.5
2014	124 427.7	77 496.4	41 252.4
2015	133 644.0	83 452.9	43 921.7
2016	142 259.6	89 026.7	46 633.9
2017	152 019.1	95 065.2	49 587.4
2018	161 034.3	100 955.2	52 708.7
2019	170 346.4	106 984.2	55 737.4
2020	173 677.7	110 177.7	56 545.6

　　宁波市三次产业增加值情况如表9-2所示，其产业结构变化如图9-3所示。可见宁波市的产业结构也在进行着不断优化和调整，第一产业占地区生产总值的比重一直呈现下降趋势，由2010年的4.12%持续下降为2.38%，第三产业占地区生产总

值的比重则不断上升，尤其是第二产业的比重近几年有所下降。

表9-2　　　　　　　　　2010年至2020年宁波市三次产业增加值情况

年份	第一产业增加值 （以2010年为基期，亿元）	第二产业增加值 （以2010年为基期，亿元）	第三产业增加值 （以2010年为基期，亿元）
2010	216.66	2 915.09	2 132.95
2011	224.89	3 192.02	2 386.77
2012	224.22	3 396.31	2 620.67
2013	221.53	3 657.83	2 872.26
2014	225.96	3 983.38	3 053.21
2015	229.80	4 353.83	3 257.78
2016	232.79	4 706.49	3 476.05
2017	238.37	5 026.53	3 813.22
2018	243.62	5 197.43	4 247.93
2019	249.22	5 519.67	4 570.78
2020	254.46	5 685.26	4 735.32

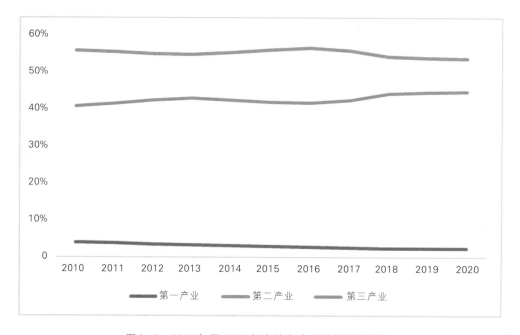

图9-3　2010年至2020年宁波市产业结构变化情况

9.2.2 宁波市能源现状

9.2.2.1 宁波市能源消费情况

宁波是能源输出型城市，下面分别从一次能源和终端能源的角度分析宁波市的能源消费结构。宁波市一次能源消费结构如图9-4所示，2019年宁波市一次能源消费合计7 080.7万吨标准煤，同比增长2.4%，占全省能源消费总量的31.6%。其中消耗原煤3 472.8万吨（2 480.6万吨标准煤）、原油2 897.7万吨（4 139.7万吨标准煤）、天然气26.9亿立方米（322.8万吨标准煤）、可再生能源（风能、生物质能、太阳能和水能）137.6万吨标准煤，占比分别为35%、58%、5%、2%。

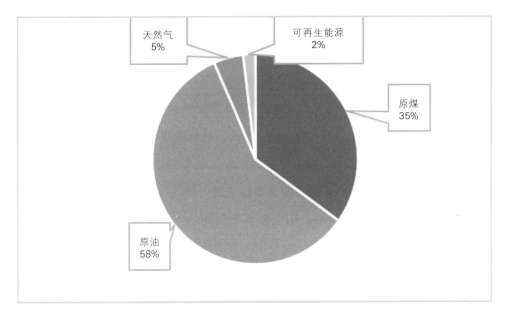

图9-4　2019年宁波市一次能源消费结构

宁波市终端能源消费结构如图9-5所示。2019年，宁波市全市终端能源消费量为4 567.0万吨标准煤。煤炭所占比重为10%，石油制品所占比重为31%，天然气所占比重为3%，电力所占比重为49%，热力比重为7%。

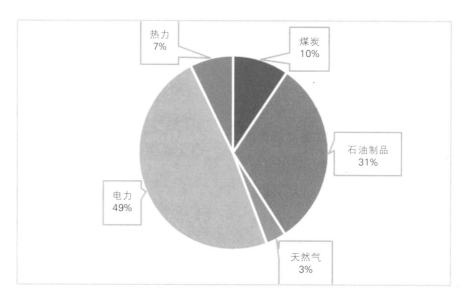

图 9-5　2019年宁波市终端能源消费结构

　　宁波市终端能源消费与一次能源消费相差2 513.7万吨标准煤，差距较大。这主要是因为其能源调出较为突出，其中主要为油品调出。2019年宁波市加工原油4 139.7万吨标准煤，产出石油制品3 935.5万吨标准煤，转换效率较高，而只有1 424.9万吨标准煤的石油制品被本地消费，占比仅为36.2%，大部分生产的石油制品运往外地，这是宁波市能源消费的重要特征之一。

　　2016年至2019年宁波市重点用能和其他用能的工业综合耗能情况如图9-6和图9-7所示。2019年，宁波市的耗能行业主要集中在石油加工、炼焦和核燃料加工业，化学原料和化学制品制造业，黑色金属冶炼和压延加工业以及电力、热力的生产和供应业上，且石油加工、炼焦和核燃料加工业远超其他行业。其他行业中，汽车制造业、造纸及纸制品业和纺织业等耗能较大。不同行业间能源消费量差异较为明显，上述重点耗能行业的能源消费量占到宁波市工业能源消费总量的比例分别为30.7%、19.3%、9.8%、7.6%。宁波市规模以上工业分行业工业总产值情况如图9-8所示，可见产值比较高的行业与能源消费比较多的行业并没有较大的吻合度，即宁波市能源消费大户与工业总产值大户存在分离现象。例如，石油加工、炼焦及核燃料加工业的耗能占30.7%，而工业总产值只占9.2%。从2016年至2019年，工业综合能源消费量从2 641万吨标准煤上升到2 955万吨标准煤。石油加工、炼焦及核燃料加工业、化学原料及化学制品制造业等高耗能行业的能耗有所增加，同时汽车制造业、电气机械和器材制造业等行业的能耗也在迅速增长。

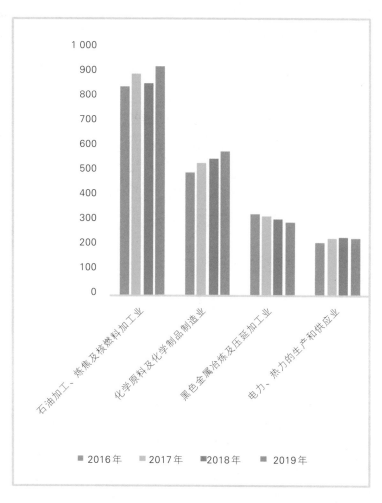

图9-6　宁波市重点用能工业分行业综合能耗（万吨标准煤）

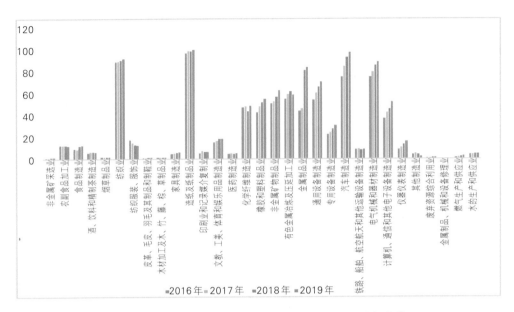

图9-7　宁波市其他用能工业分行业综合能耗（万吨标准煤）

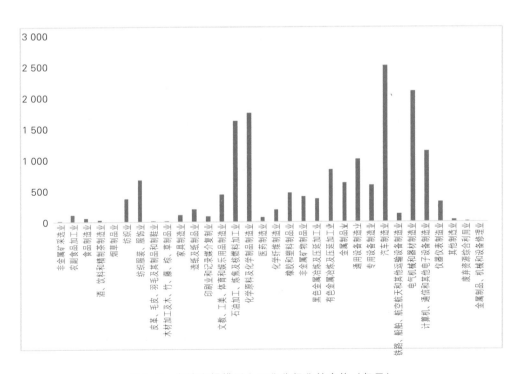

图9-8　宁波市规模以上工业分行业总产值（亿元）

2016年至2019年宁波市规模以上工业分行业单位产值能耗的情况如图9-9所示。其中,黑色金属冶炼及压延加工业,石油加工、炼焦及核燃料加工业,造纸及纸制品业的单位产值能耗远高于全市其他工业分行业的单位产值能耗,应作为节能降碳的重点行业。宁波市2016年至2019年的单位产值能耗如表9-3所示,全市整体的单位产值能耗呈明显下降趋势,体现了能源利用效率上升的趋势。造纸及纸制品业与石油加工、炼焦及核燃料加工业等诸多行业符合这一趋势,而化学原料及化学制品制造业、黑色金属冶炼及压延加工业的单位产值能耗有上升趋势,同时作为两大高耗能产业,这二者的能源利用情况值得重点关注和改善。

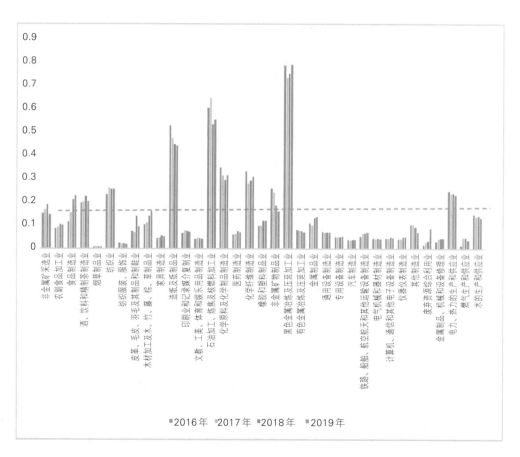

图9-9　宁波市规模以上工业分行业单位产值能耗(吨标准煤/万元)

表 9-3 宁波市单位产值能耗

年份	全市单位产值能耗（吨标准煤/万元）
2016	0.1829
2017	0.1756
2018	0.1683
2019	0.1669

9.2.2.2 宁波市分品种能源消费情况

（1）煤炭

宁波市是我国重要的大型火电生产基地，煤炭在能源消费结构中占有重要地位，所有煤炭由外部输入。2019 年，宁波市煤炭消费总量为 3 995.4 万吨，比上年减少 4.4%。其中规模以上工业煤炭消费量为 3 973.0 万吨。2019 年全市规模以上企业能源转换用煤炭合计投入 3 378.6 万吨，比上年减少 4.6%。火电和供热消耗原煤共计 3 164.8 万吨，其中火电投入 2 612.4 万吨，供热（热电）投入 552.4 万吨。炼焦投入洗精煤 142.0 万吨。煤炭终端消费量为 616.8 万吨，比上年减少 3.7%，占全市煤炭消费总量的 15.4%，其中原煤消费量为 285.2 万吨，焦炭消费量为 168.6 万吨，煤制品消费为 161.8 万吨，其他洗煤消费量为 1.2 万吨。在煤炭消费中，火电占比最大，为 65%。宁波市燃煤电厂有近 1 500 万千瓦的装机容量，占浙江省火电装机容量的 24% 左右，是火力发电的主力之一，这样的产业结构是宁波市煤炭消费量大的重要原因之一。

2015 年与 2019 年工业分行业的煤炭消费总量如图 9-10 所示。煤炭消费主要集中在石油加工、炼焦及核燃料加工业，造纸及纸制品业，化学原料及化学制品制造业，黑色金属冶炼及压延加工业上，这四个行业同时也是重点用能大户，煤炭用量控制和能源总量控制具有相同的对象。2019 年与 2015 年相比，石油加工、炼焦及核燃料加工业与化学原料及化学制品制造业的煤炭消费量在增加，纺织业、造纸及纸制品业等其余行业的煤炭消费量有所下降，大部分行业已经基本没有煤炭消费了。

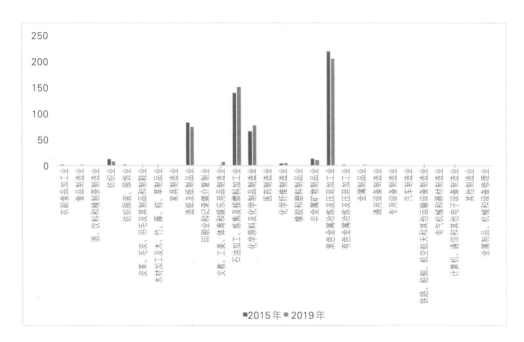

图 9-10　宁波市工业分行业煤炭消费总量（万吨标准煤）

（2）石油

宁波市是我国重要的石油运输、储备和加工基地。2019 年，宁波市净进口石油及制品 5 871 万吨，通过管道向内地运送 4 000 万吨左右原油，近 2 000 万吨原油供本地使用。全年原油消费量占一次能源消费量的 58.5%，是最重要的一次能源，绝大部分用于石油加工，极少部分用于发电和供热。在石油加工上，全市炼油投入能源 4 711.6 万吨标准煤，共加工原油 2 897.7 万吨，生产各类成品油及石油制品（不包括石脑油、溶剂油、石油沥青）2 728.7 万吨（3 935.5 万吨标准煤），加工转换效率为 83.5%，制品产出率为 95.1%。加工产出包括汽油 351.7 万吨，煤油 290.3 万吨，柴油 600.3 万吨，燃料油 98.2 万吨，液化石油气 140.8 万吨，炼厂干气 128.8 万吨，石油焦 110.0 万吨，其他石油制品 1 008.4 万吨。在火电和热电上，2019 年火电和供热用油分别为 0.07 万吨、0.03 万吨。全市规模以上火力发电用柴油 721.46 吨，比 2018 年增长 101.9%，消耗石油焦 38.39 万吨。供热消耗石油焦 36.77 万吨，燃料油264.8吨。

2019年宁波市石油制品终端消费量为1 485.0万吨标准煤，比2018年增长6.5%，占终端能源消费量的32.5%。各类石油制品消费量占比情况如图9-11所示。

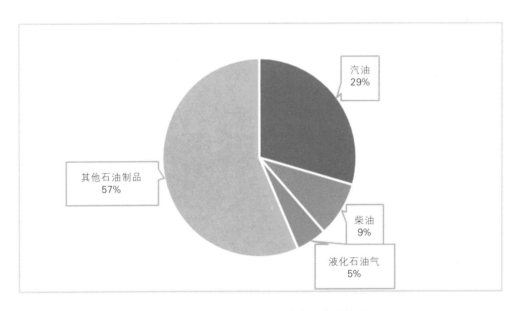

图9-11   宁波市石油制品消费量占比情况

（3）天然气

近年来，由于输配条件逐渐完善，形成了西气、东气、川气等多气源供应格局，宁波市管道天然气使用量快速增长，在燃气利用领域占比越来越大。2019年，全市管道天然气累计用气量26.9亿立方米，同比增长4.22%。规模以上工业企业消费天然气合计21.38亿立方米，占比79.5%，同比增长2.3%，消费液化天然气14.54万吨。从用户端看，工业企业用气量占比很大。

城市燃气使用量13.63亿立方米，同比增长10.33%，电厂用气量10.51亿立方米，同比减少8.32%，炼化用气2.75亿立方米。在天然气消费中，城市燃气占比最大，其次是电厂用气。2019年宁波市燃气电厂装机容量288.2万千瓦，占全市电力装机容量的 14.2%。与燃煤电厂相比，统调天然气发电企业发电标准煤耗仅为 231.3 克/千瓦时，能耗较低。宁波市天然气消费占比情况如图 9-12 所示。

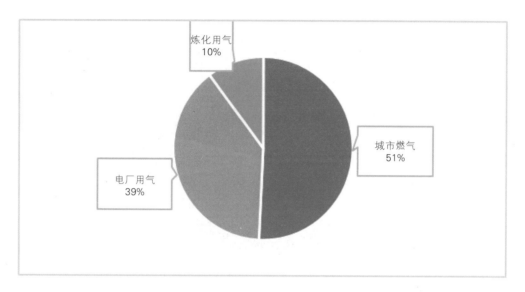

图 9-12　宁波市天然气消费占比情况

（4）可再生能源

2019 年宁波市可再生能源发电装机容量快速增长，可再生能源发电总装机容量为 314.58 万千瓦，占比 15.45%，同比增长 23.77%。其中风电 43.2 万千瓦（无增长）、水电 12.1 万千瓦（同比增长 3.77%）、太阳能发电 238.65 万千瓦（同比增长 33.56%）、垃圾发电 20.63 万千瓦（无增长）。宁波市可再生能源的增长主要由光伏拉动。2019 年，可再生能源累计发电量 48.3 亿千瓦时（59.36 万吨标准煤），同比增长 20.45%，占宁波市全社会用电量的 5.98%。其中累计并网电量 38.31 亿千瓦时（47.02 万吨标准煤），并网率为 79.3%，同比增长 18.85%。宁波市各类可再生能源发电占比如图 9-13 所示。总体来看，光伏、风电等新能源发电占比小，有较大提升空间。在可再生能源中，光伏发电占比较大，该市大力开发光伏项目，投产量大。相对来说，已建成投产的风电项目较少，但海上风电项目正在规划建设中，有 1 万千瓦的风机已经投产，且有 285 万千瓦以上的海上风电项目纳入规划，发展前景广阔。

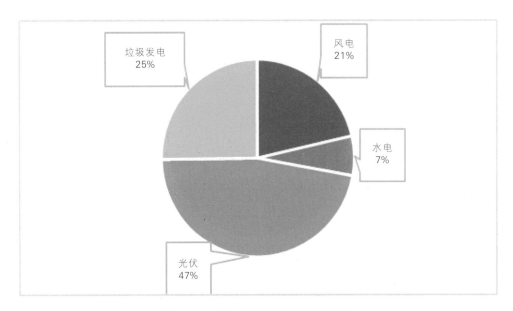

图 9-13　宁波市可再生能源发电情况

（5）电力和热力

2019 年，全市电力装机总容量为 2 036.1 万千瓦，比 2018 年增长 0.9%，其中燃煤电厂占比 69.8%，燃气电厂占比 14.2%，可再生能源占比 15.45%。全市规模以上企业共发电 769.13 亿千瓦时，同比减少 4.1%。在加工转换过程中，火电投入 2 128.1 万吨标准煤，转换效率为 43%，加工转换损失较大。2019 年宁波市全社会用电 807.92 亿千瓦时，同比增长 4.2%。其中工业用电 590.17 亿千瓦时，占全社会用电量的 73.0%。图 9-14 为 2014 年至 2019 年宁波市电力生产与消费量情况。与 2014 年相比，2019 年电力生产下降了 97.37 亿千瓦时，电力消费上升了 231.14 亿千瓦时。整体而言，由于产业调整、淘汰落后产能等，电力生产呈下降趋势；由于社会经济发展，电力消费呈上升趋势。在 2018 年以前，电力生产量大于电力消费量，处于电力净调出状态。而 2019 年电力生产量低于电力消费量，说明宁波市处于电力净调入状态，外调电力成为满足社会用电需求的重要部分。同时，通过从风电、水电等清洁能源丰富的地区外调电力可以降低城市碳排放，有助于实现碳达峰和碳中和。

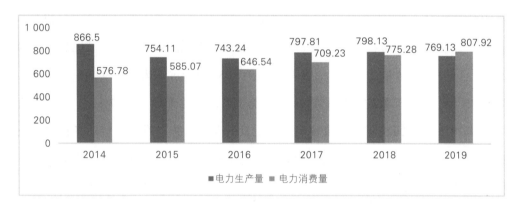

图 9-14　宁波市电力生产与消费量（亿千瓦时）

关于外调电力和特高压，浙江省已形成灵绍、溪浙、浙福、淮上"两交两直"特高压骨干网架，即浙北-福州 ±1 000 千伏特高压交流输电工程、淮南-浙北-上海工程及淮南-南京-上海 ±1 000 千伏特高压交流输电工程、四川溪洛渡左岸至浙江金华 ±800 千伏特高压直流输电工程（宾金直流工程）以及宁东-浙江 ±800 千伏特高压直流输电工程（灵绍直流工程）。目前，浙江累计接收宾金直流工程输送的清洁水电突破 2 000 亿千瓦时，相当于减少标准煤燃烧 6 139 万吨，减少二氧化碳排放 16 999 万吨。

全市规模以上企业生产热力 11 866.5 万吉焦，比 2018 年增长 1.6%。供热投入 455.6 万吨标准煤，转换效率为 89%。全市规模以上企业消费热力 10 368.7 万吉焦，比 2018 年增长 2.9%，占全市热力消费的 87.4%。

9.2.3 宁波市环境现状

2020年，全年全市中心城区空气质量优良天数比率为92.9%；$PM_{2.5}$平均浓度为23微克/立方米。

2020年，宁波市环境空气质量按综合指数计算在全国74个新标准先行重点城市中排名第24；在长三角地区25个重要城市排名第6，优于上海、南京、杭州和苏州；在省内11个地市排名第5。经统计，2020年宁波市环境空气质量优良天数为339天（其中I级天数为146天，Ⅱ级天数为193天），占总天数的92.9%；Ⅲ级天数为25天，占总天数的6.8%；Ⅳ级天数为1天，占总天数的0.27%；Ⅴ级天数为零。从2015年至2020年宁波市环境空气质量的变化趋势来看，空气质量优良天数比例从82.7%逐渐增加到92.9%，污染天数稳步减少，大气污染防治卓有成效，各级污染的具体占比如图9-15所示。

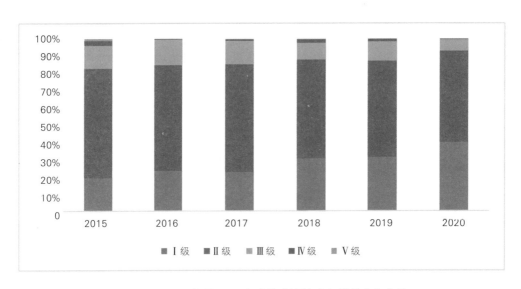

图9-15　2015年至2020年宁波市环境空气质量变化趋势

2020年的$PM_{2.5}$平均浓度为23微克/立方米，比2019年下降20.7%，日均值超标

17 天，超标率 4.7%。

宁波市各县（市）$PM_{2.5}$ 年均浓度范围为 18 微克/立方米至 29 微克/立方米，年平均浓度为 23 微克/立方米。余姚市、慈溪市 $PM_{2.5}$ 年均浓度高于宁波市平均值，分别为 28 微克/立方米、29 微克/立方米；象山县 $PM_{2.5}$ 年均浓度低于全市平均值，为 18 微克/立方米。

2015 年，在宁波市全年 $PM_{2.5}$ 来源中，区域传输贡献约占 39%，本地排放约占 61%。在本地排放中，工业燃烧源占 19%，电厂源占 16%，工业过程源占 14%，农业源占 11%，机动车源占 11%，船舶源占 9%，扬尘源占 8%，海盐源占 5%，其他源占 7%。

本地排放中，工业燃烧源有：化工、钢铁、石油等行业的燃烧排放；电厂源有：火力发电及其他能源发电；工业过程源有：化工、钢铁、石油等行业的工艺过程排放；农业源有：氮肥使用、禽畜养殖等生物质燃烧；港口船舶排放源有：港口及进出港口的船舶、柴油机车等；其他人为源有：道路扬尘、建筑扬尘、工程机械等；机动车源有：乘用车、公交车、轻型货车、重型货车、摩托车。可见，燃煤为宁波市 $PM_{2.5}$ 形成的主要因素，调整能源结构是减污降碳协同控制的重要措施。

9.3 宁波市"双碳"目标

9.3.1 碳排放与碳中和目标

宁波市"十四五"规划指出要制订实施二氧化碳排放达峰行动方案，开展重点行业碳捕获、利用和封存示范工程，探索建设区域性碳交易市场，落实国家"碳达峰、碳中和"任务。按照《宁波市低碳城市发展规划》（2016—2020 年），宁波市"十三五"期间碳排放总量达到峰值，2020 年二氧化碳排放总量与 2015 年基本持平，单位地区生产总值二氧化碳排放比 2005 年下降 50% 以上。

9.3.2 "双控"及能源结构调整

2019年12月31日，宁波市人民政府发布《宁波市人民政府办公厅关于进一步加强能源"双控"工作的通知》，其中明确以下目标：（1）确保每年整治"散乱污"企业1 200家以上，腾出用能空间20万吨标准煤以上；（2）2020年年底，光伏电站装机容量力争达到2 350兆瓦；（3）每年全市工业领域力争通过节能改造实现新增用能空间45万吨标准煤；（4）确保2020年年底前基本完成35蒸吨/小时以下燃煤锅炉淘汰改造工作。

2021年宁波市政府工作报告中明确要求"强化能源'双控'，调整优化产业结构、能源结构、运输结构，严控高耗能行业产能规模，淘汰落后产能企业250家"。

9.3.3 生态红线约束

宁波市能源控制的目标值主要是基于宁波市的大气、水资源、碳排放等生态红线确定的。

大气红线约束要求：宁波市2020年环境空气质量保护目标是全市环境空气质量稳定，达到国家二级标准，环境空气优良率达到90%，力争达到91%；PM$_{2.5}$平均浓度达到29微克/立方米；有效遏制O$_3$污染，重度及以上污染天数比率比2015年下降25%以上；二氧化硫、氮氧化物、挥发性有机物（VOCs）排放总量分别比2015年削减17%、17%、20%。"十四五"规划指出要全面实施PM$_{2.5}$和臭氧"双控双减"，推进挥发性有机物和氮氧化物协同防控，全面执行最严格大气污染物排放限值要求，推进工业废气全面达标排放。

水资源红线要求：至2025年，用水总量小于24亿立方米，万元地区生产总值用水量小于16立方米。"十四五"期间，立足于三江核心片水环境改善问题，实施以"引水泵站、中环通及小环通调度节制闸、生态河岸治理"等为主要内容的清水环通一期工程，增加城区河网生态用水量，提升河网水动力条件，增强水体自净能力。

9.4 宁波市实现"双碳"目标的有利条件和不利条件

9.4.1 宁波市能源结构调整的有利条件

9.4.1.1 转型发展优势大

宁波市是我国首批沿海开放城市、"一带一路"倡议支点城市和长江经济带的龙头龙眼。随着国家大力实施"一带一路"倡议，长江经济带、自贸区网络等战略，宁波市加快提升城市发展能级，全力打好补短板攻坚战，把比较优势转化为竞争优势，把相对短板转化为后发优势。

同时，宁波市提出以低碳试点城市为契机，围绕低碳产业、低碳能源、能效提升、碳汇水平、支撑能力建设等重点领域，围绕产业结构低碳化、能源结构绿色化和能源利用效率化，以市场化机制培育创新为引领，以智慧化监测体系建设为途径的沿海重化工业城市低碳发展模式。这些战略的深入实施，必将为宁波市能源"双控"赢得先发先动优势。

9.4.1.2 替代能源的可得性和可利用性

（1）天然气供应比较充足

宁波市濒临东海，可以利用东海的天然气来代替煤炭，春晓油气田位于宁波市东南约 350 千米的东海西湖凹陷区域，总面积 22 000 平方千米，探明天然气储量达 700 多亿立方米。而东海向来被誉为"东亚的波斯湾"，蕴藏着丰富的自然资源，仅在中国大陆架上的天然气储量就有 5 万亿立方米，原油储量约为 1 000 亿桶。

此外，宁波市还可依靠西气东输、川气东送等工程输送过来的天然气，2019 年全市已建成天然气管线总长约 7 039 千米，中心城区天然气管网长约 4 866 千米，并且还有已建成的天然气管网线路"杭甬线"和"甬台温线"。天然气的供应可以在很大程度上帮助宁波市尽早实现碳达峰。

（2）外调电力

通过外调电力，如从四川等地利用特高压输电调入电力，直接使用外地发出的电，替代本地主要依靠煤炭燃烧的火力发电，既能满足社会用电需求，又能控制煤炭消费总量，控制碳排放，最终实现经济增长和碳排放脱钩。

（3）人均地区生产总值高

宁波市2020年人均地区生产总值为173 677.7元，远高于其他案例城市如西安市、石家庄市等，而且2020年宁波的人均地区生产总值约为72 447元，也远高于全国平均水平。所以，宁波市居民更容易接受相对价格较高的天然气和外调电力，这在一定程度上有利于能源消费量的控制。

（4）风电、太阳能、氢能等项目得到支持和推进

2019年，全市已建成风电场项目10个，装机容量达到43.2万千瓦。而且，宁波市杭州湾新区成功申报列入国家级分布式光伏规模化应用示范区，启动分布式光伏发电项目建设。近年来，光伏发电发展迅猛。2019年并网的太阳能发电厂总装机容量达236.65万千瓦，同比增长32.4%。

截至2020年年底，宁波市地区新能源累计并网337.78万千瓦，年发电量47.14亿千瓦时，减少二氧化碳排放469.97万吨。其中，并网的太阳能发电总装机容量累计达270.6万千瓦，容量跃居全省第一；2020年光伏累计发电量25.10亿千瓦时，同比增长10.85%。并网的生物质发电总装机容量累计达23.96万千瓦，2020年生物质累计发电量13.18亿千瓦时，同比增加10.55%。

宁波市积极谋划推进氢能源产业发展和规划研究，起草印发《宁波加快氢能产业发展的指导意见》并组织开展各类研究课题，加大氢能全产业链招商力度，积极打造氢能产业装备制造基地。

由于能源整体体量大，传统能源的发展已经趋于成熟和稳定，规模基本保持不变，发展可再生能源带来的冲击较小，风险小，可提升空间大。

9.4.2 宁波市能源结构调整的不利条件

9.4.2.1 可再生能源比重较少

从宁波市 2019 年终端能源消费结构可以看出，宁波市的能源消费主要还是以煤炭和石油为主，可再生能源占比非常小，如果想控制化石能源总量、降低能源强度，可能会有很大的阻力，这也是宁波市实现"双控"目标的一个不利因素。

9.4.2.2 统筹电厂占比较大

在煤炭分用途消费量占比中，占比最大的是发电，约占 65.4%，虽然宁波市火电消耗原煤达到 2 612.4 万吨，但是其中省统调电厂企业消耗原煤 1 682.87 万吨，占火电投入的 64%。也就是说，火电消耗用煤中的 64% 并不在宁波市政府管辖范围内，而是由国家、省统筹管理的，因此宁波市政府对火电燃煤的整体控制作用微弱。

9.4.2.3 能源重化工基地的转型之路

宁波市是华东地区重要的能源和重化工业基地，碳排放总量和强度基数高、增长惯性大，碳减排的任务繁重。产业转型升级任重道远、工业大而不强、生产性服务业发展滞后等问题突出。宁波市工业增加值率不到 20%，"宁波制造"仍处于低附加值环节。战略性新兴产业聚焦不足、发展缓慢。为制造业服务的研发设计、商务中介、营销物流等生产性服务业发展滞后，占服务业增加值的比重多年徘徊在 52%。与此同时，宁波市互联网技术发展相对缓慢，且未能形成激发创业创新活力的良好生态环境，因此宁波市城市减少碳排放量将会遇到较大的挑战。

9.5 宁波市的能源结构调整措施

能源"双控"是"十二五"期间浙江在全国率先启动实施，并于"十三五"期间在全国推行的绿色发展举措之一。2014 年宁波市发布"十二五"控制能源消费总量工作方案，明确能源消费总量控制目标和措施，并指出"十二五"期间，单位地区生产总值能耗要下降18.5%，能耗增速年均控制在4.5%以内。通过加大高污染燃料使用设施的淘汰和改造力度，加强对新建燃煤项目的控制，提高清洁能源供应量以及提升能源利用效率，调整能源结构，并进一步落实县（市）区、主要涉能部门和重点用能企业的能源"双控"目标责任制，组织实施重点节能改造项目、能源监察和审计、完善能源管理制度等措施，控制用能过快增长，提高单位能源的产出水平。2015年全市各地中心区域均建成禁燃区，淘汰改造高污染燃料使用设施1 500座以上，并加快禁燃区外高污染燃料使用设施的淘汰改造，全市基本完成10蒸吨/小时（含）以下高污染燃料锅炉的淘汰改造工作。2017年，基本完成工业窑炉、高污染燃料锅炉的淘汰改造工作，基本完成10万千瓦以下自备燃煤电站的淘汰或天然气改造任务。

对能源消费总量和能源强度实行"双控"，是当前经济结构调整、产业升级改造、大气污染治理倒逼下的必然选择。实行"双控"，应该改进能源结构，推广清洁能源的使用，合理控制能源消费总量，逐步削减燃煤消费总量。2019年，宁波市进一步强化能源"双控"和煤炭消费总量控制工作，加减法并举、硬措施齐上，全力打好能源"双控"和"减煤"硬仗，推动新旧动能转换，提高绿色发展水平，加快实现高质量发展。单位地区生产总值能耗同比下降4%，可再生能源发电量48亿千瓦时，超出规划18亿千瓦时，实施市级重点节能技术改造项目444个，总投资36亿元，实现年节能量53.5万吨标准煤，成果显著。

宁波市多措并举推动产业结构调整，2019年全市共淘汰落后产能涉及企业216家，整治提升各类"低散乱"企业（作坊）2 310家，年可腾出用能空间23.5万吨标准煤。实施工业能源绿色化改造，禁止配套新（扩）建自备燃煤电站，禁止新（改、扩）建35蒸吨/小时以下燃煤锅炉，全面分解落实高污染燃料锅炉淘汰改造年度计划，2019年全年共完成24台，超额完成省定目标任务。与此同时，宁波市大力发展非化石能源，2019年全市争取光伏发电国家补贴竞价项目378个，装机容量41.2万千瓦，位居全省第一位，全市可再生能源发电装机总容量达到315万千瓦，同比增长24%。

在构建绿色制造体系方面，宁波市先后印发了《宁波市绿色制造体系建设实施方案》《宁波市节能环保产业集群发展专项规划》，2019年宁波市6个工厂、27个产品、1个园区入选国家级绿色制造体系名单，目前累计已申报成功15个绿色工厂、49种绿色设计产品、2个绿色供应链、2个绿色园区，入围数量位居全国城市前列。宁波市大力推进绿色生产生活，在石化、造纸、钢铁、火电等重点行业开展能效对标专项行动，提升重点用能设备能效水平。组织实施高能耗公共建筑节能改造，重点推进单位综合电耗超过宁波市公共建筑能耗限额基准线，且单位空调电耗超过单位综合电耗基准线60%以上的公共建筑的空调系统节能改造，提高公共建筑运营能效水平。在宁波市"十四五"规划中明确"全面推进生产绿色化、清洁化改造，加快钢铁、水泥等行业产能置换，构建绿色制造体系，大力推进绿色包装。全面落实绿色建筑标准，推动既有公共建筑绿色化改造。开展绿色生活创建活动，鼓励绿色办公、绿色出行、绿色消费"。

第10章 宁波市：基于系统动力学模型的"双碳"方案

10.1 潜力分析

模型总体上分为基准情景和"双碳"情景。在基准情景下，宁波市采取现有的政策措施和节能减排技术，没有更进一步的措施、投资和新技术引进，能源效率提高缓慢，非化石能源稳步发展。在"双碳"情景下，宁波市进一步强化了政策力度，根据经济发展状况和大气环境质量要求，大力优化产业结构，通过减量化（减少煤炭和石油消费，控制化石能源增长）以及替代化（推广天然气使用、大力发展新能源）的方式实现宁波市的"双碳"目标。

根据第3章的论述，实现碳排放控制政策总体上可以分为3大类：经济结构调整、能源结构优化、能源效率提高。本章的情景模拟部分也分经济结构调整、能源结构优化、能源效率提高这3部分进行情景的设计。

10.1.1 经济结构调整

经济结构的调整分为第一、二、三产业的调整，以及产业内部主要是第二产业内部行业的调整。本部分所指的主要是第一、二、三产业结构的调整，而产业内部尤其是第二产业内部结构的调整，本章在接下来的"能源结构优化"这一部分进行论述，因为产业结构的调整必然伴随着能源结构的调整，正是因为第二产业内部结构的调整才导致了第二产业能源消费结构的调整。

经济结构的调整会影响宁波市的能源消费总量与碳排放量，可以从三个方面来理解：

第一，从单位产值的能源消费量来看，第二产业的能源强度是最高的，远高于第一产业和第三产业的能源强度。

第二，从总能耗来看，第二产业的能源消费量也比第一产业和第三产业高。

第三，从能源消费结构上看，第二产业的能源消费中煤炭的占比比第一产业、第三产业的能源消费中煤炭的占比高。

所以，要通过经济结构的调整来实现碳达峰碳中和的目标，最为重要的是要控制传统工业的发展，推动第二产业的转型和高质量发展。

"十四五"期间，宁波市提出"打好产业基础高级化和产业链现代化攻坚战"，加快建设全球先进制造业基地，打造化工新材料、节能与新能源汽车等十大标志性产业链[①]，实施传统制造业改造提升计划，推动传统制造业向集群化、数字化、品质化、服务化、绿色化转型，推进落后产能退出。继续实施"3433"服务业倍增发展行动[②]，围绕现代贸易、现代物流、现代金融、文化创意等重点扶持产业，加强龙头企业引育，推进功能平台建设，大力发展总部经济，聚力建设特色服务业集聚区。确保第三产业增加值占比持续增加。

因此，在基准情景下，预计2025年第二产业增加值占比将下降到47.3%，第三产业增加值占比达到50.7%；到2035年，第二产业增加值占比为41.3%，第三产业增加值占比达到56.7%。

而在"双碳"情景下，宁波市实施工业领域达峰行动，坚决遏制"两高"项目盲目发展，推进高碳行业有序达峰，构建高质量的低碳工业体系，全面推进生产绿

---

① 指化工新材料产业链、节能与新能源汽车产业链、特色工艺集成电路产业链、光学电子产业链、机器人产业链、智能成型装备产业链、高端模具产业链、稀土磁性材料产业链、智能家电产业链、时尚服装产业链。

② 指做强现代贸易、现代物流、现代金融三大万亿级产业，做优文化创意、旅游休闲、科技及软件信息、商务服务四大千亿级产业，做精餐饮服务、健康养老、房地产租赁和物业服务三大百亿级产业，做深运动健身、高端培训、家庭服务三个细分产业。

色化、清洁化改造，加快钢铁、水泥等行业产能置换。这将进一步控制高耗能产业的发展，加快第二产业的升级改造，优化经济结构。预计2025年第二产业增加值占比将下降到46%，第三产业增加值占比达到52%；到2035年，第二产业增加值占比为36%，第三产业增加值占比达到62%。

宁波市的经济结构调整情况见表10-1。

表10-1 宁波市产业结构变化情况

年份	基准情景 2019年→2025年→2035年	"双碳"情景 2019年→2025年→2035年
第一产业增加值比例	2.4%→2%→2%	2.4%→2%→2%
第二产业增加值比例	53.4%→47.3%→41.3%	53.4%→46%→36%
第三产业增加值比例	43.2%→50.7%→56.7%	43.2%→52%→62%

10.1.2 能源结构优化

根据本章模型，需将能源结构划分为第一产业能源结构、第二产业能源结构、第三产业能源结构、发电能源结构、供热能源结构五部分。

按照我们的调研结果，对于宁波市而言，天然气将是宁波市减煤中的主要替代能源，同时由于海上风电的发展，可再生能源前景也较为可观。

10.1.2.1 第一产业能源结构

2019年第一产业的能源消费量约占能源终端消费量的1.53%，份额偏小，为非重点控制对象。

"十四五"期间，宁波市围绕建设国家现代农业示范区，推进粮食蔬菜生产功能区、主导产业集聚区和绿色都市农业示范区建设，做实粮食、蔬菜、畜牧、渔业等绿色基础产业。做强现代种业、精品果业、茶产业、花卉竹木、中药材等特色优势产业，加强高标准农田建设，提升农田水利设施和科技设施装备水平。因此，煤炭、石油的比例将会下降，天然气、电力、热力的比例会上升。

在"双碳"情景下，实施农业领域达峰行动，完善农业区域布局、产业体系和生产经营体系，降低农用机械和渔业船舶碳排放，推动农业碳排放量稳中有降。煤炭、石油的比例会进一步下降，天然气、电力、热力的比例将进一步上升。宁波市第一产业能源消费结构的变化情况见表10-2。

表 10-2 宁波市第一产业能源消费结构的变化情况

	基准情景 2019年→2025年→2035年	"双碳"情景 2019年→2025年→2035年
煤炭	11.43%→9%→1%	11.43%→8%→0%
石油	77.82%→72%→61%	77.82%→69%→50%
天然气	0%→3%→6%	0%→5%→10%
电力	10.86%→14%→28%	10.86%→16%→36%
热力	0%→2%→4%	0%→2%→4%

10.1.2.2 第二产业能源结构

对于第二产业中煤炭占能源的比例，用公式可以表示为：

$$Coal_z = \frac{Coal}{E} = \sum \frac{E_i}{E} \cdot \frac{Coal_i}{E_i}$$

其中，$Coal_z$表示的是第二产业中煤炭占第二产业能源消费的比例，E_i表示第二产业内部i行业的能源消费量，E表示第二产业的能源消费，$Coal_i$表示第二产业中i行业的煤炭消费量。从而，在假定同一行业内部能源消费结构不变的前提下根据不同行业能源消费量占比的变化，可以确定出煤炭在第二产业能源消费量中的占比情况的变化。

对第二产业的各行业按单位产值能耗分成了三类：高耗能行业、中耗能行业、低耗能行业，如表10-3所示。

表 10-3　　　　　　　　　　宁波市第二产业各行业按产值能耗分组

| 高耗能行业 | 黑色金属冶炼和压延加工业
石油加工、炼焦和核燃料加工业
造纸及纸制品业
化学原料和化学制品制造业
化学纤维制造业
纺织业
电力、热力的生产和供应业
食品制造业
酒、饮料和精制茶制造业 | 中耗能行业 | 非金属矿物制品业
木材加工及木、竹、藤、棕、草制品业
非金属矿采选业
金属制品业
水的生产和供应业
橡胶和塑料制品业
农副食品加工业 | 低耗能行业 | 皮革、毛皮、羽毛及其制品和制鞋业
废弃资源综合利用业
印刷和记录媒介复制业
通用设备制造业
铁路、船舶、航空航天和其他运输设备制造业
有色金属冶炼和压延加工业
其他制造业
医药制造业
家具制造业
专用设备制造业
仪器仪表制造业
计算机、通信和其他电子设备制造业
金属制品、机械和设备修理业
电气机械和器材制造业
文教、工美、体育和娱乐用品制造业
汽车制造业
燃气生产和供应业
纺织服装、服饰业
烟草制品业 |

2019年宁波市第二产业的能源消费结构如表10-4所示。

表 10-4　　　　　　　　2019年宁波市第二产业内部能源消费结构

行业	行业产值合计（亿元）	产值占比	行业能源合计（万吨标准煤）	行业能源占比	行业单位产值能耗（吨标准煤/万元）
高耗能行业	5 661.24	31.98%	2 250.03	76.15%	0.40
中耗能行业	1 653.43	9.34%	222.19	7.52%	0.13
低耗能行业	10 387.57	58.67%	482.67	16.33%	0.05

通过上述分析可知，控制能源消费总量和降低能源强度的重点应当放在高耗能行业上。对钢铁、水泥、化工、石化等重点行业进行清洁生产审核，针对节能关键领域和薄弱环节，采用先进适用的技术、工艺和装备，实施清洁生产技术改造。不同情景下的宁波市第二产业内部结构变化情况见表10-5和表10-6。

表 10-5　　　　宁波市第二产业内部结构变化情况（基准情景）

| | 产值占比 | 行业产值单耗 |
	2019年→2025年→2035年	2019年→2025年→2035年
高耗能行业	31.98%→30%→22%	0.4→0.38→0.32
中耗能行业	9.34%→10%→12%	0.13→0.12→0.1
低耗能行业	58.67%→60%→66%	0.05→0.05→0.05

表 10-6　　　　宁波市第二产业内部结构变化情况（"双碳"情景）

| | 产值占比 | 行业产值单耗 |
	2019年→2025年→2035年	2019年→2025年→2035年
高耗能行业	31.98%→28%→18%	0.4→0.36→0.22
中耗能行业	9.34%→10%→12%	0.13→0.12→0.1
低耗能行业	58.67%→62%→70%	0.02→0.02→0.02

宁波市实施工业能源绿色化改造，严控煤炭消费。2019年，禁止配套新（扩）建自备燃煤电站，禁止新（改、扩）建35蒸吨/小时以下燃煤锅炉，全面落实高污染燃料锅炉淘汰改造。钢铁行业通过外购焦炭等方式削减炼焦用煤，化工行业削减不合理和低效用热需求，铸造行业推行电炉替代冲天炉。同时，大力加快清洁能源设施建设，扩大天然气利用规模，推进煤炭清洁高效利用，促进能源结构低碳转型。实施循环经济推进行动，积极培育低碳循环产业，扎实推进园区循环化发展，不断健全资源循环利用体系，全面提高资源利用效率。宁钢超低排放治理及原料场

封闭等系列改造工程，镇海炼化公司环保治理提升、中华纸业等建成区重污染企业关停搬迁等项目列入重点工程项目。

根据各行业内煤炭、石油、天然气等的消费占比，计算出第二产业中的各种能源占比变化情况。在"双碳"情景下，2025年煤炭、石油占比分别将下降到8%、20%，2035年煤炭、石油占比分别将下降到0.5%、5.5%。

宁波市第二产业能源消费结构的变化情况如表10-7所示。

表10-7　基准情景和"双碳"情景下宁波市第二产业能源消费结构的变化情况

	基准情景 2019年→2025年→2035年	"双碳"情景 2019年→2025年→2035年
煤炭	12.26%→9%→1.5%	12.26%→8%→0.5%
石油	27.25%→24%→16.5%	27.25%→20%→5.5%
天然气	3.04%→6%→12%	3.04%→9%→14%
电力	48.04%→52%→60%	48.04%→54%→70%
热力	8.66%→9%→10%	8.66%→9%→10%

10.1.2.3　第三产业能源结构与居民生活能源结构

如前所述，宁波市第三产业的能源消费量占总能源消费量的16.22%，居民生活的能源消费量占总能源消费量的8.17%，影响不如第二产业深刻，但也需要同步进行能源结构的调整。宁波市稳步推进"煤改气"工作，加快推进天然气利用"最后一公里"基础设施建设。大力发展绿色交通，推进老旧运营车辆淘汰，发展新型电动汽车和新能源汽车。同时，大力发展绿色旅游，2019年，全市新建充电桩1 300个，实现溪口-滕头5A级风景区全电景区建设，打造余姚横坎头村示范区等5个"乡村振兴·电力先行"示范区，推广应用电气化技术大棚117个、粮食电烘干示范基地26个、畜牧（水产）养殖示范基地22个。

宁波市第三产业能源结构基准情景和"双碳"情景如表10-8所示。

表 10-8　　宁波市第三产业能源结构的基准情景和“双碳”情景情况

	基准情景 2019年→2025年→2035年	“双碳”情景 2019年→2025年→2035年
煤炭	1.12%→0.8%→0%	1.12%→0.8%→0%
石油	49.66%→41.2%→27%	49.66%→34.2%→8%
天然气	4.22%→8%→15%	4.22%→10%→18%
其他能源	0%→1%→4%	0%→1%→5%
电力	42.66%→45%→50%	42.66%→50%→65%
热力	5.96%→4%→4%	5.96%→4%→4%

宁波市居民生活能源结构的基准情景和“双碳”情景情况如表10-9所示。

表 10-9　　宁波市居民生活能源结构的基准情景和“双碳”情景情况

	基准情景 2019年→2025年→2035年	“双碳”情景 2019年→2025年→2035年
煤炭	0%→0%→0%	0%→0%→0%
石油	23.2%→18%→8%	23.2%→15%→1%
天然气	5.8%→8%→12%	5.8%→9%→12%
其他能源	0%→1%→4%	0%→2%→6%
电力	71%→73%→76%	71%→74%→81%
热力	0%→0%→0%	0%→0%→0%

10.1.2.4　发电能源结构

宁波市大力发展区域集中供热、热电联产、垃圾焚烧发电和生物质发电项目，禁止审批新（扩）建燃煤发电项目，禁止配套建设自备燃煤发电项目。在火电（热电）等大型用煤企业和煤炭交易市场建立煤炭采样检测制度，建立健全煤炭质量管理体系，燃料用煤基低位发热量不得低于5 100千卡/千克，从源头上保证洁净煤的使用。燃煤火电（热电）机组实施烟气清洁排放技术改造，5家省统调燃煤电厂和13家燃煤热电企业所有单台出力65蒸吨/小时以上燃煤锅炉（除层燃炉、抛煤机炉外）全部实现"超低排放"。持续推进光伏电站建设并大力开发海上风电资源，推进象山1#海上风电一期工程，以及象山涂茨海上风电、象山1#海上风电二期工程。

在"双碳"情景下，2025年煤炭占比将下降到74%，2035年煤炭占比将下降到40%，所以适当加强天然气的替代性和可再生能源发电后，宁波市发电能源消费结构的变化如表10-10所示。

表10-10 宁波市发电能源消费结构

	基准情景 2019年→2025年→2035年	"双碳"情景 2019年→2025年→2035年
煤炭	85.69%→78%→50%	85.69%→74%→40%
石油	1.93%→2%→2%	1.93%→2%→2%
天然气	6.06%→10%→18%	6.06%→12%→20%
其他能源	6.32%→10%→30%	6.32%→12%→38%

值得注意的是，宁波市是华东地区重要的能源基地，在2018年以前，宁波市向外输出电力，保障杭州等城市的用电需要。根据《浙江省大气污染防治行动计划（2013—2017年）》，宁波市要提高外购电比例，加大省外电源合作开发力度，加快建立稳定的外来电基地，实现"外电入浙"3 000万千瓦左右。宁波市向外输出的电力不断减少，至2019年成为电力净调入的城市。在"十四五"规划中，特高压交流工程被确立为能源重点工程。在基准和"双碳"情景中，预计未来宁波市的调入电力将有所上升。而调入清洁外来电替代火电有利于减少碳排放，故预计"双碳"情景中调入电力占比更大。

10.1.2.5　供热能源结构

对于供热，禁止新建35蒸吨/小时（含）以下使用高污染燃料锅炉，禁止新建直接燃用非压缩成型生物质锅炉，城市建成区以外，鼓励以压缩成型生物质为燃料的锅炉项目建设。同时，注重地热能等可再生能源的开发和利用。推进园区集中供热项目，热电联产工程被列为能源重点项目。

在"双碳"情景下，2025 年煤炭占比将下降到 75%，2035 年煤炭占比将下降到 42%。

表 10-11　　　　　　　　宁波市供热的能源消费结构

	基准情景 2019 年→2025 年→2035 年	"双碳"情景 2019 年→2025 年→2035 年
煤炭	88.28%→80%→54%	88.28%→75%→42%
石油	8.99%→8%→8%	8.99%→8%→8%
天然气	2.73%→8%→18%	2.73%→10%→20%
其他能源	0%→4%→20%	0%→7%→30%

10.1.3　能源效率提高

能源效率可表示为能源强度的倒数，能源效率提高可用能源强度下降来表示。能源强度即单位产值能源消费量，可分为第一产业能源强度、第二产业能源强度、第三产业能源强度。随着节能技术的进步，三次产业的能源强度都呈下降趋势。在"双碳"情景下，更加注重能源消费总量和能源强度控制，加速淘汰化石能源的低效利用方式，整体经济的能源效率得到进一步提高。

第二产业的能源强度受工业企业的研发影响，基准情景下提高工业企业的研发支出在地区生产总值中所占比例，到 2025 年为 5%，2035 年达到 6%，可以预计，2025 年第二产业能源强度下降到 0.57 吨标准煤/万元，2035 年下降到 0.27 吨标准煤/万元；在"双碳"情景下，进一步提高研发的支出比例，第二产业能源强度的下降幅度更大，2025 年下降至 0.55 吨标准煤/万元，2035 年下降至 0.25 吨标准煤/万元。基准情景和"双碳"情景下三次产业的能源强度如表 10-12 所示。

表 10-12 不同情景下宁波市三次产业能源强度

	基准情景 2019年→2025年→2035年	"双碳"情景 2019年→2025年→2035年
第一产业能源强度	0.28→0.26→0.18	0.28→0.25→0.16
第二产业能源强度	0.62→0.57→0.27	0.62→0.55→0.25
第三产业能源强度	0.16→0.14→0.12	0.16→0.14→0.1

10.2 结果分析

因为系统动力学是对现实情况的一个仿真模拟,所以在模型搭建完成以后,对不同情景进行模拟之前,需要检验模型的有效性。

一般来讲,具体的检验方式是将历史值与模型的模拟值进行对比。本章选出地区生产总值、能源消费量、煤炭消费量、石油消费量这四个变量来进行实际值和模拟值的对比,其对宁波市系统动力学模型的检验结果如图 10-1、图 10-2、图 10-3、图 10-4 所示。

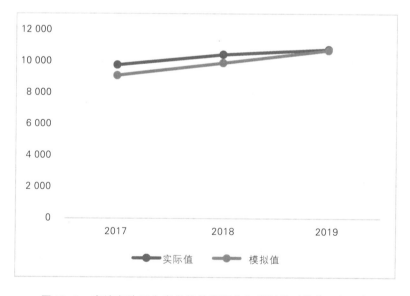

图 10-1 宁波市地区生产总值的实际值与模拟值(单位:亿元)

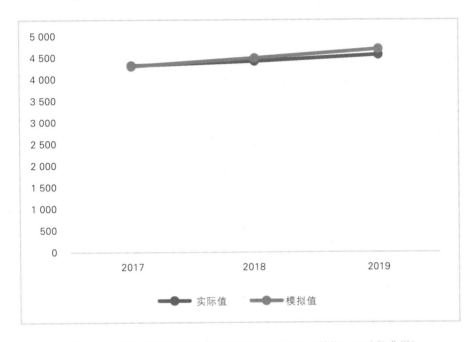

图 10-2　宁波市能源消费量的实际值与模拟值（单位：万吨标准煤）

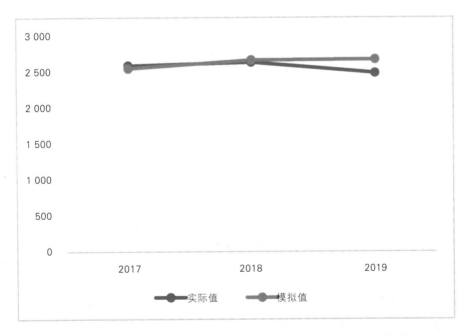

图 10-3　宁波市煤炭消费量的实际值与模拟值（单位：万吨标准煤）

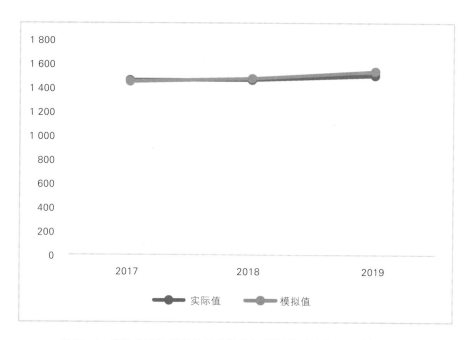

图 10-4　宁波市石油消费量的实际值与模拟值（单位：万吨标准煤）

　　通过前面的实际值与模拟值的对比图可以看出，宁波市的系统动力学模型实际值和模拟值基本吻合，并且通过计算也可以得出，模拟值和实际值的差异均在 15% 的允许误差范围之内。

　　所以，可以认为宁波市的系统动力学模型是有效的。

10.3　"双碳"方案及措施研究

　　通过基准情景和"双碳"情景下地区生产总值、能源消费量、二氧化碳排放量、煤炭消费量、天然气消费量、电力和外来电力、可再生能源的对比，进一步比较 2019 年、2025 年和 2035 年在不同情景下能源强度和碳排放强度的下降情况以及非化石能源和煤炭占比（如图 10-5 所示），说明宁波市只有在"双碳"情景下，进行全面深化改革，加快转型升级，推动产业结构、能源结构进一步优化，才能达到对大气、水资源、碳排放以及能源强度等的约束，全面建成"低碳城市"。

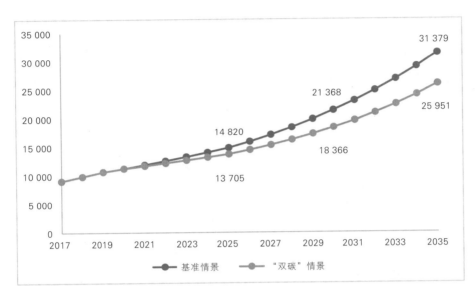

图 10-5　宁波市地区生产总值（亿元，以 2010 年为基准）

基准情景和"双碳"情景的地区生产总值都维持了持续上升的趋势。相比于基准情景，"双碳"情景下的地区生产总值更低。这是因为在"双碳"情景下，为了达到碳排放总量、碳排放强度等的目标，地方政府会采取措施减少一定的固定资产投资，控制资本的增长，从而使产出值的增长也相应减少。2025 年，"双碳"情景下的地区生产总值为 13 705 亿元，比基准情景下的地区生产总值低 1 115 亿元。2035 年，"双碳"情景下的地区生产总值为 25 951 亿元，比基准情景下的地区生产总值低 5 428 亿元。

10.3.1　能源消费

"十四五"期间，宁波市大力提升产业基础高级化、产业链现代化水平，力争成为全国制造业单项冠军第一城，基本形成"246"万千亿级产业集群，基本建成国家制造业高质量发展试验区，服务业实现倍增发展，农业基础更加稳固，现代化经济体系建设取得重大进展。宁波市在2035年远景目标中，提出人均地区生产总值要达到发达经济体水平，基本实现新型工业化、信息化、城镇化、农业农村现代化，成为全球先进制造业基地，现代服务业发展实现大跨越，形成高质量现代化经济体系。产业发展方式的转变是一个缓慢的过程，在一定时间内产业发展必然会伴随着能源消费的增加。而随着产业转型以及能源利用效率的提升，能源消费总量的增速逐渐下降，直至达到峰值，产业转型逐步完成，实现产业发展和能源消费的脱钩，能源消费总量开始下降。

因此，在基准情景下，宁波市的能源消费量将会呈现上升趋势。在"双碳"情景下，能源消费总量先上升，在2025年达到峰值并开始逐渐下降。2025年，"双碳"情景下宁波市的能源消费总量为4 946万吨标准煤，比基准情景下的能源消费量减少655万吨标准煤；2035年，"双碳"情景下宁波市的能源消费总量为4 504万吨标准煤，比基准情景下的能源消费量减少1 720万吨标准煤。宁波市能源消费量如图10-6所示。

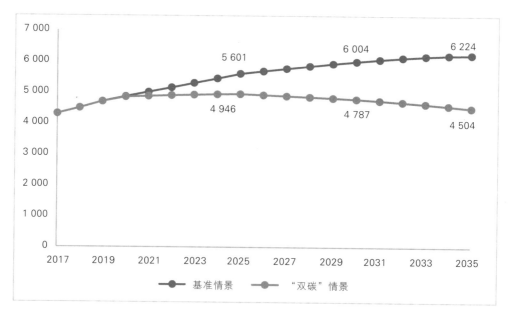

图10-6　宁波市能源消费量（万吨标准煤）

　　宁波市开展国家低碳城市试点，力争在 2018 年达到碳排放峰值。同时，落实能源、水资源消耗、建设用地等总量和强度"双控"行动；建立健全生态文明绩效评价体系，强化生态文明制度保障。因此，能源强度将会有较大幅度下降。而且能源强度在"双碳"情景比在基准情景下降得更快。在"双碳"情景下，到 2025 年，能源强度为 0.361 吨标准煤/万元，能源强度自 2020 年至 2025 年预计下降 18.14%。到 2035 年，能源强度为 0.174 吨标准煤/万元，能源强度自 2025 年至 2035 年预计下降 51.8%（如图 10-7 所示）。

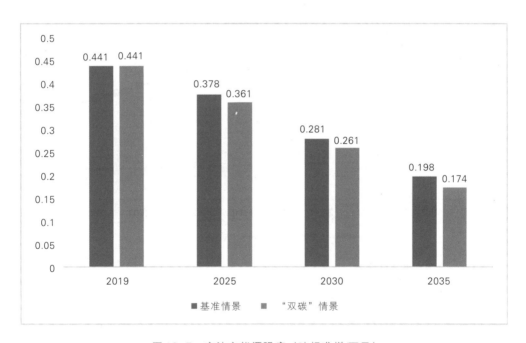

图 10-7　宁波市能源强度（吨标准煤/万元）

10.3.2　二氧化碳排放

　　在模型中，二氧化碳的排放分为四个部分，即煤炭燃烧排放的二氧化碳、石油燃烧排放的二氧化碳、天然气燃烧排放的二氧化碳、外来电力生产过程中排放的二氧化碳。模型中对于外购电力对应的碳排放系数统一采用 2.64 吨二氧化碳/吨标准煤。

宁波市不含外来电力的二氧化碳排放量如图10-8所示。2025年，宁波市"双碳"情景下的二氧化碳直接排放量为9 706万吨，比基准情景下的二氧化碳排放量少1 847万吨；2035年，宁波市"双碳"情景下的二氧化碳直接排放量为5 563万吨，比基准情景下的二氧化碳排放量少3 938万吨。

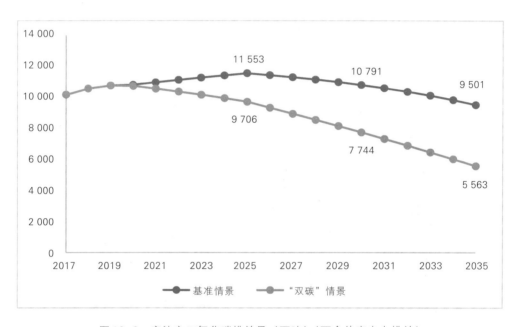

图10-8 宁波市二氧化碳排放量（万吨）（不含外来电力排放）

宁波市考虑外来电力的二氧化碳排放量如图10-9所示，考虑调入/调出电力的排放的情况下，由于2019年后宁波市以电力调入为主，故间接排放量高于直接排放量。2025年，宁波市"双碳"情景下的二氧化碳排放量为1.08亿吨，比基准情景下的二氧化碳排放量减少1 701万吨；2035年，宁波市"双碳"情景下的二氧化碳排放量为7 607万吨，比基准情景下的二氧化碳排放量减少3 962万吨。在基准情景下，2025年达到峰值，为12 470万吨；在"双碳"情景下，2020年达到峰值，为11 103万吨。在"双碳"情景下，二氧化碳排放量会更早达峰，且峰值更低。

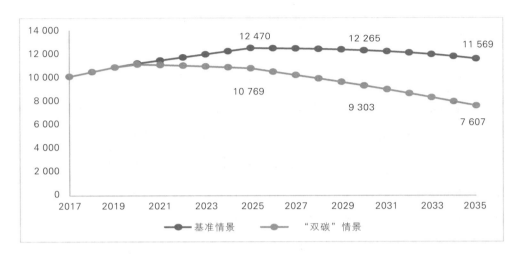

图10-9 宁波市二氧化碳排放量（万吨）（考虑外来电力排放）

宁波市二氧化碳排放强度的变化如图10-10所示，由于产业和能源结构调整，二氧化碳排放强度会有一定程度的下降。相比基准情景，"双碳"情景中二氧化碳排放强度下降得更快。在"双碳"情景下，到2025年，二氧化碳排放强度为0.786吨/万元，二氧化碳排放强度自2020年至2025年预计下降20.5%。到2035年，二氧化碳排放强度为0.293吨/万元，二氧化碳排放强度自2025年至2035年预计下降62.7%。

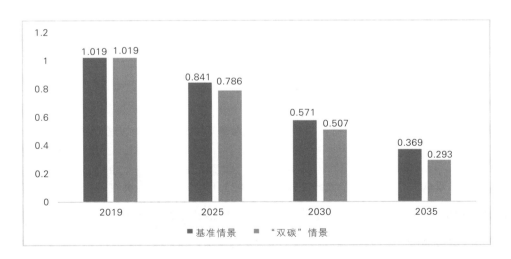

图10-10 宁波市二氧化碳排放强度（吨/万元）

10.3.3 煤炭

宁波市煤炭消费量的模拟如图 10-11 所示，宁波市 "双碳" 情景下的煤炭消费量与基准情景下的煤炭消费量相比，下降幅度较大。2025 年，基准情景下的煤炭消费量为 2 698 万吨标准煤，"双碳" 情景下的煤炭消费量为 2 245 万吨标准煤。2035 年，基准情景下的煤炭消费量为 1 680 万吨标准煤，"双碳" 情景下的煤炭消费量为 1 067 万吨标准煤。在 "双碳" 情景下，2020 年至 2025 年，煤炭消费量下降 15%，2025 年至 2035 年，煤炭消费量下降 52.5%。

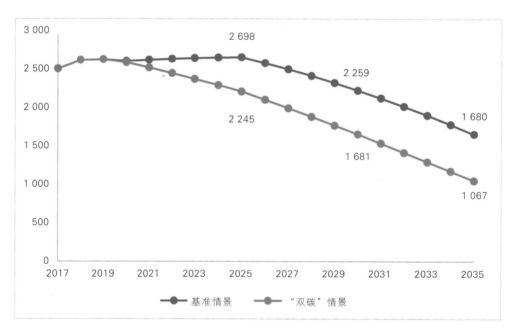

图 10-11　宁波市煤炭消费量（万吨标准煤）

在 "双碳" 情景下，宁波市 2019 年、2025 年和 2035 年煤炭在各个部门的消费量如图 10-12 所示，可以看出煤炭在各个部门的消费量都在减少，尤其是第二产业和发电供热部门。

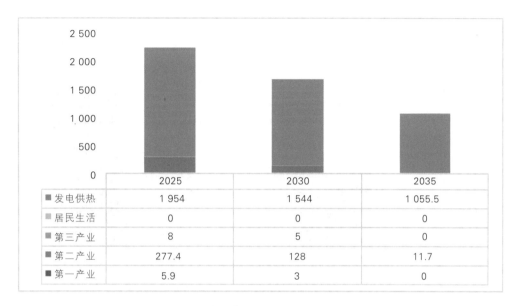

	2025	2030	2035
■ 发电供热	1 954	1 544	1 055.5
□ 居民生活	0	0	0
■ 第三产业	8	5	0
■ 第二产业	277.4	128	11.7
■ 第一产业	5.9	3	0

图 10-12　宁波市在"双碳"情景下，各部门煤炭消费量（万吨标准煤）

宁波市减煤量的部门分配如图 10-13 所示，在"双碳"情景下，"十四五"期间宁波市共减煤 385 万吨标准煤，其中第二产业减煤 141.5 万吨标准煤，发电供热部门减煤 240.6 万吨标准煤，占比分别为 36.8% 和 62.5%；2025 年至 2030 年，预计共减煤 565 万吨标准煤，第二产业减煤 149.4 万吨标准煤，发电供热部门减煤 410 万吨标准煤，占比分别为 26.4% 和 72.6%；2030 年至 2035 年，预计共减煤 613 万吨标准煤，第二产业减煤 116.3 万吨标准煤，发电供热部门减煤 488.5 万吨标准煤，占比分别为 19.0% 和 79.7%。在"双碳"情景下，宁波市主要的减煤量发生在发电供热部门和第二产业，第一产业、第三产业、居民生活减煤量较少。其中，发电供热部门煤耗的下降主要是被天然气、外来电力、可再生能源发电的增加替代；第二产业的减煤主要源于传统"双高"工业淘汰的落后产能，产业结构转型引起的能源结构调整、能源利用效率的提高。

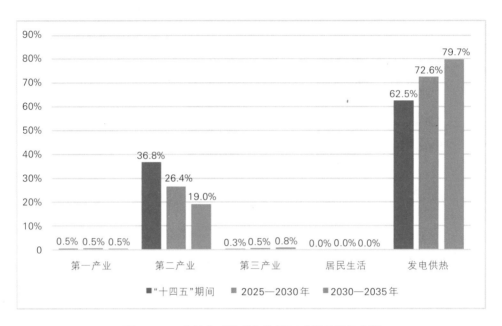

图 10-13　宁波市"双碳"情景下减煤量部门分配

10.3.4　石油

宁波市石油消费量的模拟如图 10-14 所示，相比基准情景，"双碳"情景下的石油消费量大大减少。石油作为一种比煤炭更清洁、利用效率更高的重要能源，自改革开放以来有了快速的发展，特别是在宁波市这样的港口城市。但石油为不可再生的化石能源，且在我国严重依赖进口，必须逐渐控制其消费。在基准情景下，石油消费将缓慢上升，在 2025 年达到峰值并开始缓慢下降。而在"双碳"情景下，低碳转型等各种措施将导致这一进程加速，使得石油消费以更快的速度下降。2025 年，基准情景下的石油消费量为 1 620 万吨标准煤，"双碳"情景下的石油消费量为 1 220 万吨标准煤。2035 年，基准情景下的石油消费量为 1 352 万吨标准煤，"双碳"情景下的煤炭消费量为 374.01 万吨标准煤。

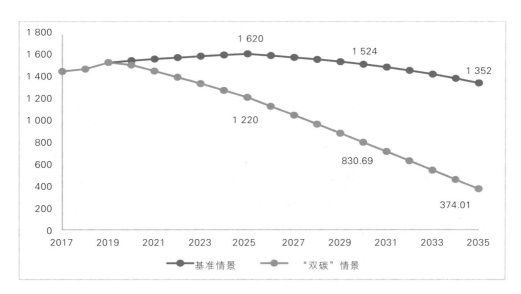

图 10-14　宁波市的石油消费量（万吨标准煤）

在"双碳"情景下，2019年、2025年和2035年宁波市各部门石油消费量的情况如图10-15所示，可以看出石油在各部门的消费量都在减少，尤其是第二产业石油消费量在减少。

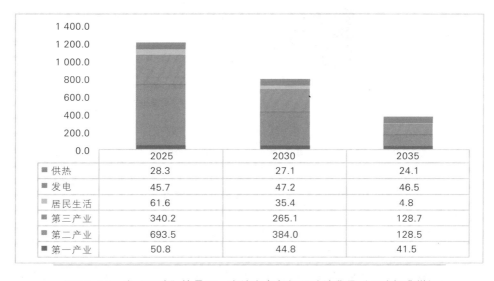

	2025	2030	2035
■ 供热	28.3	27.1	24.1
■ 发电	45.7	47.2	46.5
■ 居民生活	61.6	35.4	4.8
■ 第三产业	340.2	265.1	128.7
■ 第二产业	693.5	384.0	128.5
■ 第一产业	50.8	44.8	41.5

图 10-15　在"双碳"情景下，宁波市各部门石油消费量（万吨标准煤）

宁波市石油减量的部门分配如图10-16所示，在"双碳"情景下，"十四五"期间宁波市共减少石油消费量297万吨标准煤，其中第二产业的石油消费量减少274万吨标准煤，居民生活的石油消费量减少21.5万吨标准煤，占比分别为92.3%和7.2%；2025年至2030年，预计共减少石油消费量416万吨标准煤，第三产业的石油消费量减少75万吨标准煤，第二产业的石油消费量减少309万吨标准煤，居民生活的石油消费量减少26万吨标准煤，占比分别为18.0%、74.3%和6.3%；2030年至2035年期间，预计共减少石油消费量430万吨标准煤，第三产业的石油消费量减少136万吨标准煤，第二产业的石油消费量减少256万吨标准煤，居民生活的石油消费量减少34万吨标准煤，占比分别为31.8%、59.5%和7.8%。宁波市主要减少的石油消费量发生在第二产业、第三产业和居民生活部门。宁波市石油消费量的减少主要由于产业结构调整以及天然气、电力的替代。

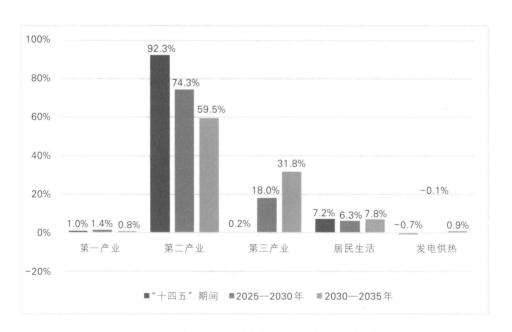

图10-16 宁波市"双碳"情景下石油减量部门分配

10.3.5 天然气

宁波市天然气消费量的模拟如图10-17所示，"十四五"期间，宁波市将继续建设覆盖全市、多气源衔接的天然气管网，扩大天然气利用规模，这将极大地促进天然气的使用。这两种情景下的天然气消费量都在快速增长。天然气作为一种依旧有二氧化碳排放的化石能源，虽然发挥着重要的替代作用，但最终要向可再生能源转变。在"双碳"情景中，由于二氧化碳排放量的控制要求，这一进程必将加速，而且会呈现前期快速增长，后期增速逐渐下降的趋势。在"双碳"情景下，到2025年，宁波市天然气用气量约为761万吨标准煤，即63.45亿立方米，比基准情景多近10亿立方米；2035年，宁波市天然气的用气量约为1 207万吨标准煤，即100.58亿立方米，比基准情景少近15亿立方米。

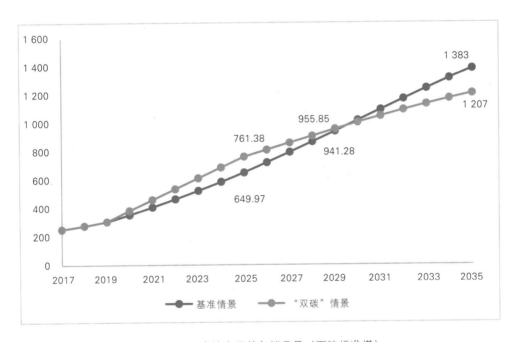

图 10-17　宁波市天然气消费量（万吨标准煤）

在"双碳"情景下，2019年、2025年和2035年天然气在各部门消费的情况如图10-18所示，可以看出，天然气对煤炭减少将起到至关重要的替代作用，随着热电联产项目的实施和大力推进，新增的天然气将有很大一部分分配到发电和供热部门。

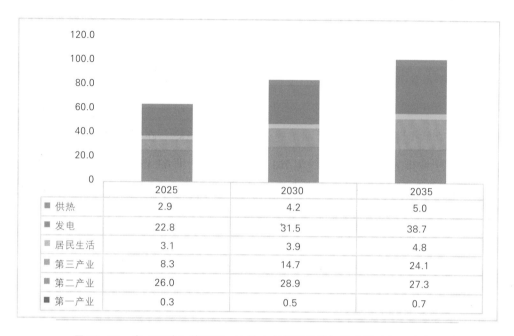

	2025	2030	2035
■ 供热	2.9	4.2	5.0
■ 发电	22.8	31.5	38.7
■ 居民生活	3.1	3.9	4.8
■ 第三产业	8.3	14.7	24.1
■ 第二产业	26.0	28.9	27.3
■ 第一产业	0.3	0.5	0.7

图10-18 在"双碳"情景下，宁波市各部门天然气消费量（亿立方米）

宁波市"双碳"情景下天然气增量的部门分配如图10-19所示，"十四五"期间，共增加天然气消费378万吨标准煤（31.5亿立方米），第二产业增加13.8亿立方米，第三产业增加5亿立方米，居民生活增加1.1亿立方米，发电供热增加11.4亿立方米，第二产业增加的比例最大，其次为发电供热部门，比重分别为43.8%和36.2%；2025年至2030年共增加天然气消费242万吨标准煤（20.2亿立方米），第二产业增加2.9亿立方米，第三产业增加6.4亿立方米，居民生活增加0.8亿立方米，发电供热增加10亿立方米，增加占比最大的变为发电供热部门，占比为49.5%，其次为第三产业，贡献了31.7%的天然气增量，第二产业的贡献量锐减，降低至14.4%；2030年开始，进入碳中和阶段，开始控制天然气消费，天然气增速放缓，2030年至2035年共增加天然气消费204万吨标准煤（17亿立方米），其中由于产业结构的调整，第二产业减少天然气消费1.6亿立方米，第三产业增加9.5亿立方米，居民生活增加0.9亿立方米，发电供热增加8亿立方米，对天然气增加贡献最大的部门是第三产业，其次是发电供热，贡献比重分别为52.5%和50.3%，两者抵消了第二产业天然气消费量的减少。

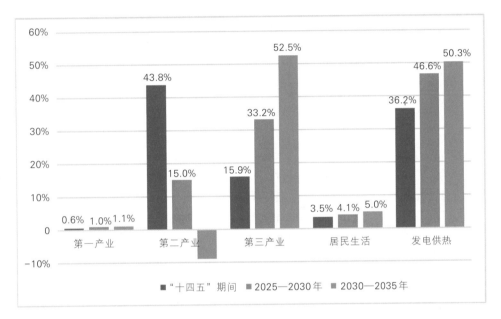

图 10-19　宁波市“双碳”情景下天然气增量部门分配

10.3.6　电力与外来电力

宁波市电力消费量的模拟如图10-20和图10-21所示，“十四五”期间由于“双碳”情景下能源结构中电力的比例大于基准情景下电力的比例，因此“双碳”情景下的电力消费量大于基准情景；但随着能耗的不断降低，能耗降低对电力消费量的贡献度大于能源结构中电力比例对电力消费量的贡献度，因此，“双碳”情景下的电力需求相对基准情景而言会越来越小。这一点与石家庄市和西安市略有不同，在注重能源结构优化的同时，能源效率的提高是减污降碳协同控制的关键。

在“双碳”情景下，2025年，宁波市电力消费量约为2 685万吨标准煤，即994.4亿千瓦时；2035年，宁波市电力消费量约为3 097万吨标准煤，即1 290.4亿千瓦时。

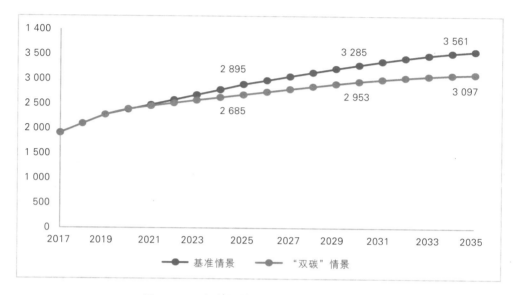

图10-20　宁波市电力消费量（万吨标准煤）

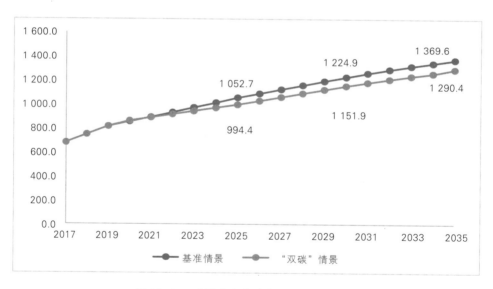

图10-21　宁波市电力消费量（亿千瓦时）

　　由于发电效率的提高，生产每千瓦时电力所消耗的一次能源量在减少，所以外来电力的折标准煤系数在不断减小。外来电力转换系数如表10-13所示。

表 10-13			外来电力转换系数			
	2017	2018	2019	2025	2030	2035
转换系数 （吨标准煤/万千瓦时）	2.82	2.81	2.8	2.75	2.7	2.65

宁波市外调电力的模拟如图 10-22 和图 10-23 所示，在"双碳"情景下，预计到 2025 年，宁波市调入电力 402.78 万吨标准煤，即 146.47 亿千瓦时，比基准情景多 20.1 亿千瓦时。外调电力可以起到一种替代作用，有利于控制本地的燃煤发电，减轻大气污染。在"双碳"情景下，这一方式的好处更加凸显，故外调电力快速增长。而随着宁波市本地的可再生能源发电发展起来，外调电力的增速会略微下降。

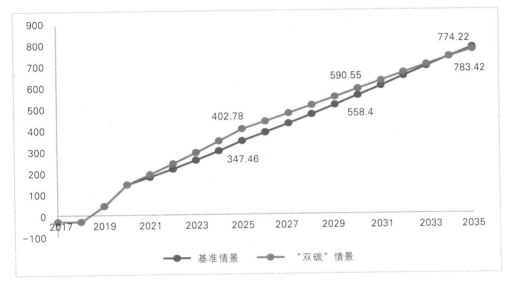

图 10-22　宁波市外调电力（万吨标准煤）

宁波市外调电力的占比如图 10-24 所示，基准情景和"双碳"情景下的外调电力占比都逐渐增长，体现它的替代作用。在"双碳"情景下，通过特高压运输外购清洁电力，也可大大减少本地的碳排放，替代作用更加突出。预计到 2035 年，外调电力占比达到 25%。

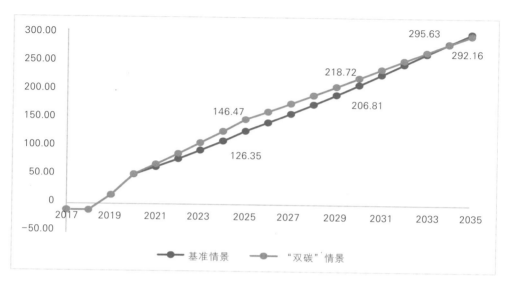

图 10-23　宁波市外调电力（亿千瓦时）

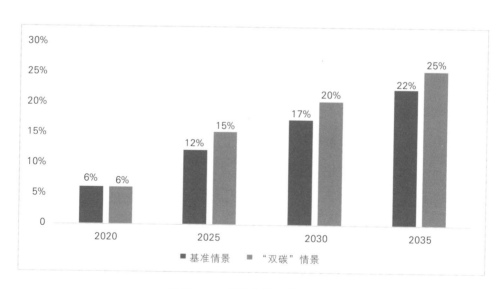

图 10-24　宁波市外调电力占比

2025年、2030年和2035年电力在宁波市各部门消费量的情况如图10-25所示，可以看出主要是第三产业的用电量增加明显。这也体现了未来产业结构的转型，第三产业用电量的占比将逐渐增加。

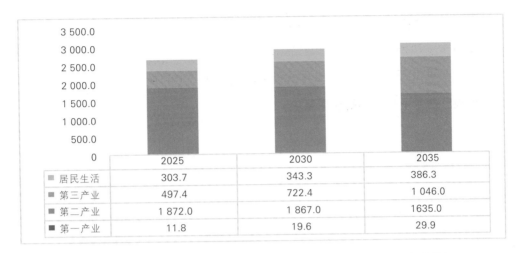

	2025	2030	2035
■ 居民生活	303.7	343.3	386.3
■ 第三产业	497.4	722.4	1 046.0
■ 第二产业	1 872.0	1 867.0	1635.0
■ 第一产业	11.8	19.6	29.9

图 10-25 在"双碳"情景下，宁波市各部门电力消费量（万吨标准煤）

10.3.7 可再生能源

宁波市可再生能源消费量如图 10-26 所示，在"双碳"情景下，到 2025 年，宁波市可再生能源消费量为 316.78 万吨标准煤，比基准情景将增加 31.2 万吨标准煤；2035 年，宁波市可再生能源消费量为 1 082 万吨标准煤，比基准情景将增加 56 万吨标准煤。

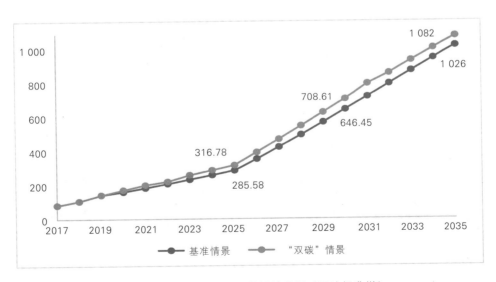

图 10-26 宁波市可再生能源消费量（万吨标准煤）

2025年、2030年和2035年，宁波市各部门可再生能源消费量的情况以及可再生能源消费量比例的变化如图10-27、图10-28所示，可以看出可再生能源消耗最大的部门是电力部门，可再生能源消费量的比例在这个过程中有明显的上升过程，且"双碳"情景下上升趋势更明显。

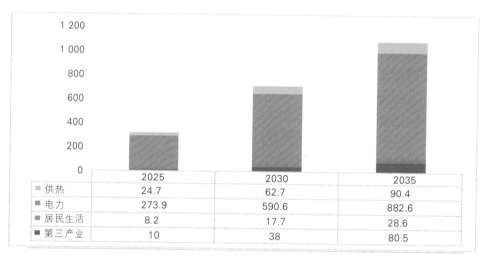

	2025	2030	2035
供热	24.7	62.7	90.4
电力	273.9	590.6	882.6
居民生活	8.2	17.7	28.6
第三产业	10	38	80.5

图 10-27　在"双碳"情景下，宁波市各部门可再生能源消费量（万吨标准煤）

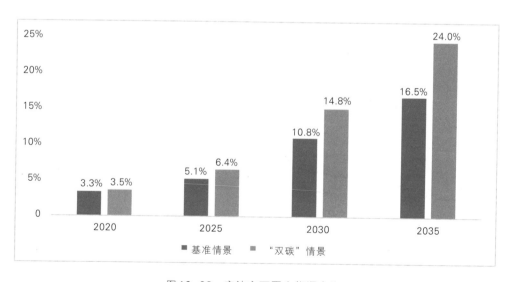

图 10-28　宁波市可再生能源占比

在"十四五"期间，宁波市预计共增加可再生能源146.5万吨标准煤，电力和供热部门占89.3%，第三产业占6%，居民生活占4.7%；在2025年至2030年，共增加可再生能源392.2万吨标准煤，电力和供热部门占90.6%，第三产业占7.0%，居民生活占2.3%；在2030年至2035年，预计共增加可再生能源373.1万吨标准煤，电力和供热部门占85.7%，第三产业占11.4%，居民占2.9%。电力和供热部门增加的可再生能源消费量远远高于第三产业和居民生活部门，特别是电力部门。光伏发电、海上风能等技术已经日渐成熟，集中大规模的开发利用使其单位成本更低，可再生能源的利用呈现出广阔的前景。"双碳"情景下，宁波市可再生能源增加量的部门分配如图10-29所示。

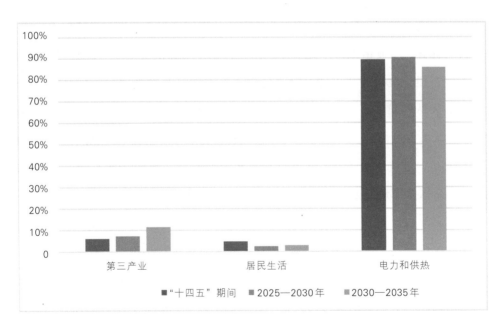

图10-29 宁波市在"双碳"情景下，可再生能源增量部门分配

10.4 宁波市：总结与建议

综上所述，我们选择宁波市作为案例城市进行了研究，现对研究进行如下

总结：

10.4.1 研究结论

第一，在"双碳"情景下，宁波市的能源消费量和碳排放量将得到有效控制，可以实现宁波市能源"双控"和碳达峰的目标。在"双碳"情景下，宁波市能源结构变化情况如图10-30所示。整体来看，从2020年至2035年宁波市的能源结构得到了有效调整，煤炭比例大幅度下降的同时石油占比逐渐下降、天然气和可再生能源占比逐渐提高，实现了能源结构的优化，逐步建设起清洁低碳、安全高效的现代能源体系。

第二，宁波市煤炭的减量主要是源于天然气和可再生能源的替代。天然气的过渡作用在实现"双碳"目标的过程中非常重要。宁波市先天的港口条件使得天然气获得具有优势。宁波市秉持多元保障原则，强化多气源供气格局。2021年，"加快甬绍干线东段、杭甬复线等油气管道建设，推进城市燃气管网和应急保障能力建设，提高天然气利用水平"被写入宁波市"十四五"规划。加快清洁能源设施建设，扩大天然气利用规模，促进能源结构低碳转型成为未来发展的重点任务。但值得注意的是，过度依赖天然气不能彻底解决能源问题，故在适度发展后要进行控制，避免落入资源诅咒的陷阱。

第三，第二产业和发电是宁波市控制能源消费和碳排放的重点。"双碳"情景下主要的减煤量发生在第二产业的工业直接利用部分和发电环节，第一产业、第三产业、居民生活在"双碳"情景下减煤量较少。其中，第二产业的节煤主要源于产业内部结构调整引起的能源结构调整、能源利用效率的提高，同时重点控制石化、钢铁等行业的发展规模，以及拆掉化工区域小锅炉，用天然气替代。而发电部门煤耗的下降主要是大力发展区域集中供热、热电联产、海上风电、光伏发电和生物质发电项目，禁止审批新（扩）建燃煤发电项目，禁止配套建设自备燃煤发电项目，完成规定的燃煤电站的淘汰或天然气改造任务。同时，建设特高压基础设施，从宜宾、灵川等清洁发电基地将绿色电力远距离运输到宁波市，满足一定的用电需求，可起到一定的替代作用。在"双碳"情景下，宁波市能源结构变化情况如图 10-30 所示。

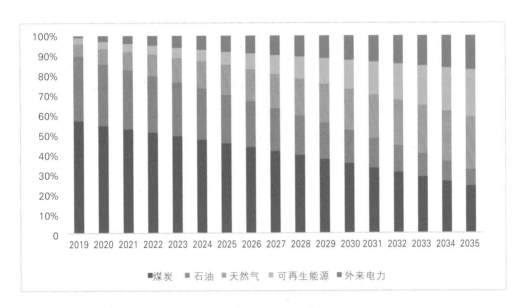

图 10-30　在"双碳"情景下，宁波市能源结构变化情况

10.4.2　宁波市实现"双碳"目标的政策建议

基于模型，我们认为，宁波市要实现"双碳"目标，可以通过经济结构调整、能源结构优化和能源效率提高的路径来实现。下面根据宁波市的实际情况，围绕这几条路径提出一些可供采纳的政策选项。

（1）全面深化改革，增强经济转型升级新动力

通过加快市场化进程、发挥港口优势、加强科技创新，逐步实现经济发展与能源消费的脱钩，乃至经济发展与碳排放的脱钩。在控制能源消费、实现碳减排的同时，实现经济高质量发展。

在全面深化改革的背景下，现代市场体系正在加快形成。宁波市很早就推进市场化改革，造就了善于捕捉市场机会、精于实业经营的民营企业，培养了具有强烈

创业创新精神的广大民众，形成了高度公开透明、开放包容、法治化的营商环境，以及敢为人先、务实创新、讲求诚信的商业文化。随着以政府改革为重点的市场化改革深入推进，营商环境将更加优越，市场活力将进一步释放，大众创业、万众创新将掀起新高潮，这必将进一步激发宁波市发展潜力和后劲。

港口与都市区联动融合。港口是宁波市最大的资源，建设港口经济圈是宁波市切入"一带一路"、长江经济带等国家战略的着力点，而宁波都市区恰恰是港口经济圈的核心区，两者若能互促共进，势必强有力地推进宁波发展航运服务业、金融服务业、港口投资运营业及港航物流服务体系等相关行业。建设世界一流强港、打造"一带一路"国际交往中心与建设高能级大都市区并行，实现宁波市经济高质量发展。

加强科技创新，打造新材料、工业互联网、关键核心基础件三大科创高地，加快建设高水平创新型城市，为推进高质量发展注入强大动力。掌握关键技术、力争达到先进水平，提升高新技术产业竞争力。以移动互联网、云计算、大数据、物联网为代表的信息经济，正极大地改变现有生产模式、消费模式和社会关系，成为各地抢占未来制高点的重点。科技创新将给宁波市带来稳步增长的新动力，实现传统优势制造和特色服务业的改造升级，形成经济新增长点。

（2）促进产业结构转型升级

控制传统工业的增长，推进宁波市石化区和经济技术开发区循环化改造，开展中华纸业、镇海炼化等重污染高耗能行业整治，淘汰落后产能。以石化、汽车及零部件、纺织服装、电工电器、模具和文具等传统优势产业为重点，完善"提转并关"政策体系，引导企业强化技术改造及业态创新，支持企业加强对现代信息技术的应用，推动传统优势产业整体优化提升，培养工业转型发展主力军。

优先支持高成长企业技改项目、产业链技改项目和重点产业技术改造项目，大力推进"四减两提高"升级改造专项行动。加速工业化信息化深度融合，支持企业推进产品智能化、设计数字化、生产自动化、商务电子化和管理信息化，促进信息技术与传统工业技术的协同创新，推动行业和产业集群信息化。加大节能和淘汰落后产能的力度，限制高污染、高排放、高耗能和资源消耗型产业项目建设，培育引进节能中介机构，推广节能新技术、新工艺、新设备。

（3）增加优质能源供应，优化能源结构

宁波市能源供应较为充足，能源保障能力显著增强。天然气消费量占比逐渐上升，建立了一批天然气储运项目。但是，仍面临着能源供求格局变化与结构优化的双重考验、能源需求刚性增长与节能减排硬任务的双向挤压、能源关键技术和体制机制的双重制约。

打造能源综合储运基地。因地制宜发展油气电，推动多能互补供能，加强综合利用。充分利用宁波市港口资源优势和区位条件优势，打造具有全球影响力的国际石油、天然气、煤炭储运基地。构筑天然气能源供应体系，扩大天然气利用。优先发展和保障民生用气，提高居民管道天然气覆盖率和天然气居民用户普及率。推进天然气管网未覆盖地区液化天然气直供，促进天然气入户扩面。同时对天然气的利用和发展进行合理规划，对标碳中和目标，充分考虑其局限性。

大力发展可再生能源，推进光伏发电和海上风电项目，充分合理地利用本地自然资源和区位优势，逐步构建以非化石能源为主体的电力系统。同时，加快可再生能源分布式利用的进程，实现多元化利用。加强前沿可再生能源利用技术的研发，如氢能的研发和利用等，占领碳中和的技术高地。